"十四五"普通高等教育规划教材
管理科学与工程学科一流专业建设工程系列教材

Python 数据分析与应用

陈树广　主编

中国财经出版传媒集团
中国财政经济出版社

图书在版编目（CIP）数据

Python 数据分析与应用 / 陈树广主编. --北京：中国财政经济出版社，2020.9

“十四五”普通高等教育规划教材 管理科学与工程学科一流专业建设工程系列教材

ISBN 978-7-5095-9967-9

Ⅰ.①P… Ⅱ.①陈… Ⅲ.①软件工具-程序设计-高等学校-教材 Ⅳ.①TP311.561

中国版本图书馆 CIP 数据核字（2020）第 156128 号

责任编辑：蔡 宾　　责任校对：李 丽

封面设计：陈宇琰

Python 数据分析与应用

PYTHON SHUJU FENXI YU YINGYONG

中国财政经济出版社 出版

URL：http：//www.cfeph.cn

E-mail：cfeph@cfeph.cn

社址：北京市海淀区阜成路甲 28 号 邮政编码：100142

营销中心电话：010-88191522 编辑部门电话：010-88190666

天猫网店：中国财政经济出版社旗舰店

网址：https：//zgczjjcbs.tmall.com

北京富生印刷厂印刷 各地新华书店经销

成品尺寸：185mm×260mm 16 开 21.25 印张 519 000 字

2021 年 3 月第 1 版 2021 年 3 月北京第 1 次印刷

定价：58.00 元

ISBN 978-7-5095-9967-9

（图书出现印装问题，本社负责调换，电话：010-88190548）

本社质量投诉电话：010-88190744

打击盗版举报热线：010-88191661 QQ：2242791300

前　　言

随着大数据时代的到来，数据已经成为与物质资产和人力资本同样重要的基础生产要素，如何从数据里面发现并挖掘有价值的信息成为一个热门的研究课题。基于此，各行各业的数据分析需求应运而生。用计算机语言进行数据分析最重要的技能是问题解决，问题解决意味着发现问题、创造性地思考解决方案以及清晰准确地表达解决方案的能力。事实证明学习编程的过程，是训练解决问题能力的绝佳机会。

本书站在初学者的角度，按照培养数据科学家一样的思维方式的思路，来介绍 Python 语言编程及数据分析重要模块。全书贯穿的主体是如何思考、设计、分析的方法，而具体的编程语言只是提供一个具体场景，方便介绍重点语句的使用。本教材并不是一本专门介绍 Python 语言的教材，而是一本围绕介绍数据分析人员所需具备的编程思想、编程能力的教材。与其他编程设计语言教材不同，不拘泥于语言细节，而是尝试从初学者的无语言基础角度出发，用生动的示例和丰富的练习来引导读者渐入佳境。

全书共十三章，详细介绍了 Python 语言编程，从最基本的 Python 概念、环境安装配置及基本语法开始讲起，包括语言的语法和语义，而且每个编程概念都有清晰的定义，引领读者循序渐进地学习变量、表达式、语句、函数和数据结构。此外，书中还探讨了如何处理文件和数据库，如何理解对象、方法和面向对象编程；如何使用调试技巧来修正语法、运行时和语义错误，最后对人工智能的相关知识进行了介绍，并对文本分析的方法进行介绍与举例，方便读者巩固所学的知识和技巧。考虑本书的篇幅，没有对爬虫技术进行讲解，今后将专门编著一本相关的教材进行讲解。在本书中，针对每章中所关注的语言特性，或者相关的开发问题，总结了调试的方方面面，可以说这是一种非常有益的创新，可以让初学数据分析的读者少走很多弯路。这是一本实用的学习指南，适合没有 Python 编程经验的数据分析人员学习与使用，也适合各类 Python 爱好者及需要数据分析的人阅读。对于第一次接触程序设计的人来说，是一本不可多得的实务用书。

如果 Python 是你接触的第一门编程语言，那也不必担心。我们知道，虽然同为人机交互的桥梁，但 Python 比 C + +、Java 等，语言更简洁，也更接近英语，对初学者很友好，这也是 Python 语言的一个显著特点。对于初学者来说，要做的就是专注于 Python 这一门语言，明确学习的重点，把握好学习节奏，由浅入深循序渐进地学习。根据本人多年的教学工作经验，把编程语言的学习分为以下三步，无论你是否有编程基础，都可以对照着来做。

一、多实践，积累代码量

任何一门编程语言，其囊括的知识面都是非常广泛的，从基本的变量赋值、条件循环、到文件操作、并发编程等，千万不要等到把所有知识点都学完了才开始练习，因为到那时你会发现，前面好不容易记住的知识都忘记了。学习编程，讲究实战，没有捷径可走，越早练习，练得越多越勤，学习效果就越好。

二、时刻注意代码规范

学习编程语言，在追求快和高效的同时，每一种编程语言都有必要的编码规范，一定不能忽略。要想成为一名优秀的程序员，从起步阶段就要刻意地去培养自己的编程规范。例如，在刚开始编写代码时，不要将原本多行的代码全部写到一行，也不要随便用 a、b、c 等字母作为变量的名称。

三、开发经验与数据分析的基本知识必不可少

要想真正熟练地掌握 Python（或者其他编程语言），拥有大中型产品的开发经验与学习简单的统计基础理论是必不可少的，它会让你站得更高，望得更远。

最后忠告大家：在写代码之前，请千万不要用“复制”“－”“粘贴”把代码从页面粘贴到你自己的电脑上。写程序也讲究一个感觉，你需要逐个字母地把代码自己敲进去，在敲代码的过程中，初学者经常会敲错代码，所以，你需要仔细地检查、对照，才能以最快的速度掌握如何写程序。

本教材主编为西安财经大学管理学院信息管理系主任陈树广老师，副主编为管理学院江秀萍老师，参编有管理学院张君、王昀、陈玲丽、殷腾飞等老师。西安财经大学副校长李萍教授、管理学院焦兵院长、陈胜利副院长在百忙之中对此书的出版十分关注，提出很多建设性意见，同时感谢信息管理系原主任、陕西省教学名师康萍教授的关爱与鼓励，最后感谢信息管理系全体老师对我的包容与支持。感谢中国财政经济出版社编辑给予我的支持，感谢我的太太与女儿对我生活的照顾与理解，感恩身边的每一个人。

本书得到了西安财经大学教务处教材编写计划的资助，在此一并感谢。

为了方便读者学习，本书所有的案例均提供配套的素材文件、数据文件和源代码文件，并且附赠相应的教学视频，具体获取方式见“如何获取学习资源”的在线说明。

由于编者水平有限，加之写作时间较为仓促，本书难免存在一些疏漏和不足，恳请广大读者批评指正。联系邮箱：420196590@ qq. com。

陈树广（网名：西安鲁民）

2020 年 9 月 10 日于神禾塬

目　　录

第一章　数据分析及 Python 简介

本章在介绍数据和数据分析的基本概念的同时，对 Python 进行简单介绍。重点介绍了数据分析的过程，包括问题定义、数据采集、数据预处理、数据探索和数据可视化、预测模型的创建和选择、模型评估和部署等，以及数据分析的作用和数据分析的常用工具，对 Python 的发展及特点、安装与配置进行介绍。

本章内容

1. 数据的概念
2. 数据分析是什么
3. 数据分析常用工具
4. Python 与数据分析的关系
5. Python 简介及安装

学习寄语

大量存在的数据以及处理这些数据的强大计算技术使分析工作显得越来越重要，但技术并非全部内容。这就像变魔术一样，变魔术的是魔术师而不是帽子。数据的价值就在于分析人员透过它获得问题的解决方案，为企业决策和企业活动提供辅助作用，最终取得良好的结果。

第一节　数据分析基础

近些年，随着网络信息技术与云计算技术的快速发展，网络数据得到了爆炸性的增长，人们每天都生活在巨量的数据群体中，这一切标志着人们进入大数据时代。在大数据环境的作用下，能够从数据里面发现并挖掘有价值的信息变得愈发重要，数据分析应运而生。数据分析可以通过计算机工具和数学知识结合一定的专业背景，对相关的专业数据进行数据的处理与分析，并从中发现规律性信息，做出具有针对性的决策。本节将对数据分析相关知识进行简单介绍。

一、数据分析的背景

随着计算机技术全面地融入我们的社会生活，信息爆炸已经积累到一个开始引发变革的

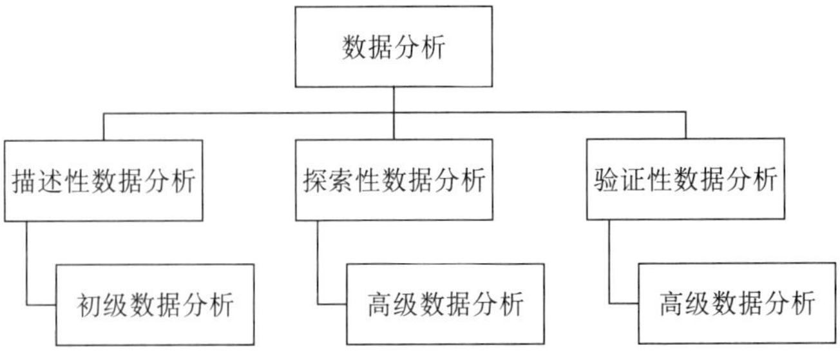

图 1－1　数据分析类别

1. 描述性数据分析：属于初级数据分析，常见的分析方法有对比分析法、平均分析法、交叉分析法。

2. 探索性数据分析：侧重于在数据之中发现新的特征。

3. 验证性数据分析：侧重于验证已有假设的真伪证明。

其中探索性数据分析和验证性数据分析属于高级数据分析，常见的分析方法有相关分析、因子分析、回归分析等。

六、数据分析的过程

数据分析是指用适当的统计分析方法对收集来的大量数据进行分析，为提取有用信息和形成结论而对数据加以详细研究和概括总结的过程。以求最大化地开发数据的功能，发挥数据的作用。数据分析包含“数据”和“分析”两个方面一方面包括加工和整理数据，另一方面也包括分析数据，从中提取有价值的信息并形成对业务有帮助的结论。数据分析的成果通常以分析报告的形式呈现。对于数据分析报告，分析就是论点，数据就是论据，两者缺一不可。

数据分析的过程可以用以下几步来描述：转换和处理原始数据，用可视化方式呈现数据，建模并做预测，其中每一步所起的作用对后面的步骤而言都是至关重要的。因此，数据分析可以概括为问题定义、数据采集、数据预处理、数据探索、数据可视化、预测模型的创建和选择、模型评估和部署几个阶段。

（一）问题定义

在数据分析前，首先需要明确数据分析的目标，即本次数据分析要研究的主要问题和预期的分析目标等，这称为问题定义。

只有深入探究作为研究对象的系统后，才有可能准确定义问题。事实上，对系统进行全面或详尽的研究有时会很复杂，一开始可能没有足够的信息。因此问题的定义，尤其是问题的规划，将是整个数据分析项目所遵循的指导方针。

问题定义会产生一些相关文档，主要内容包括：数据对象是谁？要解决什么业务问题？并基于对项目的理解，整理出分析的框架和思路。在定义好问题并形成文档后，接下来就可以进入数据分析的项目规划环节。该环节要弄清楚高效完成数据分析项目需要哪些专业人士和资源，此时就需要寻找相关领域的专家和安装数据分析软件。因此，在项目规划过程中要组建起高效的数据分析团队。一般而言，这个团队应该是跨学科的，因为从不同角度研究数据有助于解决问题。

（二）数据采集

经过问题定义阶段后，在分析数据之前，首先要做的就是获取数据。数据选取一定要本着创建预测模型的目的，数据选取对数据分析的成功起着至关重要的作用。所收集的样本数据应尽可能多地反映实际情况，即能够描述系统对来自现实刺激的反应。

如果选取了不当的数据，或者对不能很好地代表系统的数据集进行数据分析，得到的模型将会偏离作为研究对象的系统。例如，如果需要探究北京空气质量变化的趋势，就需要收集北京最近几年的空气质量数据、天气数据，甚至工厂环境状况数据、气体排放数据、重要日程数据等；如果需要分析影响公司销售的关键因素，就需要调用公司的历史销售数据、用户数据、广告投放数据等。

数据的获取方式有以下几种：

（1）利用 SQL 语句直接从企业管理数据库中调取相关业务数据。例如，提取 2019 年度所有的销售数据和销量排名前 20 位的商品数据，提取华东、华南、西部地区用户的消费数据等。

（2）到特定的网站上去下载一些科研机构、企业、政府开放的公开数据集。这些数据集通常比较完善，质量相对较高。当然这种方式也有一些缺陷，就是通常这些数据的发布比较滞后，但因其具有较高的客观性和权威性，故依然具有很大的价值。

（3）编写网页爬虫，去收集互联网上的数据。例如，可以通过爬虫获取淘宝网上商品的销售和评价信息、租房网站上某城市的租房信息、豆瓣网上电影和电影评分的列表信息、网易云音乐评论排行列表信息等。基于互联网爬取的数据，可以针对某个行业、某一类人群进行分析，是一种非常精准的市场调研和竞品分析的方式。

虽然数据采集不能获得所有需要的数据，但是可以通过有限的可获取的数据，提取出更多有用的信息。

（三）数据预处理

通过数据采集获得的数据大部分是不完整、不一致的“脏数据”，无法直接进行数据分析，若直接用会使分析结果差强人意。数据预处理就是使数据采集阶段中获得的原始数据，经过数据清洗和数据转换后，转变为“干净”的数据。使用这些“干净”的数据，才能获得更加精确的分析结果。

数据清洗是对数据重新审查和校验的过程，目的是删除重复信息、纠正存在的错误，检查数据一致性，处理无效值和缺失值等。例如，空气质量数据中有许多天的数据由于设备的原因没有监测到，有些数据是重复记录，还有一些数据是由于设备故障造成监测数据无效。那么，对于这些残缺的数据，是直接删除，还是用临近的值去补全，这些都是需要考虑的问题。

数据转换是将数据从一种表示形式转变为另一种表现形式的过程。如日期格式转换，数据计量单位转换等。另外，还可以利用基本描述统计量的计算和基本统计图形的绘制来发现缺失值和异常值。

（四）数据探索和数据可视化

数据探索的本质是从图形或统计数字中搜寻数据，以发现数据中的模式、联系和关系。数据可视化是获得信息的最佳方式之一。通过可视化呈现数据的方式，不仅能快速抓住要点信息，而且，还可以揭示通过简单统计不能观察到的模式和结论。

数据探索包括初步的数据检验；确定数据类型，即是类别型数据，还是数值型数据；选择出最适合的定义模型的数据分析方法。一般情况下，在这个阶段，除了细致研究用数据可视化方法得到的图表外，可能还包括以下一种或多种活动。

（1）总结数据。

（2）为数据分组。

（3）探索不同属性之间的关系。

（4）识别模式和趋势。

（5）建立回归模型。

（6）建立分类模型。

通常，数据分析需要总结与数据分析相关的各种表述。在总结过程中，在不损失重要信息的情况下，将数据浓缩为对系统的解释。聚类这种数据分析方法用来找出由共同的属性所组成的组。数据分析的另外一个重要步骤是关注识别数据中的关系、趋势和异常现象。为了找到这些信息，需要使用合适的工具，同时，还要分析可视化后得到的图像。

其他数据挖掘方法，如决策树或关联规则挖掘，则是自动从数据中抽取重要的事实或规则。这些方法可以与数据可视化配合使用，以便发现数据之间存在的各种关系。

（五）预测模型的创建和选择

预测模型是指用于预测的、用数学语言或公式来描述的事物间的数量关系。它在一定程度上揭示了事物间的内在规律性，预测时把它作为计算预测值的直接依据。在数据分析的预测模型的创建和选择阶段，要创建或选择合适的统计模型来预测某一个结果的概率。

具体来说，模型主要有以下两个方面的用途。

（1）使用回归模型来预测系统所产生数据的值。

（2）使用分类模型或聚类模型为新数据分类。

事实上，根据输出结果的类型，模型可分为以下三种。

（1）分类模型：模型输出结果为类别型数据。

（2）回归模型：模型输出结果为数值型数据。

（3）聚类模型：模型输出结果为描述型数据。

生成这些模型的简单方法包括线性回归、逻辑回归、分类、回归树和 K－近邻算法。但是分析方法有许多种，每一种都有各自擅长处理和分析的特定的数据类型。每一种方法都能生成一种特定的模型，选取哪种方法与模型的自身特点有关。

有些模型输出的预测值与系统实际表现一致，这些模型的结构使得它们能够以一种简洁清晰的方式解释所研究的系统的某些特点。另外一些模型也能够给出正确的预测值，但是它们的结构为“黑箱”，对系统特点的解释能力有限。

（六）模型评估

模型评估阶段也就是测试阶段，该阶段是从整个数据分析的原始数据集中抽取出一部分用作验证集，并用验证集去评估使用先前采集的数据所创建的模型是否有效。

一般来说，用于建模的数据称为训练集，用于验证模型的数据称为验证集。

通过比较模型和实际系统的输出结果，就能评估错误率。使用不同的测试集，可以得出模型的有效性区间。实事上，预测结果只在一定范围内才有效，或因预测值取值范围而异，预测值和有效值之间存在不同层次的对应关系。

模型评估过程，不仅可以得到模型确切的有效程度，还可以比较出它与其他模型的不同之处。模型评估的技巧有许多，其中最著名的是交叉验证。它的基本操作是将训练集分成不同部分，每一部分轮流作为验证集，同时其余部分用作训练集。通过这种迭代的方式，可以获得最佳模型。

（七）部署

数据分析的最后一步是部署，旨在展示结果，也就是给出数据分析的结论。若应用场景为商业领域，部署过程将分析结果转换为对购买数据分析服务的客户有益的方案。若应用场景为科技领域，则将成果转换为设计方案或科技出版物。也就是说，部署过程基本上就是把数据分析得到的结果应用到实践中去。

数据分析的结果有多种部署方案，通常这个阶段也称为数据报告的撰写。数据报告的撰写应详细描述以下几点。

（1）分析结果；

（2）决策部署；

（3）风险分析；

（4）商业影响评估。

如果项目的产出包括生成预测模型，那么这些模型就可以以单独应用的形式进行部署或集成到其他软件中。

第二节 数据分析常用的统计方法介绍

一、描述性统计

（一）定义

描述性统计是一类统计方法的汇总，揭示了调查总体的数据分布特性。描述性统计分析要对调查总体所有变量的有关数据进行统计性描述，主要包括数据的频数分析、集中趋势分析、离散程度分析、分布以及一些基本的统计图形。

（二）应用

1. 数据的频数分析。在数据的预处理部分，利用频数分析和交叉频数分析可以检验异常值和缺失值。

2. 数据的集中趋势分析。用来反映数据的一般水平，常用的指标有平均值、中位数和众数等。

3. 数据的离散程度分析。主要是用来反映数据之间的差异程度，常用的指标有方差和标准差。

4. 数据的分布。在统计分析中，通常要假设样本所属总体的分布属于正态分布，因此需要用偏度和峰度两个指标来检查样本数据是否符合正态分布。

5. 绘制统计图。用图形的形式来表达数据，比用文字表达更清晰、更简明。利用 Python 的语言包可以很容易地绘制各个变量的统计图形，包括条形图、饼图和折线图等，如图 1－2 所示。

Adj Close	
平均	156.5762
标准误差	1.096956
中位数	153.61
众数	130.98
标准差	17.37906
方差	302.0317
峰度	-1.23507
偏度	-0.21805
区域	66.17
最小值	116.86
最大值	183.03
求和	39300.62
观测数	251

图 1－2　描述性统计分析图例

（三）描述性统计常用指标解释

1. 均值。均值容易受极值的影响，当数据集中出现极值时，所得到的的均值结果将会出现较大的偏差。

2. 中位数。数据按照从小到大的顺序排列时，最中间的数据即为中位数。当数据个数为奇数时，中位数即最中间的数，如果有 N 个数，则中间数的位置为（N＋1）/2；当数据个数为偶数时，中位数为中间两个数的平均值，中间位置的算法是（N＋1）/2。中位数不受极值影响，因此对极值缺乏敏感性。

3. 众数。数据中出现次数最多的数字，即频数最大的数值。众数可能不止一个，众数不仅能用于数值型数据，还可用于非数值型数据，不受极值影响。

4. 极差。极差＝最大值－最小值，是描述数据分散程度的量，极差描述了数据的范围，但无法描述其分布状态。且对异常值敏感，异常值的出现使得数据集的极差有很强的误导性。

5. 四分位数。数据从小到大排列并分成四等份，处于三个分割点位置的数值，即为四分位数，四分位数分为上四分位数（数据从小到大排列排在第 75% 的数字，即最大的四分位数）、下四分位数（数据从小到大排列排在第 25% 位置的数字，即最小的四分位数）、中间的四分位数即为中位数。四分位数可以很容易地识别异常值。箱线图就是根据四分位数做的图。如果结果为整数，则下四分位数位于 n/4 这个位置和下一个位置的中间，取这两个位置上数值的平均值。如果结果不为整数，则向上取整，所得结果为下四分位数的位置。

6. 方差和标准差。方差是每个数据值与全体数据的平均数差的平方的平均数。标准差是方差开方。方差与标准差表示数据集波动的大小，方差小，表示数据集比较集中，波动性小，方差大，表示数据集比较分散，波动性大。由于标准差只能用于统一体系内的数据比较，如果要对不同体系的数据比较，就要引入标准分的概念。

7. 标准分 z。对数据进行标准化处理，又叫 Z 标准化，经过 Z 标准化处理后的数据符合正态分布（即均值为 0，标准差为 1）。标准分是对不同数据集的数据进行比较的量，可用来表示数据值在所在数据集内的相对排名。标准分的意义是每个数值距离平均值有多少个标准差。有数据集 x1，x2，x3，其平均值为 μ，标准差为 σ，则其标准分 z 为：$z = x2 - \mu\sigma$

8. 峰度。描述正态分布中曲线峰顶尖哨程度的指标。峰度系数 >0，则两侧极端数据较少，比正态分布更高更瘦，呈尖哨峰分布；峰度系数 <0，则两侧极端数据较多，比正态分布更矮更胖，呈平阔峰分布。

9. 偏度。以正态分布为标准描述数据对称性的指标。偏度系数 =0，则分布对称；偏度系数 >0，则频数分布的高峰向左偏移，长尾向右延伸，呈正偏态分布；偏度系数 <0，则频数分布的高峰向右偏移，长尾向左延伸，呈负偏态分布。

还有一些其他的指标，不仅在描述性统计分析中常见，在数据报告中也很常见，如倍数、成数、百分数、百分点、频数、频率、比例、比率、同比、环比等。

在指标中均值、中位数、众数体现了数据的集中趋势。极差、方差、标准差体现了数据的离散程度。偏度、峰度体现了数据的分布形状。

二、回归分析

（一）定义

回归分析是确定两种或两种以上变量间相互依赖的定量关系的一种统计分析方法。回归分析按照涉及的自变量的多少，分为回归和多重回归分析；按照自变量的多少，可分为一元回归分析和多元回归分析；按照自变量和因变量之间的关系类型，可分为线性回归分析和非线性回归分析。

（二）应用

1. 一元线性分析。如果在回归分析中，只包括一个自变量 X 和一个因变量 Y，且二者的关系可用一条直线近似表示，这种回归分析称为一元线性回归分析。一个经济指标的数值往往受许多因素影响，若其中只有一个因素是主要的，起决定性作用，则可用一元线性回归进行预测分析。一元线性回归用途广泛，可处理科学技术的实验数据，如图 1-3 所示，也能用于经济现象中统计数据的分析预测。

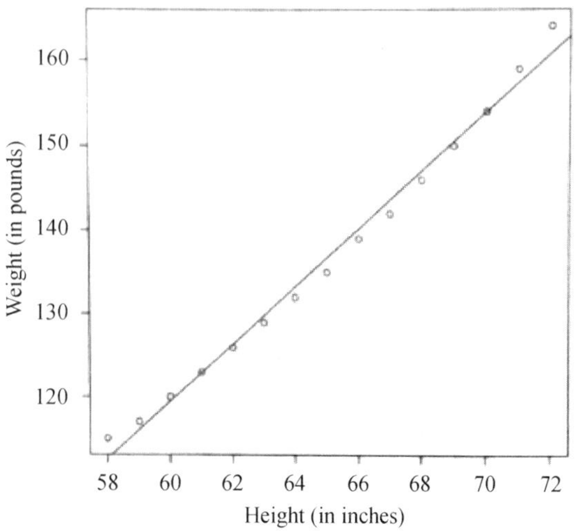

图 1-3　身高预测体重的散点图以及回归线

2. 多元线性回归分析。如果回归分析中包括两个或两个以上的自变量，且因变量和自变量之间是线性关系，则称为多元线性回归分析。事实上，一种现象常常是与多个因素相联系的，由多个自变量的最优组合共同来预测或估计因变量，比只用一个自变量进行预测或估计更有效，更符合实际。因此多元线性回归比一元线性回归的实用意义更大。

使用条件：分析多个自变量 X 与因变量 Y 的关系，X 与 Y 都必须是连续型变量，因变量 Y 或其残差必须服从正态分布。例如，美国某州府散点图矩阵，如图 1－4 所示。

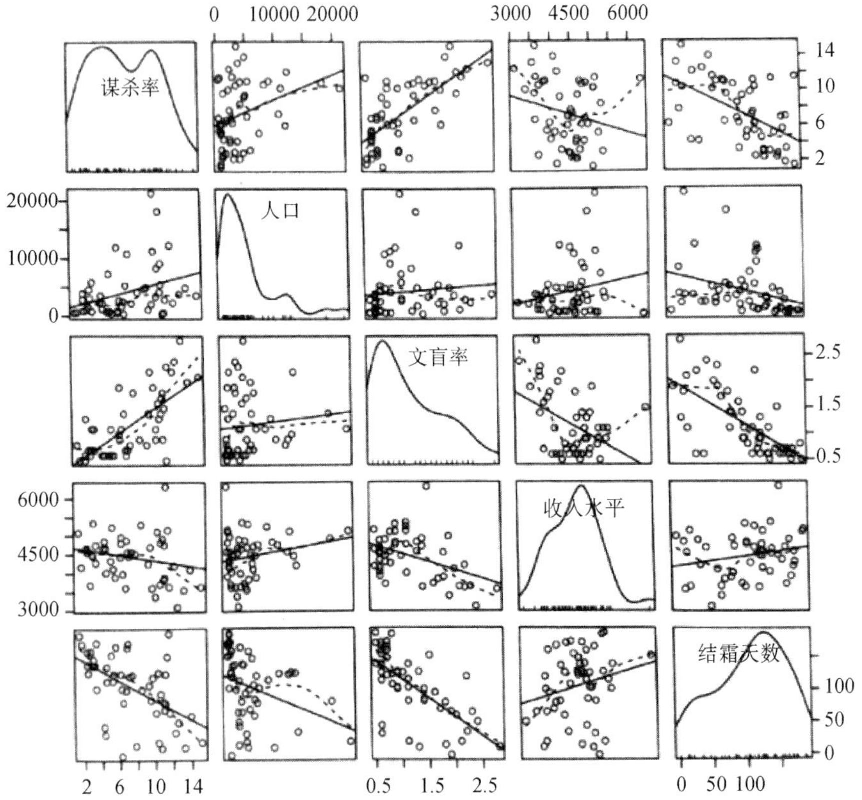

图 1－4　州府数据中因变量谋杀率与自变量人口、文化水平、收入水平以及结霜天数的散点图矩阵（包含线性和平滑拟合曲线，以及相应的边际分布）

3. Logistic 回归分析。线性回归模型要求因变量是连续的正态分布变量，且自变量和因变量呈线性关系，而 Logistic 回归模型对因变量的分布没有要求，一般用于因变量是离散时的情况。常用于预测分类变量，其中主要是二分类变量。

例如，探讨影响用户复购的关键因素，并根据关键因素预测用户复购行为发生的概率等。选择两组人群，一组是复购组，一组是非复购组，两组人群必定具有不同的特征与购买行为等。因此因变量就为是否复购，值为“是”或“否”，自变量就可以包括很多了，如年龄、性别、购买频率、客单价、平均下单周期、购买品类占比情况等。自变量既可以是连续的，也可以是分类的。然后通过 Logistic 回归分析，可以得到自变量的权重，从而可以大致了解到底哪些因素是产生复购行为的关键因素。同时可以根据关键因素预测用户复购的的可能性。从而可以通过运营策略去加大复购的可能性，提升店铺销量，如图 1－5 所示。

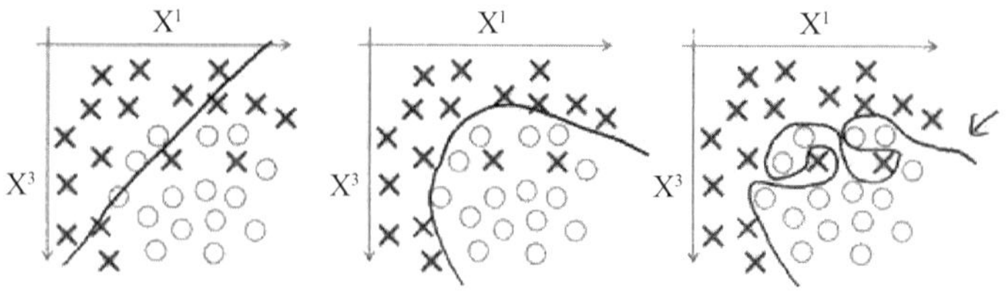

图 1－5　模型拟合图

4. 其他回归方法。非线性回归、有序回归、Probit 回归、加权回归等。

三、方差分析

（一）定义

方差分析用于两个及两个以上样本均数差别的显著性检验。由于各种因素的影响，研究所得的数据呈现波动状。造成波动的原因可分成两类，一是不可控的随机因素，另一是研究中施加的对结果形成影响的可控因素。方差分析是从观测变量的方差入手，研究诸多控制变量中哪些变量是对观测变量有显著影响的变量。

使用条件：各样本须是相互独立的随机样本；各样本来自正态分布总体；各总体方差相等。

例如，在饲料养鸡增肥的研究中，某研究所提出的三种饲料配方 A、B、C。应该选择哪种饲料，对鸡增肥效果好且便宜？目的是为了比较三种饲料配方下鸡的平均重量是否相等。特选 24 只相似的雏鸡随机均分为三组，每组各喂一种饲料，60 天定期观测它们的重量并记录。得到三组雏鸡重量数据，比较这三组数据之间是否存在显著性差异。若相等，可任选一种饲料，特别是可以选廉价饲料；若不等，应选增肥效果好的饲料。同理，可运用到相似场景中。

（二）应用

1. 单因素方差分析。单因素方差分析是用来研究一个控制变量的不同水平是否对观测变量产生了显著影响。这里，由于仅研究单个因素对观测变量的影响，因此称为单因素方差分析。

例如，分析不同施肥量是否给农作物产量带来显著影响，考察地区差异是否影响妇女的生育率，研究学历对工资收入的影响等。这些问题都可以通过单因素方差分析得到答案。

2. 多因素方差分析。多因素方差分析用来研究两个及两个以上控制变量是否对观测变量产生显著影响。这里，由于研究多个因素对观测变量的影响，因此称为多因素方差分析。多因素方差分析不仅能够分析多个因素对观测变量的独立影响，更能够分析多个控制因素的交互作用能否对观测变量的分布产生显著影响，进而最终找到利于观测变量的最优组合。

例如，分析不同品种、不同施肥量对农作物产量的影响时，可将农作物产量作为观测变量，品种和施肥量作为控制变量。利用多因素方差分析方法，研究不同品种、不同施肥量是如何影响农作物产量的，并进一步研究哪种品种与哪种水平的施肥量是提高农作物产量的最优组合。

3. 协方差分析。通过上述的分析可以看到，不论是单因素方差分析还是多因素方差分析，控制因素都是可控的，其各个水平可以通过人为的努力得到控制和确定。但在许多实际问题中，有些控制因素很难人为控制，但它们的不同水平确实对观测变量产生了较为显著的影响。

例如，在研究农作物产量问题时，如果仅考察不同施肥量、品种对农作物产量的影响，不考虑不同地块等因素而进行方差分析，显然是不全面的。因为事实上有些地块可能有利于农作物的生长，而另一些却不利于农作物的生长。不考虑这些因素进行分析可能会导致：即使不同的施肥量、不同品种农作物产量没有产生显著影响，但分析的结论却可能相反。这个时候就用到协方差分析。

四、假设检验

（一）定义

假设检验（Hypothesis Testing）是数理统计学中根据一定假设条件由样本推断总体的一种方法。具体作法是：根据问题的需要对所研究的总体作某种假设，记作 H_0；选取合适的统计量，这个统计量的选取要使得在假设 H_0 成立时，其分布为已知；由实测的样本，计算出统计量的值，并根据预先给定的显著性水平进行检验，作出拒绝或接受假设 H_0 的判断。常用的假设检验方法有 u－检验法、t 检验法、χ^2 检验法（卡方检验）、F－检验法，秩和检验等。

（二）应用

1. 参数检验。参数检验对参数平均值、方差进行的统计检验，参数检验是推断统计的重要组成部分。

2. 非参数检验。非参数检验是统计分析方法的重要组成部分，它与参数检验共同构成统计推断的基本内容。参数检验是在总体分布形式已知的情况下，对总体分布的参数如均值、方差等进行推断的方法。但是，在数据分析过程中，由于种种原因，人们往往无法对总体分布形态作简单假定，此时参数检验的方法就不再适用了。非参数检验正是一类基于这种考虑，在总体方差未知或知道甚少的情况下，利用样本数据对总体分布形态等进行推断的方法。由于非参数检验方法在推断过程中不涉及有关总体分布的参数，因而得名为“非参数”检验。

非参数检验不考虑总体分布是否已知，常常也不是针对总体参数，而是针对总体的某些一般性假设（如总体分布的位置是否相同，总体分布是否正态）进行检验。

主要方法包括：卡方检验、秩和检验、二项检验、游程检验、K－量检验等。

五、相关分析

（一）定义

相关分析是研究现象之间是否存在某种依存关系，并对具体有依存关系的现象探讨其相关方向以及相关程度，是研究随机变量之间的相关关系的一种统计方法。

相关关系是一种非确定性的关系，例如，以 X 和 Y 分别记一个人的身高和体重，或分别记每公顷施肥量与每公顷小麦产量，则 X 与 Y 显然有关系，而又没有确切到可由其中的一个去精确地决定另一个的程度，这就是相关关系。

（二）应用

确定现象之间有无相关关系以及相关关系的类型。对不熟悉的现象，则需收集变量之间大量的对应资料，用绘制相关图的方法做初步判断。从变量之间相互关系的方向看，变量之间有时存在着同增同减的同方向变动，是正相关关系；有时变量之间存在着一增一减的反方向变动，是负相关关系。从变量之间相关的表现形式看有直线关系和曲线相关，从相关关系涉及的变量的个数看，有一元相关或简单相关关系和多元相关或复相关关系。相关性分析见图 1－6 所示。

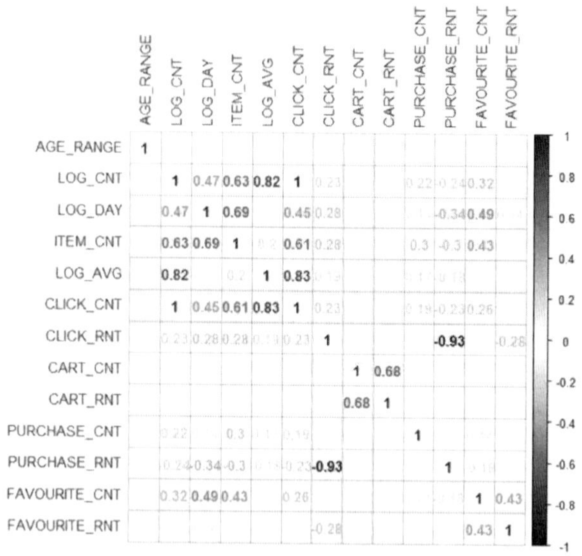

图 1－6　相关性分析图例

判定现象之间相关关系的密切程度。通常是计算相关系数 R 及绝对值在 0.8 以上表明高度相关，必要时应对 R 进行显著性检验。

拟合回归方程。如果现象间相关关系密切，就根据其关系的类型，建立数学模型用相应的数学表达式——回归方程来反映这种数量关系，这就是回归分析。

判断回归分析的可靠性。要用数理统计的方法对回归方程进行检验。只有通过检验的回归方程才能用于预测和控制。

根据回归方程进行内插外推预测和控制。

六、聚类分析

（一）定义

聚类分析将个体或对象分类，使得同一类中的对象之间的相似性比与其他类的对象的相似性更强。其目的在于使类内对象的同质性最大化和类与类间对象的异质性最大化。

聚类与分类的不同在于，聚类所要求划分的类是未知的。聚类是将数据分类到不同的类或者簇这样的一个过程，所以同一个簇中的对象有很大的相似性，而不同簇间的对象有很大的相异性。从统计学的观点看，聚类分析是通过数据建模简化数据的一种方法。传统的统计聚类分析方法包括系统聚类法、K－均值聚类法、模糊聚类法、有序样品聚类法、分解法、加入法、动态聚类法和有重叠聚类等。聚类分析见图 1－7 聚类分析谱系图示例。

（二）应用

1. 在商业上，聚类分析被用来发现不同的客户群，并且通过购买模式刻画不同的客户群的特征，常与用户画像相结合。聚类分析是细分市场的有效工具，同时也可用于研究消费者行为，寻找新的潜在市场、选择实验的市场，并作为多元分析的预处理。

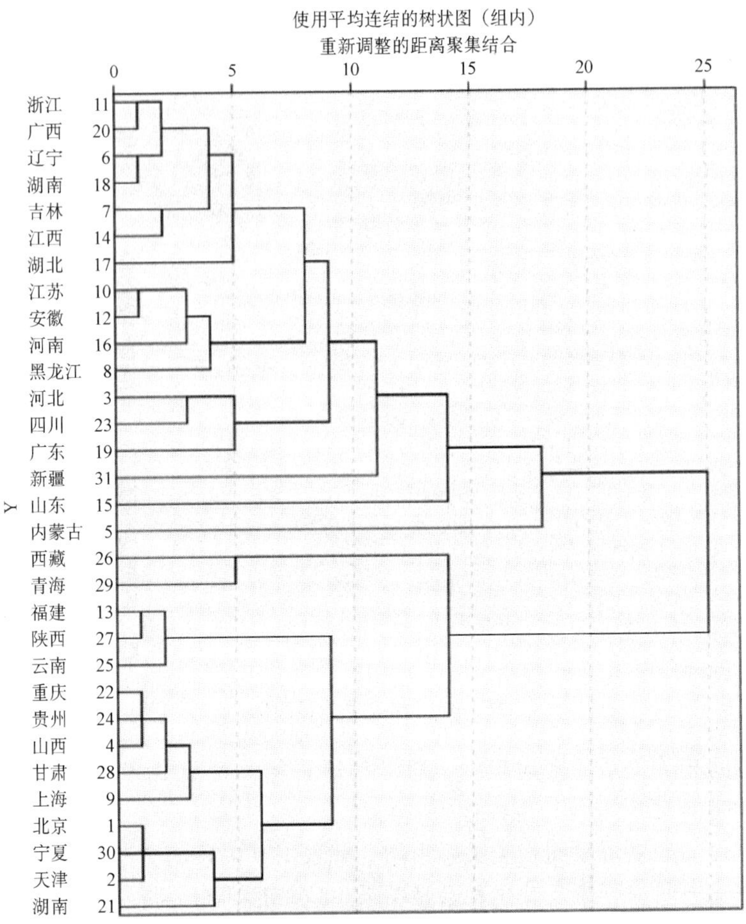

图 1－7　聚类分析谱系图示例

2. 聚类分析在电子商务网站中建设数据挖掘功能中也是很重要的一个方面，通过分组聚类出具有相似浏览行为的客户，并分析客户的共同特征，可以更好的帮助电子商务的用户了解自己的客户，向客户提供更合适的服务。

3. 在保险行业上，聚类分析通过一个高的平均消费来鉴定汽车保险单持有者的分组，同时根据住宅类型，价值，地理位置来鉴定一个城市的房产分组。

4. 在生物上，聚类分析被用来对动植物分类和对基因进行分类，获取对种群固有结构的认识。

七、判别分析

（一）定义

判别分析又称“分辨法”，是在分类确定的条件下，根据某一研究对象的各种特征值判别其类型归属问题的一种多变量统计分析方法。

其基本原理是按照一定的判别准则，建立一个或多个判别函数，用研究对象的大量资料确定判别函数中的待定系数，并计算判别指标。据此即可确定某一样本属于何类。其逻辑如图 1－8 所示。

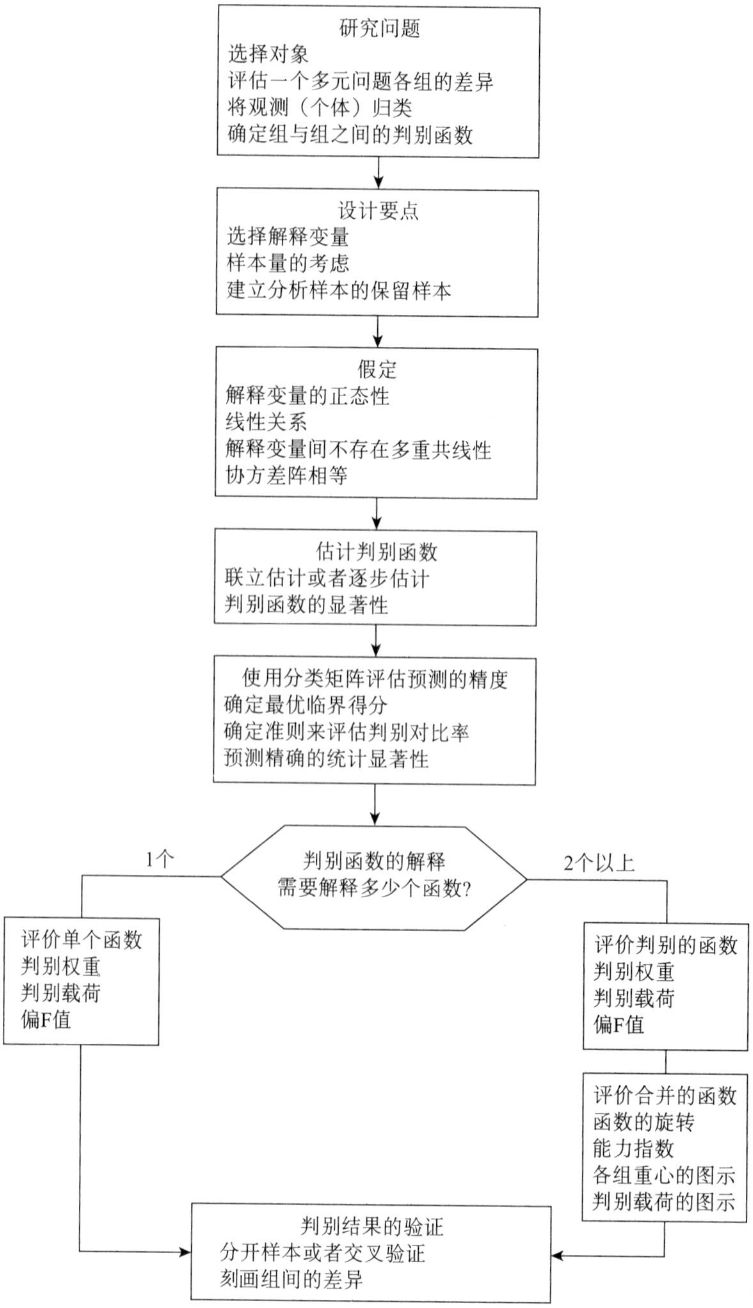

图 1-8　判别分析的逻辑步骤框图

当得到一个新的样品数据，要确定该样品属于已知类型中哪一类，这类问题属于判别分析问题。

（二）应用

1. 给新用户打标签。在对已有用户分群归类的情况下，对于新进来的用户贴标签，便于后续对于新用户的运营。

2. 信息丢失。对于丢失的数据，可以依据整体的去判断填充。
3. 直接的信息得不到。
4. 预报。

八、因子分析

（一）定义

因子分析是指研究从变量群中提取共性因子的统计技术。最早由英国心理学家 C. E. 斯皮尔曼提出。他发现学生的各科成绩之间存在着一定的相关性，一科成绩好的学生，往往其他各科成绩也比较好，从而推想是否存在某些潜在的共性因子，或称某些一般智力条件影响着学生的学习成绩。因子分析可在许多变量中找出隐藏的具有代表性的因子。将相同本质的变量归入一个因子，可减少变量的数目，还可检验变量间关系的假设。

（二）应用

通过因子得分可以得出不同因子的重要性指标，而管理者则可根据这些指标的重要性来决定首先要解决的市场问题或产品问题。

在对数据进行处理时，可对数据进行降维处理。

九、主成分分析

（一）定义

主成分分析将多个变量通过线性变换以选出较少个数重要变量的一种多元统计分析方法。又称主分量分析。

通过正交变换将一组可能存在相关性的变量转换为一组线性不相关的变量，转换后的这组变量叫主成分。其主要思想是降维，将 n 维特征映射到 k 维上（$k < n$），k 维是全新的正交特征。这个 k 维特征称为主元，是重新构造出来的 k 维特征，而不是简单地从 n 维特征中去除其余 $n - k$ 维特征。

主成分分析和因子分析的区别：

因子分析法与主成分分析法都属于因素分析法，都基于统计分析方法，但两者有较大的区别：主成分分析是通过坐标变换提取主成分，也就是将一组具有相关性的变量变换为一组独立的变量，将主成分表示为原始观察变量的线性组合；而因子分析法是要构造因子模型，将原始观察变量分解为因子的线性组合。通过对上述内容的学习，可以看出因子分析法和主成分分析法的主要区别为：

1. 主成分分析是将主要成分表示为原始观察变量的线性组合，而因子分析是将原始观察变量表示为新因子的线性组合，原始观察变量在两种情况下所处的位置不同。

2. 主成分分析中，新变量 Z 的坐标维数 j（或主成分的维数）与原始变量维数相同，它只是将一组具有相关性的变量通过正交变换转换成一组维数相同的独立变量，再按总方差误差的允许值大小，来选定 q 个（$q < p$）主成分；而因子分析法是要构造一个模型，将问题的为数众多的变量减少为几个新因子，新因子变量数 m 小于原始变量数 p，从而构造成一个结构简单的模型。可以认为，因子分析法是主成分分析法的发展。

（二）应用

1. 主成分分析能降低所研究的数据空间的维数。即用研究 m 维的 Y 空间代替 p 维的 X 空间（$m<p$），而低维的 Y 空间代替高维的 X 空间所损失的信息很少。即：使只有一个主成分 Y_i（即 $m=1$）时，这个 Y_i 仍是使用全部 X 变量（p 个）得到的。例如要计算 Y_i 的均值也得使用全部 X 的均值。在所选的前 m 个主成分中，如果某个 X_i 的系数全部近似于零的话，就可以把这个 X_i 删除，这也是一种删除多余变量的方法。

2. 有时可通过因子负荷 a_{ij} 的结论，弄清 X 变量间的某些关系。

3. 多维数据的一种图形表示方法。我们知道当维数大于 3 时便不能画出几何图形，多元统计研究的问题大都多于 3 个变量。要把研究的问题用图形表示出来是不可能的。然而，经过主成分分析后，我们可以选取前两个主成分或其中某两个主成分，根据主成分的得分，画出 n 个样品在二维平面上的分布况，由图形可直观地看出各样品在主分量中的地位，进而还可以对样本进行分类处理，可以由图形发现远离大多数样本点的离群点。

4. 由主成分分析法构造回归模型。即把各主成分作为新自变量代替原来自变量 x 做回归分析。

5. 用主成分分析筛选回归变量。回归变量的选择有着重的实际意义，为了使模型本身易于做结构分析、控制和预报，好从原始变量所构成的子集合中选择最佳变量，构成最佳变量集合。用主成分分析筛选变量，可以用较少的计算量来选择量，获得选择最佳变量子集合的效果。

第三节 数据分析的作用

当前，无论是互联网企业，还是传统型企业，都需要数据分析。企业如果需要进行企业经营决策或者推出某种新型产品，就需要利用数据分析将一些凌乱的数据整合汇总，从中判断出具体方向。其实，在企业的经营分析中，数据分析具有三大作用。

一、现状分析

所谓现状有两层含义，一层含义是指已经发生的事情，另一层含义是指现在所发生的事情。现状分析告诉你过去发生了什么，对于一个企业来说具体表现在：

第一，告诉你企业现阶段的整体运营情况，通过各个经营指标的完成情况来衡量企业的运营状态，以说明企业整体运营是更好了还是坏了，好的程度是如何，坏的程度又到哪里。

第二，告诉你企业各项业务的构成，让你了解企业各项业务的发展及变动情况，对企业经营状况有更深入的了解。

现状分析一般通过日常通报来完成，如日报、周报、月报等形式。通过对企业的基础周报或月报进行分析，可了解企业的整体运营情况，发现企业经营中的问题，了解企业的现状。

二、原因分析

原因分析告诉你某一现状为什么发生。经过第一阶段的现状分析，我们对企业的运营情况有了一个基本的了解，但是不知道运营情况具体好在哪里？差在哪里？是什么原因引起的？这时候我们就需要开展原因分析，以进一步确定业务变动的具体原因。原因分析一般通过专题分析来完成，根据企业运营情况选择针对某一现状进行原因分析。如果通过现状分析，了解到企业存在着某种隐患后，就需要分析该隐患。了解该隐患存在的原因和它是如何产生的。

三、预测分析

预测分析告诉你将来会发生什么。在了解企业运营现状后，有时候还需要对企业未来发展趋势做出预测，为企业制定经营目标以及提供有效的策略参考与决策依据，以确保企业的可持续健康发展。

预测分析一般通过专题分析来完成，通常在制定企业季度、年度等计划时进行，其开展的频率没有现状分析及原因分析高。

什么时候开展什么样的数据分析，需要根据自身的需求及目的来确定。在分析了现状，也分析了原因后，就需要进行预测分析。通过现在所掌握的数据，来预测未来的发展趋势等。例如了解企业数据分析时，这三种作用就是分析过去企业整体运营情况，分析现在所存在的隐患，以及预测未来企业的发展趋势。

经典案例 1

沃尔玛经典营销案例：啤酒与尿布

“啤酒与尿布”的故事发生于20世纪90年代的美国沃尔玛超市中，沃尔玛的超市管理人员分析销售数据时发现了一个令人难于理解的现象：在某些特定的情况下，“啤酒”与“尿布”两件看上去毫无关系的商品会经常出现在同一个购物篮中，这种独特的销售现象引起了管理人员的注意，经过后续调查发现，这种现象出现在年轻的父亲身上。

在美国有婴儿的家庭中，一般是母亲在家中照看婴儿，年轻的父亲前去超市购买尿布。父亲在购买尿布的同时，往往会顺便为自己购买啤酒，这样就会出现啤酒与尿布这两件看上去不相干的商品经常会出现在同一个购物篮的现象。如果这个年轻的父亲在卖场只能买到两件商品之一，则他很有可能会放弃购物而到另一家商店，直到可以一次同时买到啤酒与尿布为止。沃尔玛发现了这一独特的现象，开始在卖场尝试将啤酒与尿布摆放在相同的区域，让年轻的父亲可以同时找到这两件商品，并很快地完成购物；而沃尔玛超市也可以让这些客户一次购买两件商品、而不是一件，从而获得了很好的商品销售收入，这就是“啤酒与尿布”故事的由来。

当然“啤酒与尿布”的故事必须具有技术方面的支持。1993 年美国学者 Agrawal 提出通过分析购物篮中的商品集合，从而找出商品之间关联关系的关联算法，并根据商品之间的关系，找出客户的购买行为。艾格拉沃从数学及计算机算法角度提出了商品关联关系的计算方法——Aprior 算法。沃尔玛从 20 世纪 90 年代尝试将 Aprior 算法引入到 POS 机数据分析中，并获得了成功，于是有了“啤酒与尿布”的故事。

经典案例 2

Suncorp – Metway 使用数据分析实现智慧营销

Suncorp – Metway 是澳大利亚一家提供普通保险、银行业、寿险和理财服务的多元化金融服务集团，旗下拥有 5 个业务部门，管理着 14 类商品，由公司及共享服务部门提供支持，其在澳大利亚和新西兰的运营业务与 900 多万名客户有合作关系。

该公司过去 10 年间的合并与收购，使客户群增长了 200%，这极大增加了客户群数据管理的复杂性，如果解决不好，必将对公司利润产生负面影响。为此，IBM 公司为其提供了一套解决方案，组件包括：IBM Cognos 8 BI、IBM Initiate Master Data Service IBM Unica。

采用该方案后，Suncorp – Metway 公司至少在以下三项业务方面取得显著成效：

（1）显著增加了市场份额，但没有增加营销开支；

（2）每年大约能够节省 1000 万美元的集成与相关成本；

（3）避免向同一户家庭重复邮寄相同信函并且消除冗余系统，从而同时降低直接邮寄与运营成本。

由此可见，Suncorp – Metway 公司通过该方案将此前多个孤立来源的数据集成起来，实现智慧营销，对控制成本，增加利润起到非常积极的作用。

第四节 数据分析常用工具

目前数据分析的工具有很多，SPSS、SAS 都是用于统计分析，围绕统计学知识的一些基本应用，包括描述统计、方差分析、因子分析、主成分分析、基本的回归、分布的检验等等。SPSS 用于市场研究较多，SAS 银行金融和医学统计较多，有一些难度。目前主流综合性较强的数据分析工具有 Python、R 语言、MATLAB。其中 Python 具有丰富且强大的库，它常被称为胶水语言，能够把其他语言制作的各种模块（尤其是 C/C + +）很轻松地连接在一起，是一门更易学、更严谨的程序设计语言；R 语言是用于统计分析、绘图的语言和操作环境，它属于 GNU 系统的一个自由、免费、源代码开放的软件；MATLAB 的作用是进行矩阵运算、绘制函数与数据、实现算法、创建用户界面和连接其他编程语言的程序等，主要应用于工程计算、控制设计、信号处理与通信、图像处理、信号检测、金融建模设计与分析等领域。

Python、R 语言、MATLAB 这三种语言均可以进行数据分析。表 1 – 1 从语言学习难易程度、使用场景、第三方支持、流行领域和软件成本五个方面比较了这三种数据分析工具。

表 1－1　　Python、R 语言、MATLAB 三种数据分析工具的比较

数据分析工具	Python	R 语言	MATLAB
语言学习难易程度	接口统一，学习曲线平缓	接口众多，学习曲线陡峭	自由度大，学习曲线较为平缓
使用场景	数据分析、机器学习、矩阵运算、科学数据可视化、数字图像处理、Web 应用、网络爬虫、系统运维等	统计分析、机器学习、科学数据可视化等	矩阵运算、数值分析、科学数据可视化、机器学习、数字图像处理、数字信号处理、仿真模拟等
第三方支持	拥有大量的第三方库，能够简便地调用 C、C＋＋、Fortran、java 等其他程序语言	拥有大量的包，能够调用 C、C＋＋、Fortran、Java 等其他程序语言	拥有大量专业的工具箱，在新版本中加入了对 C、C＋＋、Java 的支持
流行领域	工业界	经济界	学术界
软件成本	开源免费	开源免费	商业收费

一、Python 与数据分析的关系

常用的数据分析工具有 Python、R 语言、MATLAB 等，但在大数据分析领域，Python 是最受欢迎的主流程序语言。究其原因主要有以下几点。

1. Python 是一种解释型编程语言，在数据分析的场景中，解释型语言的好处是不需要对代码进行编译链接，只需要编写好程序，就可直接运行，这样就可以解决编译链接过程中所出现的各种问题。同时，Python 语言语法和结构相对简单，便于专注于数据分析的新手快速掌握。

2. Python 语言拥有与数据分析相关的大量开源库和分析框架，可直接使用，非常方便。另外，Python 不仅提供了数据处理的平台，而且它还能跟很多语言（C 和 ForTran）对接。

3. Python 其实不是只能用于数据分析，它还有很多其他方面的用途。例如，Python 是一门通用型的编程语言，它也可以作为脚本来使用，还能操作数据库；而且由于 Django 等框架的问世，Python 近年来还可用于开发 Web 应用，这就使 Python 开发的数据分析项目完全可以与 Web 服务器兼容，从而可以整合到 Web 应用中。

由此可见，由于 Python 具有比其他数据分析语言更多的优势，使其成为数据分析中的最佳选择。

二、Python 数据分析常用的类库

类库是用来实现各种功能的类的集合。Python 数据分析中常用的库有 NumPy、Pandas、Matplotlib 和 SciPy 等，这些库在数据分析中起着很重要的作用，有关这些库的使用将在后面做详细介绍。本节只对这些库进行一个简单介绍。

（一）Python NumPy

NumPy（Numerical Python）是 Python 科学计算的基础包，它可以提供以下功能。

1. 快速高效的多维数组对象 ndarray。

2. 用于对数组执行元素级计算和直接对数组执行数学运算的函数。

3. 用于读写硬盘上基于数组的数据集的工具。

4. 线性代数运算、傅里叶变换，以及随机数生成。

5. 用于将 C、C++、Fortran 代码集成到 Python 的工具。

除了为 Python 提供快速的数组处理能力，NumPy 在数据分析方面还有另外一个主要作用，即作为算法之间传递数据的容器。对于数值型数据，NumPy 数组在存储和处理数据时要比内置的 Python 数据结构高效得多。此外，由高级语言（如 C 和 Fortran）编写的库可以直接操作 NumPy 数组中的数据，无须进行任何数据复制工作。

（二）Python Pandas

Pandas 是 Python 数据分析的核心库，它是基于 NumPy 构建的含有复杂数据结构和工具的数据分析包。Pandas 最初是被作为金融数据分析工具而开发出来的，因此，它为时间序列分析提供了很好的支持。Pandas 纳入大量库和标准数据模型，提供了大量的可快速便捷处理数据的函数和高效操作数据集所需的工具。

类似于 NumPy 的核心是 ndarray，pandas 则是围绕着 Series 和 DataFrame 这两个核心数据结构展开的，而 Series 和 DataFrame 分别对应于一维的序列和二维的表结构。pandas 提供了复杂精细的索引功能，以便快捷地完成重塑、切片、聚合和选取数据子集等操作。

（三）Python Matplotlib

Matplotlib 是最流行的用于绘制数据图表的 Python 库，它非常适合创建出版物中用的图表。Matplotlib 提供了一整套与 MATLAB 相似的命令 API，十分适合交互式地进行制图，而且也可以方便地将它作为绘图控件，嵌入 GUI 应用程序中。通过 Matplotlib 的 pyplot 子库提供的与 MATLAB 类似的绘图 API，可方便用户快速绘制 2D 图表，例如直方图、条形图、散点图等。

Matplotlib 还提供了名为 pylab 的模块，其中包括了许多 NumPy 和 pyplot 中常用的函数，方便用户快速进行计算和绘图。Matplotlib 与 IPython 结合提供了一个非常好的交互式数据绘图环境，绘制的图表也是交互式的，用户可以利用绘图窗口工具栏中的相应工具放大图表的某个区域，或对某个图表进行平移浏览。

（四）Python SciPy

SciPy 是一组专门用于科学计算的开源 Python 库，它构建于 NumPy 的基础上，提供用于在 Python 中进行科学计算的工具集。SciPy 经常与 NumPy、Pandas、Matplotlib 和 IPython 这些核心库一起使用，SciPy 主要包括 8 个包，这些包分别对应着不同的科学计算领域，SciPy 主要包括的包见表 1-2。

表 1-2　SciPy 的包简介

包名	描述
scipy. integrate	数值积分例程和微分方程求解器
scipy. linalg	扩展了由 numpy. linalg 提供的线性代数例程和矩阵分解功能
scipy. optimize	函数优化器（最小化器）和跟踪查找算法
scipy. signal	信号处理工具
scipy. sparse	稀疏矩阵和稀疏线性系统求解器

续表

包名	描述
scipy. special	SPECFUN（是一个实现了许多常用数学函数的 Fortran 库）的包装器
scipy. stats	标准连续和离散概率分布（如密度函数、采样器、连续分布函数等），各种统计检验方法，以及更好的描述统计法
scipy. weave	利用内联的 C + + 代码加速数组计算的工具

注意：NumPy 与 SciPy 的有机结合完全可以替代 MATLAB 的计算功能。

（五）Python scikit - learn

scikit - learn 是一个简单有效的数据挖掘和数据分析工具，可供用户在各种环境下重复使用，而且 scikit - learn 是建立在 NumPy、SciPy 和 Matplotlib 的基础上的，对一些常用的算法进行了封装。

scikit - learn 的基本功能主要分为六大部分：分类、回归、聚类、数据降维、模型选择和数据预处理。在数据量不大的情况下，scikit - learn 可以解决大部分问题。对算法不精通的用户在执行建模任务时，并不需要自行编写所有算法，只需要简单地调用 scikit - learn 库里的模块就可以了。

第五节　Python 简介及环境搭建

一、Python 发展及版本介绍

Python 是一种面向对象、解释型计算机程序设计语言，由荷兰人 Guido van Rossum 于 1989 年底发明，那年 Guido 为了打发圣诞节的无趣，决心开发一个新的脚本解释程序，作为 ABC 语言的一种继承。之所以选中 Python 作为该编程语言的名字，是因为他是一个叫 Monty Python 的喜剧团体的爱好者。

第一个公开发行版发行于 1991 年，Python 源代码同样遵循 GPL（GNU General Public License）协议。Python 具有跨平台的特点，可以在 Linux、macOS 以及 Windows 系统中搭建环境并使用，其编写的代码在不同平台上运行时，几乎不需要做较大的改动，使用者无不受益于它的便捷性。

Python 语法简洁而清晰，具有丰富和强大的类库。它常被昵称为胶水语言，能够把用其他语言制作的各种模块（尤其是 C/C + +）很轻松地联结在一起。正因为 Python 语言的简洁、优雅、开发效率高，它常被用于网站开发，网络编程，图形处理，黑客编程等。

二、Python 语言的发展历史

如表 1 - 3 所示，Python 第一个版本于 1991 年初公开发行。Python2. 0 于 2000 年 10 月发布，增加了许多新的语言特性。Python3. 0 于 2008 年 12 月发布，此版本不完全兼容 Python2. 0，导致 Python2. 0 与 Python3. 0 不兼容。

表 1-3　**Python 语言的发展历史**

版本号	发布时间	拥有者	GPL 兼容
0.9.0~1.2	1991~1995	CWI	是
1.3~1.5.2	1995~1999	CNRI	是
1.6	2000	CNRI	否
2.0	2000	BeOpen.com	否
1.6.1	2001	CNRI	否
2.1	2001	PSF	否
2.0.1	2001-06-22	PSF	是
2.2~2.7.11	2001~2015	PSF	是
2.7.12	2016-06	PSF	是
2.7.13	2016-12	PSF	是
3.x	2008~至今	PSF	是

Python 历年来市场份额变化曲线，如图 1-9 所示。

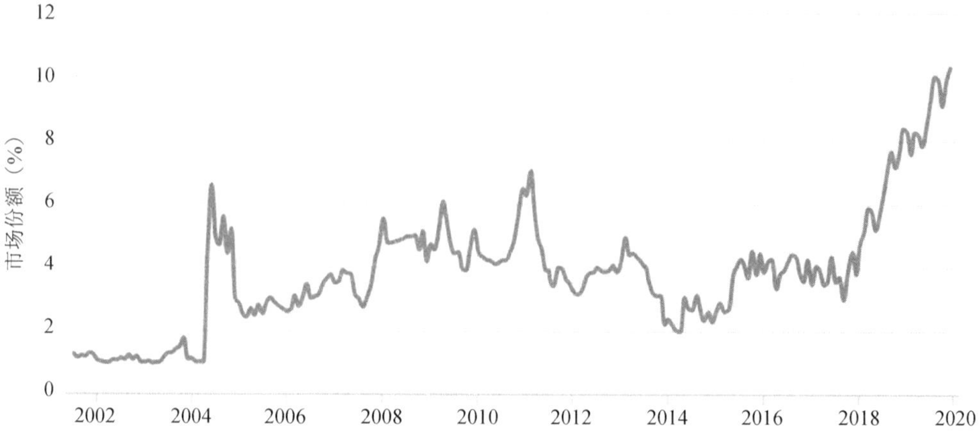

图 1-9　Python 历年来市场份额变化曲线

目前，将要发行最新版本是 Python3.9，和 3.8 版本相比，Python3.9 会有以下新特性：增加 Union 计算；灵活的函数和变量注解；Python 从 3.9 开始会有稳定的年度更新模式；垃圾回收可以应用于重用的对象上；增加 os.pidfd_open，使得进程管理不需要 race 和 signal。

三、Python 语言的特点与优势

1. Python 是一种面向对象、解释型计算机程序设计语言；

2. Python 语法简洁清晰，用空格（space）作为语句缩进，适合初学者入门；

3. Python 具有丰富和强大的库。它常被昵称为胶水语言，能够把用其他语言制作的各种模块（尤其是 C/C++）很轻松地联结在一起，可轻松地操作其他语言编写的库。

4. 拥有一个巨大的活跃的科学计算社区；Python 在数据分析、探索性计算、数据可视化等方面都有成熟的库和活跃的社区，这使得 Python 成为数据处理重要的解决方案，在科学计算方面 Python 拥有 Numpy、Pandas、Matplotlib、Scikit-lean、Ipython 等一系列非常优秀

的库和工具，特别是 Pandas 在处理中型数据方面可以说有着无与伦比的优势，并逐渐成为各行业数据处理任务的首选库。

5. 拥有强大的通用编程能力，Python 的强大不仅体现在数据分析方面，而且在网络爬虫、Web 等领域也有着广泛的应用，对于公司来说，只需要使用一种开发语言就可以完成全部业务成为可能。

6. 人工智能时代的通用语言，在人工智能领域，Python 已经成为最受欢迎的编程语言，主要得益于其语法简单、具有丰富的库和社区，使得大部分深度学习框架都优先支持 Python 语言。

7. 跨平台，程序无须修改在 Windows、Linux、Unix、Mac 等操作系统上使用。

四、Python 语言的应用领域

Python 的强大之处在于它的应用领域范围之广，遍及人工智能、科学计算、Web 开发、系统运维、大数据及云计算、金融、游戏开发等。实现其强大功能的前提，就是 Python 具有数量庞大且功能相对完善的标准库和第三方库。通过对库的引用，能够实现对不同领域业务的开发。然而，正是由于库的数量庞大，对于管理这些库以及对库进行及时的维护成为既重要但复杂度又高的事情。

1. Web 开发，基于 Python 的优秀 web 框架如 Django。

Python 语言支持 Web 网站开发，比较流行的开发框架有 web2py、Django 等。许多大型网站就是用 Python 开发的，例如 YouTube、Instagram，还有国内的豆瓣。很多大公司，包括 Google、Yahoo 等，甚至 NASA（美国航空航天局）都大量地使用 Python。利用 py2exe 模块可以将 Python 程序转换为 .exe 可执行程序，使得 Python 程序可以脱离 Python 系统环境来运行。

2. 网络编程，网页解析，如爬虫程序开发。

Python 语言提供了 socket 模块，对 Socket 接口进行了二次封装，支持 Socket 接口的访问；还提供了 urllib、cookielib、httplib、scrapy 等大量模块，用于对网页内容进行读取和处理，并结合多线程编程以及其他有关模块可以快速开发网页爬虫之类的应用程序。

3. 科学计算，各种实验数据的处理以及相关实验模拟等，机器学习等。

Python 中用于科学计算与数据可视化的模块有很多，例如 NumPy、SciPy、SymPy、Matplotlib、Traits、TraitsUI、Chaco、TVTK、Mayavi、VPython、OpenCV 等，涉及的应用领域包括数值计算、符号计算、二维图表、三维数据可视化、三维动画演示、图像处理以及界面设计等。

4. 数据库应用。

Python 数据库模块有很多，例如，可以通过内置的 sqlite3 模块访问 SQLite 数据库，使用 pywin32 模块访问 Access 数据库，使用 pymysql 模块访问 MySQL 数据库，使用 pywin32 和 pymssql 模块来访问 SQLSever 数据库。

5. 多媒体开发。

Pyemia 模块是一个用于多媒体操作的 Python 模块，可以对包括 WAV、MP3、AVI 等多媒体格式文件进行编码、解码和播放；PyOpenGL 模块封装了 OpenGL 应用程序编程接口，通过该模块可在 Python 程序中集成二维或三维图形；PIL（PythonImagingLibrary，Python 图形库）为 Python 提供了强大的图像处理功能，并提供广泛的图像文件格式支持。

6. 电子游戏开发。

Pygame 就是用来开发电子游戏软件的 Python 模块，在 SDL 库的基础上开发，可以支持多个操作系统。使用 Pygame 模块，可以在 Python 程序中创建功能丰富的游戏和多媒体程序。

五、目前使用 Python 的企业

1. Google 在其网络搜索系统中广泛应用了 Python，并且聘用了 Python 的创作者。
2. YouTube 视频分享服务大部分是由 Python 编写的。
3. 流行的 P2P 文件分享系统 Bittorrent 是一个 Python 程序。
4. Intel、Cisco、Hewlett - Packard、Seagate、Qualcomm 和 IBM 使用 Python 进行硬件测试。
5. IndustrialLight&Magic、Pixar 等公司使用 Python 制作动画电影。
6. NASA、LosAlamos、Fermilab、JPL 等使用 Python 实现科学计算任务。
7. IRobot 使用 Python 开发了商业机器人真空吸尘器。
8. ESRI 在其流行的 GIS 地图产品中使用 Python 作为终端用户的定制工具。
9. NSA 在加密和智能分析中使用 Python。

第六节 Anaconda 安装

一、什么是 Anaconda

Anaconda 指的是一个开源的 Python 发行版本，其包含了 conda、Python 等 180 多个科学包及其依赖项。因为包含了大量的科学包，Anaconda 的下载文件比较大（约 531MB），如果只需要某些包，或者需要节省带宽或存储空间，也可以使用 Miniconda 这个较小的发行版（仅包含 conda 和 Python）。Anaconda 就是可以便捷获取包且对包能够进行管理，同时对环境可以统一管理的发行版本。适用语言：Python、R、Ruby、Lua、Scala、Java、JavaScript、C/C + + 、FORTRAN。其包含的科学包包括：conda、numpy、scipy、ipython、notebook 等。

1. Anaconda Navigtor：用于管理工具包和环境的图形用户界面，后续涉及的众多管理命令也可以在 Navigator 中手工实现。
2. Jupyter notebook：基于 web 的交互式计算环境，可以编辑易于人们阅读的文档，用于展示数据分析的过程。
3. qtconsole：一个可执行 IPython 的仿终端图形界面程序，相比 Python Shell 界面，qtconsole 可以直接显示代码生成的图形，实现多行代码输入执行，以及内置许多有用的功能和函数。
4. spyder：一个使用 Python 语言、跨平台的、科学运算集成开发环境。

二、Anaconda 的特点

1. 完全开源和免费。

2. 安装过程简单。
3. 高性能使用 Python 和 R 语言。
4. 免费的社区支持。
5. conda 包。
6. 环境管理器。
7. 1000 + 开源库。

三、Anaconda 的适用平台及安装条件

1. 适用平台。Anaconda 可以在以下系统平台中安装和使用：
（1） Windows。
（2） macOS。
（3） Linux （x86/Power8）。
2. 安装条件。
（1） 系统要求：32 位或 64 位系统均可。
（2） 下载文件大小：约 500MB。
（3） 所需空间大小：3GB 空间大小（Miniconda 仅需 400MB 空间即可）。

四、Anaconda 的安装步骤

（一） Windows 系统安装 Anaconda（图 1－10）

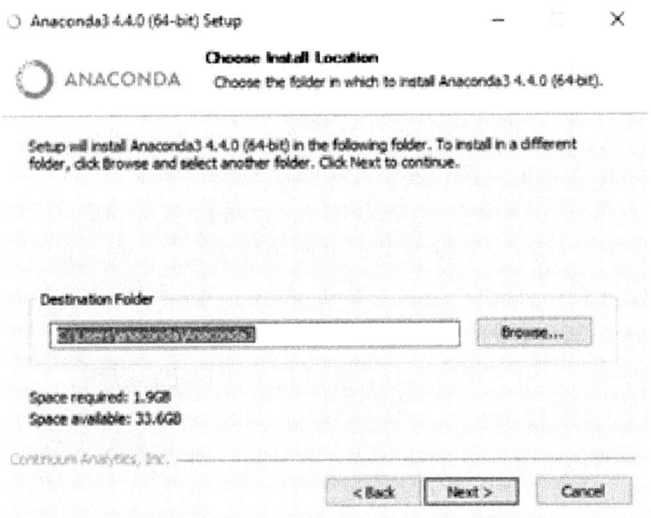

图 1－10　Anaconda windows 安装界面

前往官方下载页面下载。有两个版本可供选择：Python3.7 和 Python2.7，选择版本之后，根据自己操作系统的情况点击“64 － Bit Graphical Installer”或“32 － Bit Graphical Installer”进行下载。完成下载之后，双击下载文件，启动安装程序。

注意：如果在安装过程中遇到任何问题，那么暂时地关闭杀毒软件，并在安装程序完成之后再打开。目标路径中不能含有空格，同时不能是“unicode”编码。除非被要求以管理

员权限安装，否则不要以管理员身份安装。在“Advanced Installation Options”中要勾选“Add Anaconda to my PATH environment variable.”（添加 Anaconda 至我的环境变量）。然后点击“Install”开始安装。如果想要查看安装细节，则可以点击“Show Details”，点击“Next”。

如果你不想了解“Anaconda 云”和“Anaconda 支持”，则可以不勾选“Learn more about Anaconda Cloud”和“Learn more about Anaconda Support”。

验证安装结果。可选以下任意方法：

1. “开始→Anaconda3（64 - bit）→Anaconda Navigator”，若可以成功启动 Anaconda Navigator 则说明安装成功。

2. “开始→Anaconda3（64 - bit）→右键点击 Anaconda Prompt→以管理员身份运行”，在 Anaconda Prompt 中输入 conda list，可以查看已经安装的包名和版本号。若结果可以正常显示，则说明安装成功。

（二）Linux 系统安装 Anaconda

前往官方下载页面下载（见图 1 - 11）。有两个版本可供选择：Python3. 7 和 Python2. 7。启动终端，在终端中输入命令 md5 sum/path/filename 或 sha256 sum/path/filename。

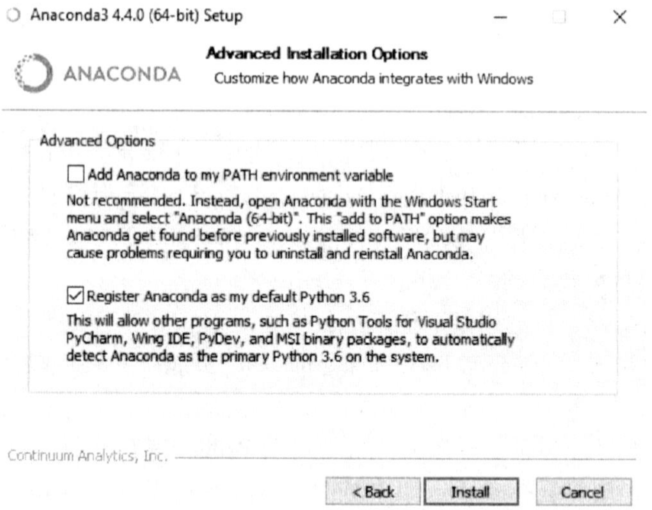

图 1 - 11 Anacondalinux 安装界面

注意：将该步骤命令中的/path/filename 替换为文件的实际下载路径和文件名。其中，path 是路径，filename 为文件名。

1. 建议：

（1）路径和文件名中不要出现空格或其他特殊字符。

（2）路径和文件名最好以英文命名，不要以中文或其他特殊字符命名。

（3）根据 Python 版本的不同有选择性地在终端输入命令：

（4）Python3. 7：bash ~/Downloads/Anaconda3 - 7. 0. 1 - Linux - x86_64. sh。

（5）Python2. 7：bash ~/Downloads/Anaconda2 - 7. 0. 1 - Linux - x86_64. sh。

2. 注意：

（1）首词 bash 也需要输入，无论是否用的 Bash shell。

（2）如果你的下载路径是自定义的，那么把该步骤路径中的 ~/Downloads 替换成你自己的下载路径。

（3）除非被要求使用 root 权限，否则均选择“Install Anaconda as a user”。

（4）安装过程中，看到提示“In order to continue the installation process, please review the license agreement.”（“请浏览许可证协议以便继续安装。”），点击“Enter”查看“许可证协议”。

（5）在“许可证协议”界面将屏幕滚动至底，输入“yes”表示同意许可证协议内容。然后进行下一步。

（6）安装过程中，提示“Press Enter to accept the default install location, CTRL－C to cancel the installation or specify alternate installation directory.”（“按回车键确认安装路径，按‘CTRL－C’取消安装或者指定安装目录。”）如果接受默认安装路径，则会显示“PREFIX＝/home/ < user > /anaconda < 2or3 > ”并且继续安装。安装过程大约需要几分钟的时间。

3. 建议：直接接受默认安装路径。安装器若提示“Do you wish the installer to prepend the Anaconda < 2or3 > install location to PATH in your /home/ < user > /. bashrc?”（“你希望安装器添加 Anaconda 安装路径在/home/ < user > /. bashrc 文件中吗？”），建议输入“yes”。

4. 注意：

（1）路径/home/ < user > /. bash_rc 中“ < user > ”即进入到家目录后你的目录名。

（2）如果输入“no”，则需要手动添加路径，否则 conda 将无法正常运行。

（3）当看到“Thank you for installing Anaconda < 2or3 > !”则说明已经成功完成安装。

（4）关闭终端，然后再打开终端以使安装后的 Anaconda 启动。或者直接在终端中输入 source ~/. bashrc 也可完成启动。

（5）验证安装结果。可选用以下任意一种方法：

（6）在终端中输入命令 conda list，如果 Anaconda 被成功安装，则会显示已经安装的包名和版本号。

（7）在终端中输入 python。这条命令将会启动 Python 交互界面，如果 Anaconda 被成功安装并且可以运行，则将会在 Python 版本号的右边显示“Anaconda custom（64－bit）”。退出 Python 交互界面则输入 exit（）或 quit（）即可。

（8）在终端中输入 anaconda－navigator。如果 Anaconda 被成功安装，则 Anaconda Navigator 将会被启动。

第七节　管理包

一、查找可供安装的包版本

1. 精确查找。

```
conda search --full-name <package_full_name>
```

注意：--full-name 为精确查找的参数。

<package_full_name>是被查找包的全名。包名两边不加尖括号“< >”。

例如：conda search --full-name python 即查找全名为“python”的包有哪些版本可供安装。

2. 模糊查找。

Conda search <text>

注意：<text>是查找含有此字段的包名。此字段两边不加尖括号“< >”。

例如：conda search py 即查找含有“py”字段的包，有哪些版本可供安装。

二、获取当前环境中已安装的包信息

Conda list

执行上述命令后将在终端显示当前环境已安装包的包名及其版本号。

三、安装包

1. 在指定环境中安装包。

Conda install --name <env_name> <package_name>

注意：

<env_name>即将包安装的指定环境名。环境名两边不加尖括号“< >”。

<package_name>即要安装的包名。包名两边不加尖括号“< >”。

例如：conda install --name python2 pandas 即在名为“python2”的环境中安装 pandas 包。

2. 在当前环境中安装包。

Conda install <package_name>

注意：

<package_name>即要安装的包名。包名两边不加尖括号“< >”。

执行命令后在当前环境中安装包。

例如：conda install pandas 即在当前环境中安装 pandas 包。

3. 使用 pip 安装包。

使用场景：当使用 conda install 无法进行安装时，可以使用 pip 进行安装。例如：see 包。

命令：pip install <package_name>

注意：<package_name>为指定安装包的名称。包名两边不加尖括号“< >”。

如：pip install see 即安装 see 包。

注意：

- pip 只是包管理器，无法对环境进行管理。因此如果想在指定环境中使用 pip 进行安装包，则需要先切换到指定环境中，再使用 pip 命令安装包。
- pip 无法更新 python，因为 pip 并不将 python 视为包。
- pip 可以安装一些 conda 无法安装的包；conda 也可以安装一些 pip 无法安装的包。因此当使用一种命令无法安装包时，可以尝试用另一种命令。

4. 从 Anaconda. org 安装包。

使用场景：当使用 conda install 无法进行安装时，可以考虑从 Anaconda. org 中获取安装包的命令，并进行安装。

注意：

从 Anaconda. org 安装包时，无需注册。

在当前环境中安装来自于 Anaconda. org 的包时，需要通过输入要安装的包在 Anaconda. org 中的路径作为获取途径（channel）。查询路径的方式如下：

在浏览器中输入：http：//anaconda. org，或直接点击 Anaconda. org

在新页面 "Anaconda Cloud" 的上方搜索框中输入要安装的包名，然后点击右边 "放大镜" 标志。

搜索结果中有数以千计的包可供选择，此时点击 "Downloads" 可根据下载量进行排序，最上面的为下载最多的包。

四、卸载包

1. 卸载指定环境中的包。

Conda remove -- name < env_name > < package_name >

注意：

< env_name > 即卸载包所在指定环境的名称。环境名两边不加尖括号 " < > "。

< package_name > 即要卸载包的名称。包名两边不加尖括号 " < > "。

例如：conda remove -- name python2 pandas 即卸载名为 "python2" 中的 pandas 包。

2. 卸载当前环境中的包。

Conda remove < package_name >

注意：

< package_name > 即要卸载包的名称。包名两边不加尖括号 " < > "。

执行命令后即在当前环境中卸载指定包。

例如：conda remove pandas 即在当前环境中卸载 pandas 包。

五、更新包

1. 更新所有包。

Conda update -- all

或

Conda upgrade -- all

建议：在安装 Anaconda 之后执行上述命令更新 Anaconda 中的所有包至最新版本，便于使用。

2. 更新指定包。

conda update < package_name >

或

conda upgrade < package_name >

第八节　Jupyter Notebook

我们应该知道，Python 之所以在 14 年后“崛起”，得益于机器学习和数学统计应用的兴起。至于 Python 适合数学统计和机器学习的原因，很多读者可能并不会想到，Jupyter Notebook 功不可没。可以毫不夸张地说，作为一名 Python 工程师，如果不会使用 Jupyter Notebook，可能会真的太落伍了。

一、什么是 Jupyter Notebook

什么是 Jupyter Notebook（交互式笔记本）呢？按照 Jupyter 创始人的说法，起初他是想做一个综合 Ju（Julia）、Py（Python）和 R 三种科学运行语言的计算工具平台，所以将其命名为 Jupyter。

Jupyter 发展到现在，已经成为了一个几乎支持所有语言，Jupyter Notebook 是以网页的形式打开，可以在网页页面中直接编写代码和运行代码，代码的运行结果也会直接在代码块下显示。如在编程过程中需要编写说明文档，可在同一个页面中直接编写，便于作及时的说明和解释。其可被应用于全过程计算：开发、文档编写、运行代码和展示结果，能够把软件代码、计算输出、解释文档、多媒体资源整合在一起的多功能科学运行平台。只要直接输入代码并运行，它就会直接在代码下面显示输出结果。

二、Jupyter Notebook 的影响力

衡量一个技术的影响力，或者说想利用自己的技术影响世界时，必定绕不开技术对教育界的影响力。以微软的 Word 文本处理系统为例，从纯技术角度来讲，它的单机设计理念早已过时，但以 GoogleDoc 为代表的在线文档系统，并没有想象中实现对 Word 的降维打击。最直接的原因归咎于用户习惯，多数用户已经习惯使用 Word 来编辑、修改文档了，之所以会这样，是因为我们从小学、中学，一直到大学期间，都在学习使用 Word。而且到了工作中，老员工还会带着新员工继续使用 Word。

从 2017 年开始，已经有大量的北美顶尖计算机课程开始使用 Jupyter Notebook 作为教学工具，而在这之前，一直使用的都是 Python 命令行的形式。不仅如此，Jupyter Notebook 在工业界的影响力更大。

例如，在 Facebook 中，几乎所有的中小型程序（比如内部的线下分析软件，机器学习模块的训练等）都是借助于 Jupyter Notebook 完成。同时，在硅谷其他的一线大厂中，也全部使用 Jupyter Notebook（他们用的是改进定制型的 Jupyter Notebook，名称 Google Colab）。了解了以上这些，相信你已经认可了 Jupyter Notebook 的地位。

但需要注意的是，不是说那个技术流行，就盲目跟从。对于技术的选择，要学习独立的思考，切勿人云亦云。以 Facebook 为例，之所以它选择 Jupyter Notebook 等技术，很大程序上因为它有几百个产品线，几万个工程师，而如果是几个人的团队，使用同样的技术反倒成了拖累。

三、Jupyter Notebook 的优势

这里给大家总结了几点 Jupyter Notebook 的优势：

（一）整合了所有资源

在软件开发过程中，频繁地进行上下文切换，会影响生产效率。举个例子，假设你需要切换窗口去看一些文档，再切换窗口去用另一个工具画图，不断地切换窗口就会成为影响效率的因素。而 Jupyter Notebook 则不同，它会将所有和软件编写的资源全部放在一个地方，无需切换窗口就可以轻松找到。

（二）交互性编程体验

在机器学习和数据统计领域，Python 编程的实验性特别强，比如为了测试 100 种不同的方法，有时就需要将一小块代码重写 100 遍，在这种情况下，如果使用传统的 Python 开发流程，每一次测试都要将所有代码重新跑一遍，会花费开发者很多时间。

Jupyter Notebook 引进了 Cell 的概念。每次测试可以只跑一小块的代码，并且在代码下方立刻就能看到运行结果。如此强的交互性，满足了 Python 程序员可以专注于问题本身，不会被频繁的工具链拖累，也不用在命令行之间来回切换，所有工作都能在 Jupyter Notebook 上完成。

（三）轻松运行他人编写的代码

同样是在机器学习和数学统计领域，我们可能会借鉴他人分享的代码，但当我们拷贝过来想要运行时，却需要使用 pip 安装一大堆依赖的库，足以让人抓狂。而 Jupyter Notebook 就可以解决这个问题。

例如，Jupyter 官方的 Binder 平台以及 Google 提供的 Google Colab 环境，它们可以让 Jupyter Notebook 变得和 GoogleDoc 在线文档一样。比如用 Binder 打开一份 GitHub 上的 Jupyter Notebook 时，就不需要安装任何 Python 库，直接在打开代码就能运行。如图 1 - 12 所示。

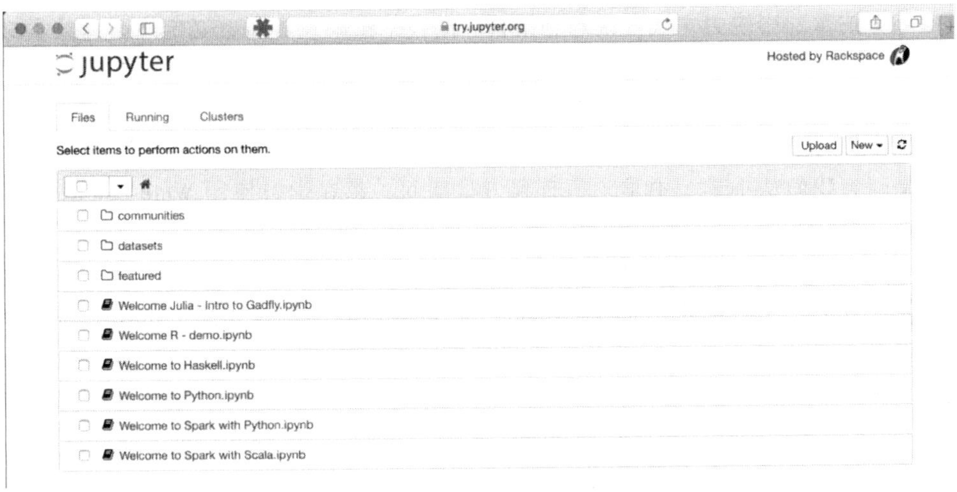

图 1 - 12　Jupyter Notebook 启动界面

（四）Jupyter Notebook 的基本使用

1. Files 页面。Files 页面是用于管理和创建文件相关的类目。对于现有的文件，可以通过勾选文件的方式，对选中文件进行复制、重命名、移动、下载、查看、编辑和删除的操作。同时，也可以根据需要，在“New”下拉列表中选择想要创建文件的环境，进行创建“ipynb”格式的笔记本、“txt”格式的文档、终端或文件夹。

图 1-13 展示的是笔记本的基本结构和功能。工具栏的使用如图中的注解一样直观，在此不过多解释。需要特别说明的是“单元格的状态”，有 Code，Markdown，Heading，Raw NBconvert。其中，最常用的是前两个，分别是代码状态，Markdown 编写状态。Jupyter Notebook 已经取消了 Heading 状态，即标题单元格。取而代之的是 Markdown 的一级至六级标题。而 Raw NBconvert 目前极少用到，此处也不做过多讲解。

图 1-13　工具栏菜单

菜单栏涵盖了笔记本的所有功能，即便是工具栏的功能，也都可以在菜单栏的类目里找到。然而，并不是所有功能都是常用的，比如 Widgets、Navigate、Kernel 类目的使用，主要是对内核的操作，比如中断、重启、连接、关闭、切换内核等，由于我们在创建笔记本时已经选择了内核，因此切换内核的操作便于我们在使用笔记本时切换到我们想要的内核环境中去。由于其他的功能相对比较常规，根据图 1-14 中的注解来尝试使用笔记本的功能已经非常便捷，因此不再做详细讲解。

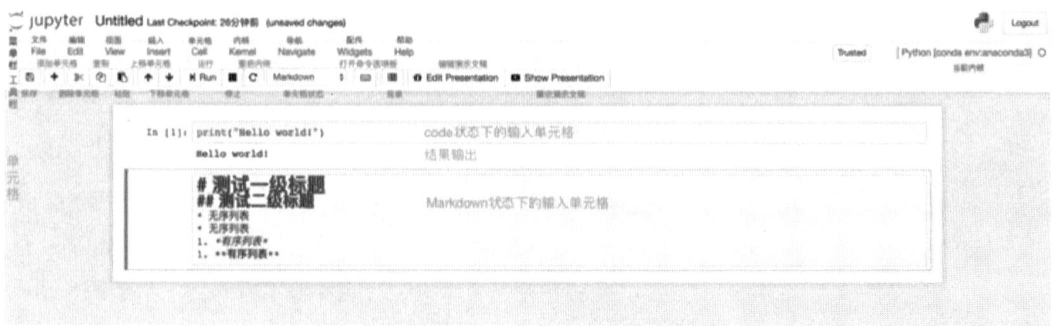

图 1-14　笔记本运行界面

2. Running 页面。Running 页面主要展示的是当前正在运行当中的终端和“ipynb”格式的笔记本。若想要关闭已经打开的终端和“ipynb”格式的笔记本，仅仅关闭其页面是无法彻底退出程序的，需要在 Running 页面点击其对应的“Shutdown”。如图 1-15 所示。

图 1－15　运行界面

3. Conda 页面。Conda 页面主要是 Jupyter Notebook 与 Conda 关联之后对 Conda 环境和包进行直接操作和管理的页面工具。

在图 1－16 所示的界面可以进行包的安装、升级与配置。

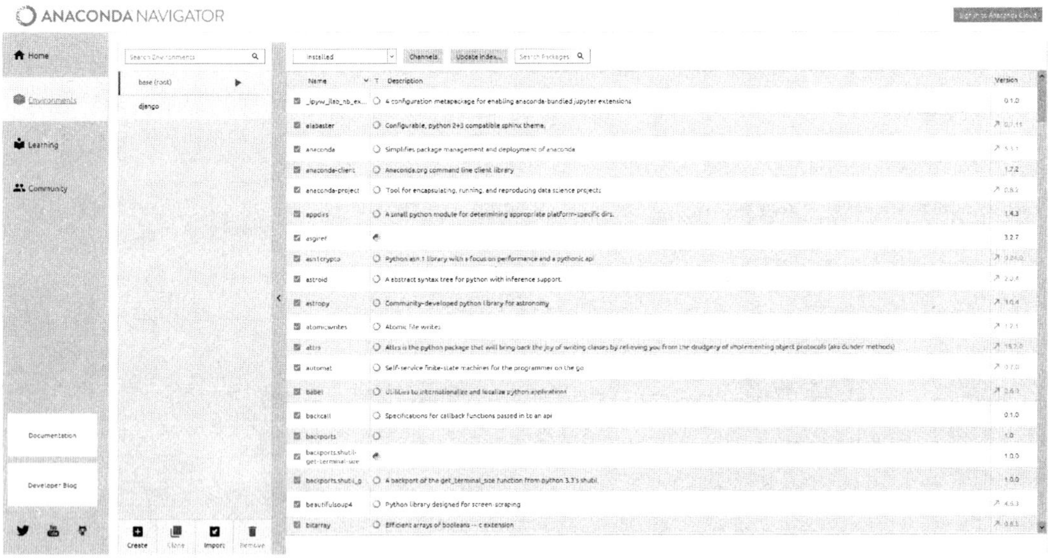

图 1－16　anaconda 环境与包管理界面

4. 学习界面。在图 1－17 所示的环境中可以进行相应的文档、实例、视频、网络等方面的学习与提高。

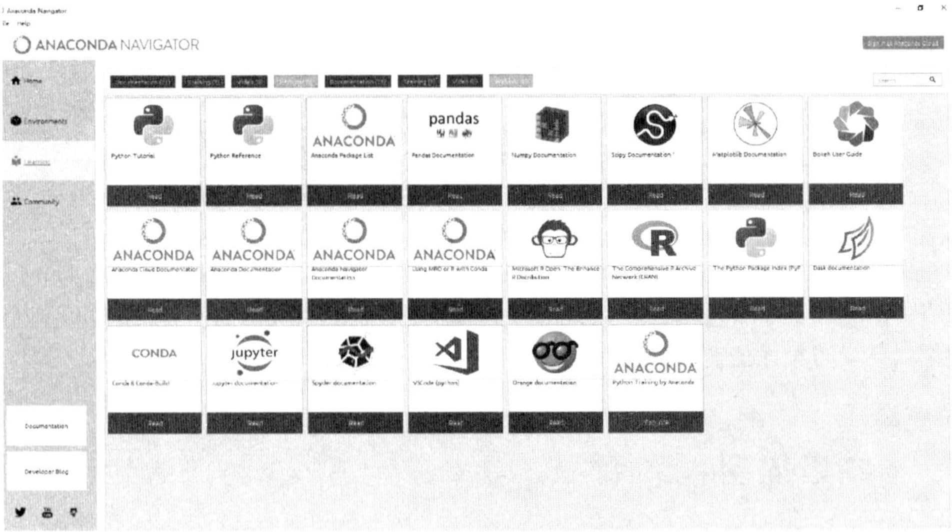

图 1-17 anaconda 学习界面

项目实战

1. 在 windows 环境中利用 anaconda 搭建 Python 开发环境。
2. 在 windows 环境中安装和使用 Jupyter notebook，并测试环境。
3. 使用 Jupyter notebook 进行文档的编辑与导出功能的训练。

练习题

1. 简述数据的概念，数据、信息和知识三者之间的关系。
2. 什么是数据分析？数据分析包括哪些步骤？
3. 数据的获取方式有哪些？
4. 为什么要进行数据预处理？数据预处理包括哪些方面？
5. 数据可视化的作用是什么？
6. 数据分析有哪些作用？
7. 数据分析的常用工具有哪些？各有什么优劣？
8. Python 语言有什么特点？简述 Python 程序的执行过程。
9. 如何测试 Python 软件是否安装成功？Python 程序的后缀名是什么？
10. 在 Python 交互式终端上 Python 语言的命令提示符是什么？
11. 运用 Python 语言进行数据分析有什么优势？
12. Jupyter Notebook 这款数据分析软件有什么特点和优势？
13. Python 数据分析常用的类库有哪些？这些类库有什么作用？

第二章　Python 编程基础

千里之行，始于足下。在利用 Python 开发各种精彩的项目前，我们需要对 Python 的基础知识有一个全面的了解。基础知识看似简单，却是各种复杂代码的基石，只有将基础打扎实，在之后的学习中才能游刃有余。

本章内容

本章主要介绍 Python 的基本语法、运算符等内容，主要内容包括：

1. Python 语言的基本特点
2. Python 基本语法
3. Python 运算符

学习寄语

优雅胜于丑陋。明确胜于含糊。简单胜于复杂。复杂胜于繁琐。扁平胜于嵌套。间隔胜于紧凑。可读性很重要。即使假借特殊之名，也不应打破这些原则。尽管实践大于理论。错误不可置之不理。除非另有明确要求。面对模棱两可，拒绝猜测。用一种方法，最好是只有一种方法来做一件事。虽然这种方式开始时并不容易，除非你是 Python 之父。但从现在就开始这么做，总比永远都不做好。尽管经常有时"没有做"反倒比"现在立马做"结果要好。如果一个实现不容易解释，那么它肯定是个坏主意。如果一个实现很容易解释，那么它也许是个好主意。就像命名空间就是一个绝妙的想法，应当多加利用。

《Python 的设计哲学》Tim Peters

第一节　Python 基本语法

Python 是一个结合了解释性、编译性、互动性和面向对象的高级程序设计语言，具有结构简单、语法定义清晰的特点。

Python 的特色，具体包括以下几点：

（1）Python 具有弱类型的语言特色。是以数据为中心，无需声明数据类型，上来就把要存储的数据放到内存，然后再去用一个变量名引用这个数据。

（2）Python 每个变量在使用前都必须赋值，变量赋值以后该变量才会被创建。

（3）Python 每个变量在内存中创建，都包括变量的标识、名称和数据这些信息。创建的时候就自动判断这个数据的标识（类型）、引用名、数据。

（4）Python 的多个变量赋值，可以这样赋值 a，b，c = 1，2，“john”。

（5）Python 删掉数据引用，用 del var1，var2，…。

（6）Python 中的列表类型可以不固定，

list = [‘runoob’, 786 , 2.23, ‘john’, 70.2]

（7）Python 中的字符串切割、列表、元组切割规则从左到右索引默认 0 开始，从右到左索引默认 -1 开始，下标可以为空表示取到头或尾。

（8）Python 中下划线开头的标识符：

单下划线开头是类的保护 protected 成员变量，只有类对象和子类对象自己能访问到这些变量。

双下划线开头是类的私有 private 成员变量，只有类对象自己能访问，连子类对象也不能访问到这个数据。

双下划线开头和结尾是类的构造函数。

（9）Python 最大特色是不用大括号来控制类、函数的逻辑判断，用缩进来控制的缩进的空白数量是可变的，但是所有代码块语句必须包含相同的缩进空白数量，这个必须严格执行。

```
if True:
    print "True"
else:
  print "False"
```

在使用 Python 前，我们先要求大家学习并掌握一些基本的输入、输出、格式化函数等。

一、输入和输出

1. input( ) 输入。

Python3. x 中 input( ) 函数接受一个标准输入数据，返回为 string 类型。对于 input( )，它希望能够读取一个合法的 Python 表达式，即你输入字符串的时候必须使用引号将它括起来，否则它会引发一个 Syntax Error。

函数语法：input([prompt])

参数说明：input( ) 的小括号中放入的是提示信息，用来在获取数据之前给用户的一个简单提示；

input( ) 在从键盘获取了数据以后，会存放到等号右边的变量中；

input( ) 会把用户输入的任何值都作为字符串来对待。

注意：在 Python2 中还有一个 raw_input( ) 输入，但到 Python3 中没有了。

```
#! /usr/bin/python3
str = input("请输入：")
print("你输入的内容是：",str)
```

这会产生如下的对应着输入的结果：

请输入：Hello Python!

你输入的内容是：Hello Python！

举例如下：

```
>>> a = input("input:")
input:123                    # 输入整数
>>> type(a)
<class 'str'>                # 字符串
>>> a = input("input:")
Input:runoob                 # 正确,字符串表达式
>>> type(a)
<class 'str'>                # 字符串
```

注意：在上面的代码中，小括号和双引号都需要在英文半角的状态下输入并且 print 全部为小写字母，因为 Python 的语法是区分大小写字母的。

2. print( ) 输出。

函数语法：print(* objects, sep = ' ', end = '\n', file = sys. stdout, flush = False)

参数说明：

objects -- 表示可以一次输出多个对象。输出多个对象时，需要用 "," 分隔。

sep -- 用来间隔多个对象，默认值是一个空格。

end -- 用来设定以什么结尾。默认值是换行符 "\n"，可以换成其他字符串。

file -- 要写入的文件对象。

flush -- 输出是否被缓存通常决定于 file，但如果 flush 关键字参数为 True，流会被强制刷新。

注意：print 默认输出是换行的，如果要实现不换行需要在变量末尾加上 end = ""，举例如下：

```
#! /usr/bin/python3
x = "a"
y = "b"
#换行输出
print(x)
print(y)
print('---------')
#不换行输出
print(x,end = "")
print(y,end = "")
print()
#同时输出多个变量
print(x,y)
```

二、format 的格式化函数

1. 函数语法：str. format (args)

2. 参数说明：此方法中，str 用于指定字符串的显示样式；args 用于指定要进行格式转换的项，如果有多项，之间有逗号进行分割。

3. 格式化字符串的函数 str.format()，它增强了字符串格式化的功能。基本语法是通过 {} 和：来代替以前的%。在创建显示样式模板时，需要使用 {} 和：来指定占位符，其完整的语法格式为：

{[index][：[[fill]align][sign][#][width][.precision][type]]}

注意：格式中用 [ ] 括起来的参数都是可选参数，即可以使用，也可以不使用。各个参数的含义如下：

index：指定“：”后边设置的格式要作用到 args 中第几个数据，数据的索引值从 0 开始。如果省略此选项，则会根据 args 中数据的先后顺序自动分配。

fill：指定空白处填充的字符。注意，当填充字符为逗号“，”且作用于整数或浮点数时，该整数（或浮点数）会以逗号分隔的形式输出，例如（1000000 会输出 1，000，000）。

align：指定数据的对齐方式，具体的对齐方式如表 2－1 所示。

表 2－1 align 参数及含义

align	含义
<	数据左对齐。
>	数据右对齐。
=	数据右对齐，同时将符号放置在填充内容的最左侧，该选项只对数字类型有效。
^	数据居中，此选项需和 width 参数一起使用。

sign：指定有无符号数，此参数的值以及对应的含义如表 2－2 所示。

表 2－2 sign 参数及含义

sign 参数	含义
+	正数前加正号，负数前加负号。
-	正数前不加正号，负数前加负号。
空格	正数前加空格，负数前加负号。
#	对于二进制数、八进制数和十六进制数，使用此参数，各进制数前会分别显示 0b、0o、0x 前缀；反之则不显示前缀。

width：指定输出数据时所占的宽度。

precision：指定保留的小数位数。

type：指定输出数据的具体类型，如表 2－3 所示。

表 2－3 type 占位符类型及含义

type 类型值	含义
s	对字符串类型格式化。
d	十进制整数。
c	将十进制整数自动转换成对应的 Unicode 字符。

续表

type 类型值	含义
e 或者 E	转换成科学计数法后，再格式化输出。
g 或 G	自动在 e 和 f（或 E 和 F）中切换。
b	将十进制数自动转换成二进制表示，再格式化输出。
o	将十进制数自动转换成八进制表示，再格式化输出。
x 或者 X	将十进制数自动转换成十六进制表示，再格式化输出。
f 或者 F	转换为浮点数（默认小数点后保留 6 位），再格式化输出。
%	显示百分比（默认显示小数点后 6 位）。

举例：

```
>>> "{}{}".format("hello","world")
#不设置指定位置，按默认顺序
'helloworld'
>>> "{0}{1}".format("hello","world")
#设置指定位置
'helloworld'
>>> "{1}{0}{1}".format("hello","world")
#设置指定位置
'worldhelloworld'
>>> print("网站名:{name},地址{url}".format(name="百度",url="www.baidu.com"))
#指定参数名
'网站名:百度,地址 www.baidu.com'
>>> site = {"name":"百度","url":"www.baidu.com"}
>>> print("网站名:{name},地址{url}".format(**site))
#通过字典设置参数: '网站名:百度,地址 www.baidu.com'
>>> my_list = ['百度','www.baidu.com']
>>> print("网站名:{0[0]},地址{0[1]}".format(my_list))
#"0" 是必须的，通过列表索引设置参数:
'网站名:百度,地址 www.baidu.com'
>>> print("{:.2f}".format(3.1415926));
#数字格式化:
输出为: 3.14
```

在实际开发中，数值类型有多种显示需求，比如货币形式、百分比形式等，使用 format() 方法可以将数值格式化为不同的形式，举例如下：

```
#以货币形式显示
print("货币形式:{:,d}".format(1000000))
#科学计数法表示
```

```
print("科学计数法:{:E}".format(1200.12))
#以十六进制表示
print("100 的十六进制:{:#x}".format(100))
#输出百分比形式
print("0.01 的百分比表示:{:.0%}".format(0.01))
```

输出结果分别为：

货币形式：1，000，000

科学计数法：1.200120E+03

100 的十六进制：0x64

0.01 的百分比表示：1%

三、注释语句

注释语句在程序的开始或中间，不具有任何功能实现的作用，仅仅是对程序进行说明的语句，提高程序的可读性。Python 中的注释有单行注释和多行注释。

1. Python 中单行注释采用#开头。

```
#! /usr/bin/python
# -*- coding:UTF-8 -*-
#文件名:test.py
#第一个注释
print("Hello,Python!");#第二个注释
```

输出结果：

Hello,Python!

注释可以在语句或表达式行末：

```
name = "Madisetti" #这是一个注释
```

2. Python 中多行注释使用三个单引号（'''）或三个双引号（"""）。

```
#! /usr/bin/python
# -*- coding:UTF-8 -*-
#文件名:test.py
'''
这是多行注释,使用三个单引号。
"""
这是多行注释,使用三个双引号。
```

四、标识符

简单地理解，标识符就是一个名字，就好像我们每个人都有属于自己的名字，它的主要作用就是作为变量、函数、类、模块以及其他对象的名称。

Python 中标识符的命名不是随意的，而是要遵守一定的命名规则，具体如下：

1. 标识符是由字符（A～Z 和 a～z）、下划线和数字组成，但第一个字符不能是数字。

2. 标识符不能和 Python 中的保留字相同。

Python 保留字：保留字即关键字，我们不能把它们用作任何标识符名称。

Python 的标准库提供了一个 keyword 模块，可以输出当前版本的所有关键字：

```
>>> import keyword
>>> keyword. kwlist
['False','None','True','and','as','assert','break','class','continue','def','del','elif','else','except','finally','for','from','global','import','in','is','lambda','nonlocal','not','or','pass','raise','if','return','try','while','with','yield']
```

3. Python 中的标识符中，不能包含空格、@、% 以及 $ 等特殊字符。

举例：

下面所列举的标识符是合法的：

UserID

name

mode12

user_age

以下命名的标识符不合法：

```
4word     #不能以数字开头
try       #try 是保留字，不能作为标识符
$money    #不能包含特殊字符
```

4. 在 Python 中，标识符中的字母是严格区分大小写的，也就是说，两个同样的单词，如果大小格式不一样，多代表的意义也是完全不同的。比如说，下面这 3 个变量之间，就是完全独立、毫无关系的，它们彼此之间是相互独立的个体。

```
number = 0
Number = 0
NUMBER = 0
```

5. Python 语言中，以下划线开头的标识符有特殊含义。

例如：

（1）以单下划线开头的标识符（如_width），表示不能直接访问的类属性，其无法通过 from import * 的方式导入。

（2）以双下划线开头的标识符（如__ add）表示类的私有成员。

（3）以双下划线作为开头和结尾的标识符（如__ init __），是专用标识符。

（4）因此，除非特定场景需要，应避免使用以下划线开头的标识符。

另外需要注意的是，Python 允许使用汉字作为标识符，例如：

Python_数据分析 = "欢迎使用与学习"

但我们应尽量避免使用汉字作为标识符，这会避免遇到很多奇葩的错误。

标识符的命名，除了要遵守以上这几条规则外，不同场景中的标识符，其名称也有一定的规范可循，例如：

当标识符用作模块名时，应尽量短小，并且全部使用小写字母，可以使用下划线分割多个字母，例如 game_main、game_register 等。

当标识符用作包的名称时，应尽量短小，也全部使用小写字母，不推荐使用下划线，例

如 com. mr、com. mr. book 等。

当标识符用作类名时，应采用单词首字母大写的形式。例如，定义一个图书类，可以命名为 Book。

模块内部的类名，可以采用" 下划线 + 首字母大写" 的形式，如_Book。

函数名、类中的属性名和方法名，应全部使用小写字母，多个单词之间可以用下划线分割。

常量命名应全部使用大写字母，单词之间可以用下划线分割。

特殊标识符：

以下划线开头的标识符是有特殊意义的。以单下划线开头_foo 的代表不能直接访问的类属性，需通过类提供的接口进行访问，不能用 from xxx import * 而导入；

以双下划线开头的__ foo 代表类的私有成员；以双下划线开头和结尾的__ foo __代表 Python 里特殊方法专用的标识，如__ init __() 代表类的构造函数。

五、变量

任何编程语言都需要处理数据，比如数字、字符串、字符等，我们可以直接使用数据，也可以将数据保存到变量中，方便以后使用。变量（Variable）可以看成一个小箱子，专门用来“盛装”程序中的数据。每个变量都拥有独一无二的名字，通过变量的名字就能找到变量中的数据。从底层看，程序中的数据最终都要放到内存中，变量其实就是这块内存的名字。和变量相对应的是常量（Constant)，它们都是用来“盛装”数据的小箱子，不同的是：变量保存的数据可以被多次修改，而常量一旦保存某个数据之后就不能修改了。

Python 中的变量不需要声明。每个变量在使用前都必须赋值，变量赋值以后该变量才会被创建。在 Python 中，变量就是变量，它没有类型，我们所说的“类型”是变量所指的内存中对象的类型。

注意：变量是标识符的一种，它的名字不能随便起，要遵守 Python 标识符命名规范，还要避免和 Python 内置函数以及 Python 保留字重名。

（一）Python 变量的赋值

1. 等号（=）用来给变量赋值。

等号（=）运算符左边是一个变量名，等号（=）运算符右边是存储在变量中的值。

例如：下面的语句将整数 10 赋值给变量 n。

```
n = 10
```

从此以后，n 就代表整数 10，使用 n 也就是使用 10。

2. 更多赋值的例子。

```
pi = 3.1415926  #将圆周率赋值给变量 pi
url = "http://www.baidu.com/"  #将百度的地址赋值给变量 url
real = True  #将布尔值赋值给变量 real
```

除了赋值单个数据，你也可以将表达式的运行结果赋值给变量，例如：

```
sum = 100 + 20  #将加法的结果赋值给变量
rem = 25 * 30 % 7  #将余数赋值给变量
str = "百度网" + "http://www.baidu.com/"  #将字符串拼接的结果赋值给变量
```

变量的值不是一成不变的，它可以随时被修改，只要重新赋值即可；另外你也不用关心数据的类型，可以将不同类型的数据赋值给同一个变量。请看下面的演示：

```
n = 10  #将10赋值给变量n
n = 95  #将95赋值给变量n
n = 200  #将200赋值给变量n
abc = 12.5  #将小数赋值给变量abc
abc = 85  #将整数赋值给变量abc
abc = "http://www.baidu.com/"  #将字符串赋值给变量abc
```

注意，变量的值一旦被修改，之前的值就被覆盖了，不复存在了，再也找不回了。换句话说，变量只能容纳一个值。例如：

3. 实例（Python3.0+）。

```
#! /usr/bin/python3
counter = 100#整型变量
miles = 1000.0#浮点型变量
name = "demo"#字符串
print(counter)
print(miles)
print(name)
```

执行以上程序会输出如下结果：

```
100
1000.0
demo
```

多个变量赋值

Python 允许你同时为多个变量赋值。例如：

```
a = b = c = 1
```

以上实例，创建一个整型对象，值为 1，三个变量被分配到相同的内存空间上。您也可以为多个对象指定多个变量。例如：

```
a,b,c = 1,2,"demo"
```

以上实例，两个整型对象 1 和 2 的分别分配给变量 a 和 b，字符串对象"demo" 分配给变量 c。

（二）Python 变量的使用

使用 Python 变量时，只要知道变量的名字即可。几乎在 Python 代码的任何地方都能使用变量，请看下面的演示：

```
>>> n = 10
>>> print(n)  #将变量传递给函数
10
>>> m = n * 10 + 5  #将变量作为四则运算的一部分
>>> print(m)
105
```

```
>>> print(m - 30)  #将由变量构成的表达式作为参数传递给函数
75
>>> m = m * 2  #将变量本身的值翻倍
>>> print(m)
210
>>> url = " http://www.baidu.com/"
>>> str = "百度网址:" + url  #字符串拼接
>>> print(str)
百度网址:http://www.baidu.com/
```

六、行与缩进

Python 最具特色的就是使用缩进来表示代码块，不需要使用大括号（{}）。缩进的空格数是可变的，但是同一个代码块的语句必须包含相同的缩进空格数。

实例如下：

```
if True:
print("True")
else:
print("False")
```

以下代码最后一行语句缩进数的空格数不一致，会导致运行错误：

```
if True:
print("Answer")
print("True")
else:
print("Answer")
print("False")      #缩进不一致,会导致运行错误
```

以上程序由于缩进不一致，执行后会出现类似以下错误：

```
File"test.py",line6
print("False")#缩进不一致,会导致运行错误
Indentation Error:unindent does not match any outer indentation level
```

（一）多行语句

Python 通常是一行写完一条语句，但如果语句很长，我们可以使用反斜杠“\”来实现多行语句，例如：

```
total = item_one + \
item_two + \
item_three
```

在 [ ]，{ }，或（）中的多行语句，不需要使用反斜杠“\”，例如：

```
total = ['item_one','item_two','item_three',
'item_four','item_five']
```

（二）空行

函数之间或类的方法之间用空行分隔，表示一段新的代码的开始。类和函数入口之间也用一行空行分隔，以突出函数入口的开始。空行与代码缩进不同，空行并不是 Python 语法的一部分。书写时不插入空行，Python 解释器运行也不会出错。但是空行的作用在于分隔两段不同功能或含义的代码，便于日后代码的维护或重构。

注意：空行也是程序代码的一部分。

第二节　Python 运算符

运算符用于执行程序代码运算，对一个以上的操作数进行运算。本节主要说明 Python 的运算符。

举个简单的例子 4 +5 =9。

例子中，4 和 5 被称为操作数，" +" 称为运算符。

Python 语言支持以下类型的运算符：

（1）算术运算符如表 2 -4 所示

（2）比较（关系）运算符如表 2 -5 所示

（3）赋值运算符如表 2 -6 所示

（4）位运算符

（5）逻辑运算符

（6）成员运算符

（7）身份运算符

（8）运算符优先级

一、Python 算术运算符

表 2 -4　　算术运算符

（以下假设变量 a 为 10，变量 b 为 21）

运算符	描述	实例
+	加 - 两个对象相加	a + b 输出结果 31
-	减 - 得到负数或是一个数减去另一个数	a - b 输出结果 -11
*	乘 - 两个数相乘或是返回一个被重复若干次的字符串	a * b 输出结果 210
/	除 - b 除以 a	b/a 输出结果 2.1
%	取模 - 返回除法的余数	b% a 输出结果 1
**	幂 - 返回 a 的 b 次幂	a ** b 为 10 的 21 次方
//	取整除 - 返回商的整数部分	9//2 输出结果 4，9.0//2.0 输出结果 4.0

二、Python 比较运算符

表 2－5 比较运算符

（以下假设变量 a 为 10，变量 b 为 20）

运算符	描述	实例
==	等于－比较对象是否相等	（a==b）返回 False。
! =	不等于－比较两个对象是否不相等	（a! =b）返回 True。
>	大于－返回 a 是否大于 b	（a>b）返回 False。
<	小于－返回 a 是否小于 b。返回 1 表示真，返回 0 表示假。这分别与特殊的变量 True 和 False 等价。注意，这些变量名的大写。	（a<b）返回 True。
> =	大于等于－返回 a 是否大于等于 b。	（a> =b）返回 False。
< =	小于等于－返回 a 是否小于等于 b。	（a< =b）返回 True。

三、Python 赋值运算符

表 2－6 赋值运算符

（以下假设变量 a 为 10，变量 b 为 20）

运算符	描述	实例
=	简单的赋值运算符	c = a + b 将 a + b 的运算结果赋值为 c
+ =	加法赋值运算符	c + = a 等效于 c = c + a
- =	减法赋值运算符	c - = a 等效于 c = c - a
* =	乘法赋值运算符	c * = a 等效于 c = c * a
/ =	除法赋值运算符	c/ = a 等效于 c = c/a
% =	取模赋值运算符	c% = a 等效于 c = c% a
** =	幂赋值运算符	c ** = a 等效于 c = c ** a
// =	取整除赋值运算符	c// = a 等效于 c = c//a

四、Python 位运算符

按位运算符是把数字看作二进制来进行计算的。Python 中的按位运算法则如表 2－7 所示。

表 2－7 位运算符

运算符	描述	实例
&	按位与运算符：参与运算的两个值，如果两个相应位都为 1，则该位的结果为 1，否则为 0	（a&b）输出结果 12，二进制解释：00001100
1	按位或运算符：只要对应的二个二进位有一个为 1 时，结果位就为 1。	（alb）输出结果 61，二进制解释：00111101
^	按位异或运算符：当两对应的二进位相异时，结果为 1	（a^b）输出结果 49，二进制解释：00110001

续表

运算符	描述	实例
~	按位取反运算符：对数据的每个二进制位取反，即把 1 变为 0，把 0 变为 1。~x 类似于 -x-1	(~a) 输出结果 -61，二进制解释：11000011，在一个有符号二进制数的补码形式。
<<	左移动运算符：运算数的各二进位全部左移若干位，由" << "右边的数指定移动的位数，高位丢弃，低位补 0。	a<<2 输出结果 240，二进制解释：11110000
>>	右移动运算符：把" >> "左边的运算数的各二进位全部右移若干位，" >> "右边的数指定移动的位数	a>>2 输出结果 15，二进制解释：00001111

下表中变量 a 为 60，b 为 13 二进制格式如下：

```
>>>a=18
>>>bin(a)#将变量 a 的数值转成二进制数值输出
'0b10010'
>>>b=0b10010#将二进制的数值赋给变量 b
>>>b
18
#下面是二进制运算
a=00111100
b=00001101
-----------------
a&b=00001100
a|b=00111101
a^b=00110001
~a=11000011
```

五、Python 逻辑运算符

Python 语言支持逻辑运算符，如表 2-8 所示，以下假设变量 a 为 10，b 为 20：

表 2-8　　逻辑运算符

运算符	逻辑表达式	描述	实例
and	x and y	布尔"与"，如果 x 为 False，x and y 返回 False，否则它返回 y 的计算值。	(a and b) 返回 20。
or	x or y	布尔"或"，如果 x 是 True，它返回 x 的值，否则它返回 y 的计算值。	(a or b) 返回 10。
not	not x	布尔"非"，如果 x 为 True，返回 False。如果 x 为 False，它返回 True。	not (a and b) 返回 False

六、Python 成员运算符

除了以上的一些运算符之外，Python 还支持成员运算符，如表 2-9 所示，测试实例中包含了一系列的成员，包括字符串、列表或元组。

表 2-9　成员运算符

运算符	描述	实例
in	如果在指定的序列中找到值返回 True，否则返回 False。	x 在 y 序列中，如果 x 在 y 序列中返回 True。
not in	如果在指定的序列中没有找到值返回 True，否则返回 False。	x 不在 y 序列中，如果 x 不在 y 序列中返回 True。

```
#! /usr/bin/python3
a = 10
b = 20
list = [1,2,3,4,5];
if(a in list):
print("1 - 变量 a 在给定的列表中 list 中")
else:
print("1 - 变量 a 不在给定的列表中 list 中")
if(b not in list):
print("2 - 变量 b 不在给定的列表中 list 中")
else:
print("2 - 变量 b 在给定的列表中 list 中")
#修改变量 a 的值
a = 2
if(a in list):
print("3 - 变量 a 在给定的列表中 list 中")
else:
print("3 - 变量 a 不在给定的列表中 list 中")
```

以上实例输出结果如下：

1 - 变量 a 不在给定的列表中 list 中。

2 - 变量 b 不在给定的列表中 list 中。

3 - 变量 a 在给定的列表中 list 中。

七、Python 身份运算符

身份运算符用于比较两个对象的存储单元，如表 2-10 所示。

表 2-10　身份运算符

运算符	描述	实例
is	is 是判断两个标识符是不是引用自一个对象	x is y，类似 id(x) == id(y)，如果引用的是同一个对象则返回 True，否则返回 False
is not	is not 是判断两个标识符是不是引用自不同对象	x is not y，类似 id(a)! = id(b)。如果引用的不是同一个对象则返回结果 True，否则返回 False。

注：id () 函数用于获取对象内存地址。

举例如下：

```
#! /usr/bin/python3
a = 20
b = 20
if( a is b ):
print("1 - a 和 b 有相同的标识")
else:
print("1 - a 和 b 没有相同的标识")
if( id(a) == id(b) ):
print("2 - a 和 b 有相同的标识")
else:
print("2 - a 和 b 没有相同的标识")
#修改变量 b 的值
b = 30
if( a is b ):
print("3 - a 和 b 有相同的标识")
else:
print("3 - a 和 b 没有相同的标识")
if( a is not b ):
print("4 - a 和 b 没有相同的标识")
else:
print("4 - a 和 b 有相同的标识")
```

以上实例输出结果如下：

```
1 - a 和 b 有相同的标识。
2 - a 和 b 有相同的标识。
3 - a 和 b 没有相同的标识。
4 - a 和 b 没有相同的标识。
```

is 与 == 区别：

#is 用于判断两个变量引用对象是否为同一个， == 用于判断引用变量的值是否相等。

```
>>> a = [1,2,3]
>>> b = a
>>> b is a
True
>>> b == a
True
>>> b = a[:]#其中[:]表示复制传值
>>> b is a
False
>>> b == a
```

True

八、Python 运算符优先级：

表 2－11 列出了从最高到最低优先级的所有运算符：

表 2－11　　**运算符优先级**

运算符	描述
**	指数（最高优先级）
~ + -	按位翻转，一元加号和减号（最后两个的方法名为 +@ 和 -@）
* /% //	乘，除，取模和取整除
+ -	加法减法
>><<	右移，左移运算符
&	位'AND'
^l	位运算符
<=<>>=	比较运算符
<>==!=	等于运算符
=% =/=//= -= += == *=	赋值运算符
is、is not	身份运算符
In、not in	成员运算符
not or and	逻辑运算符

练习题

1. 请简述 Python 中标识符的命名规则。
2. 输入直角三角形的两个直角边的长度 a、b，求斜边 c 的长度。
3. 编写一个程序，用于实现两个数的交换。
4. 请简单描述什么是按位取反？
5. 简述 Python 中的数字类型都有哪些？
6. 熟悉本章中的各个运算符的规则要求与结果分析。
7. 了解变量在 Python 中的定义方法与变量的表达式的结果分析。

第三章　Python 数据类型

本章内容

Python3 中有六个标准的数据类型，其中不可变数据类型有 number、string、tuple，可变数据类型有 list、sets、dictionary，具体如下：

1. number（数字）

■int

■bool

■float

■complex（复数）

2. string（字符串）

3. list（列表）

4. tuple（元组）

5. sets（集合）

6. dictionary（字典）

学习寄语

万物皆可数字化，数字化为融合发展创造了无限的机会，融合是展示智慧的空间，融合过程将催生无限的创新。

第一节　number（数字）

在 Python3 中支持 int、float、bool、complex（复数）。

在 Python3 里，只有一种整数类型 int，表示为长整型，没有 Python2 中的 Long。像大多数语言一样，数值类型的赋值和计算都是很直观的。内置的 type() 函数可以用来查询变量所指的对象类型。

```
>>>a,b,c,d = 20,5.5,True,4+3j
>>>print(type(a),type(b),type(c),type(d))
<class'int'> <class'float'> <class'bool'> <class'complex'>
```

此外还可以用 isinstance 来判断：

```
>>> a = 111
>>> isinstance(a,int)
True
>>>
```

isinstance 和 type 的区别在于：

```
class A:
pass
class B(A):
pass
isinstance(A(),A)   #returns True
type(A()) == A   #returns True
isinstance(B(),A)   #returns True
type(B()) == A   #returns False
```

区别就是：

type() 不会认为子类是一种父类类型。

isinstance() 会认为子类是一种父类类型。

注意：在 Python2 中是没有布尔型的，它用数字 0 表示 False，用 1 表示 True。

到 Python3 中，把 True 和 False 定义成关键字了，但它们的值还是 1 和 0，它们可以和数字相加。

当你指定一个值时，Number 对象就会被创建：

```
var1 = 1
var2 = 10
```

您也可以使用 del 语句删除一些对象引用。

del 语句的语法是：

```
del var1[,var2[,var3[....,varN]]]
```

您可以通过使用 del 语句删除单个或多个对象。例如

```
del var
del var_a,var_b
```

整数的进制：

```
#输出其他进制数值
>>> bin(255)   #255 的二进制
'0b11111111'
>>> oct(255)   #255 的八进制
'0o377'
>>> hex(255)   #255 的十六进制
'0xff'
>>> a = 0b10   #赋值二进制数值
>>> a
2
```

```
>>> a = 0o10　#赋值八进制数值
>>> a
8
>>> a = 0x10　#赋值十六进制数值
>>> a
16
```

第二节　string（字符串）

Python 中的字符串用单引号（'）或双引号（"）括起来，同时使用反斜杠（\）转义特殊字符。在对字符串进行处理时要注意编码和解码。编码是为了让机器读懂语言，即输入的是字符“中文”，那么编码就是将“中文”编码为二进制格式让机器读懂。在 Python 中，机器其实是不认识 unicode 的，而是接收的 str，即使输入的数据是 unicode 的，而在 Python 内部都会将 unicode 自动转为 str，如图 3 -1 所示。

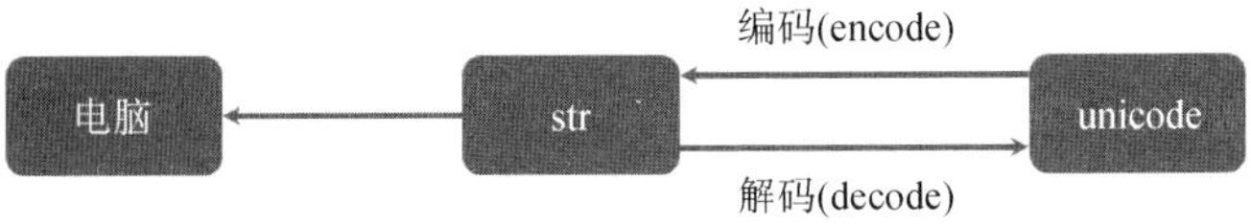

图 3 -1　编码与解码的关系

Python3. x 版本有两种表示字符串的类型：bytes 和 str，str 类中包含了 unicode 字符，非 unicode 编码如 UTF -8、GBK 被定义成了 bytes，使用 encode( ) 和 decode( ) 函数进行相互转换。

如果出现乱码的状况，那肯定是编码转码出现了问题，这不外乎有以下几个关键点：

（1）Python 解释器设置的默认编码

```
# 本段代码将在Python 3.x版本中运行

c = '中文'
print (type(c),c)

c = c.encode('utf-8') #使用UTF-8将 str 类型编码为 bytes 类型
print (type(c),c)

c = c.decode() #使用默认方式将 bytes 类型解码为 str 类型
print (type(c),c)
```

```
< class 'str'> 中文
< class 'bytes'> b'\xe4\xb8\xad\xe6\x96\x87'
< class 'str'> 中文
```

（2）源文件设置的编码

（3）终端编码

在本节只介绍一下字符串的截取，详细字符串的操作将在后面详细介绍，字符串的截取语法格式如下：

变量［头下标：尾下标］

索引值以 0 为开始值，－1 为从末尾的开始位置。

加号（＋）是字符串的连接符，星号（*）表示复制当前字符串，紧跟的数字为复制的次数。实例如下：

```
#! /usr/bin/python3
str = 'zhangsan'
print(str) #输出字符串
print(str[0:-1]) #输出第一个到倒数第二个的所有字符
print(str[0]) #输出字符串第一个字符
print(str[2:5]) #输出从第三个开始到第五个的字符
print(str[2:]) #输出从第三个开始的后的所有字符
print(str * 2) #输出字符串两次
print(str + "TEST") #连接字符串
```

输出结果如下：

```
zhangsan
zhangsa
z
ang
angsan
zhangsanzhangsan
zhangsanTEST
```

Python 使用反斜杠（\）转义特殊字符，如果你不想让反斜杠发生转义，可以在字符串前面添加一个 r，表示原始字符串：

```
>>> print('Ru\noob')
Ru
oob
>>> print(r'Ru\noob')
Ru\noob
>>>
```

另外，反斜杠（\）可以作为续行符，表示下一行是上一行的延续。也可以使用"""...""" 或者 '''...''' 跨越多行。

注意，Python 没有单独的字符类型，一个字符就是长度为 1 的字符串。

```
>>> word = 'Python'
>>> print(word[0],word[5])
Pn
>>> print(word[-1],word[-6])
nP
```

与 C 字符串不同的是，Python 字符串不能被改变。向一个索引位置赋值，比如 word[0] = 'm'

会导致错误。

注意：

（1）反斜杠可以用来转义，使用 r 可以让反斜杠不发生转义。

（2）字符串可以用 + 运算符连接在一起，用 * 运算符重复。

（3）Python 中的字符串有两种索引方式，从左往右以 0 开始，从右往左以 -1 开始。

（4）Python 中的字符串不能改变。

第三节　list（列表）

List（列表）是 Python 中使用最频繁的数据类型。列表可以完成大多数集合类的数据结构实现。列表中元素的类型可以不相同，它支持数字、字符串甚至可以包含列表（所谓嵌套）。列表是一个可变对象，可以称其为是一个容器。

一、列表的创建

列表是写在方括号“[]”之间，用逗号分隔开的元素列表。一个列表中的元素可以是不同类型的数据，且可以进行扩容操作，与数组不同的是数组中的元素要求必须是相同类型的元素。

举例 1：

```
list1 = ['physics', 'chemistry', 1997, 2000]
list2 = [1, 2, 3, 4, 5 ]
list3 = ["a", "b", "c", "d"]
```

上述语句使用变量 list1、list2、list2 分别引用了三个列表。

举例 2：

```
list1 = ['physics', 'chemistry', 1997, 2000]
list2 = list1
list2 is list1
```

结果：True

```
id(list1)
```

结果：6897359368

```
id(list2)
```

结果：6897359368

通过执行上述语句可以看出 list1、list2 引用了同一个对象，所以 list1、list2 的比较操作的值为 True，他们的元素一样。

由于列表是一个可变的对象，由引用同一对象产生的所谓第二列表与原列表会相互影响。也就是说，当其中一个列表变化时，另一列表会跟随变化。

举例 3：

```
list1 = ['physics', 'chemistry', 1997, 2000]
list2 = list1
```

```
list2.append("'西安鲁民'")
print(list1)
print(list2)
```

执行结果如下：

```
['physics', 'chemistry', 1997, 2000, "'西安鲁民'"]
['physics', 'chemistry', 1997, 2000, "'西安鲁民'"]
```

二、访问列表中的元素与操作

和字符串一样，列表同样可以被索引和截取，列表被截取后返回一个包含所需元素的新列表。列表截取的语法格式如下：

变量［头下标：尾下标］

索引值以 0 为开始值，－1 为从末尾的开始位置。

加号（＋）是列表连接运算符，星号（＊）是重复操作。如下实例：

```
#!/usr/bin/python3
list = ['abcd',786,2.23,'demo',70.2]
tinylist = [123,'demo']
print(list)#输出完整列表
print(list[0])#输出列表第一个元素
print(list[1:3])#从第二个开始输出到第三个元素
print(list[2:])#输出从第三个元素开始的所有元素
print(tinylist * 2)#输出两次列表
print(list + tinylist)#连接列表
```

以上实例输出结果：

```
['abcd',786,2.23,'demo',70.2]
abcd
[786,2.23]
[2.23,'demo',70.2]
[123,'demo',123,'demo']
['abcd',786,2.23,'demo',70.2,123,'demo']
```

与 Python 字符串不一样的是，列表中的元素是可以改变的：

```
>>> a = [1,2,3,4,5,6]
>>> a[0] = 9
>>> a[2:5] = [13,14,15]
>>> a
[9,2,13,14,15,6]
>>> a[2:5] = []#将对应的元素值设置为[]
>>> a
[9,2,6]
```

List 内置了有很多方法，例如 append()、pop()、del()、remove() 等等。请参考相应

资料自学。

注意：

（1） List 写在方括号之间，元素用逗号隔开。

（2） 和字符串一样，list 可以被索引和切片。

（3） List 可以使用 + 操作符进行拼接。

（4） List 中的元素是可以改变的。

第四节　tuple（元组）

元组（tuple）与列表类似，不同之处在于元组的元素不能修改。元组写在小括号（()）里，元素之间用逗号隔开，可以创建空元组，元组中只包含一个元素时，需要在元素后面添加逗号。元组中的元素值是不允许修改的，但我们可以对元组进行连接组合。元组中的元素值是不允许删除的，但我们可以使用 del 语句来删除整个元组。元组中的元素类型也可以不相同，下面举例可以说明上述问题。

```
#! /usr/bin/python3
tuple = ('abcd',786,2.23,'demo',70.2)
tinytuple = (123,'demo')
print(tuple)#输出完整元组
print(tuple[0])#输出元组的第一个元素
print(tuple[1:3])#输出从第二个元素开始到第三个元素
print(tuple[2:])#输出从第三个元素开始的所有元素
print(tinytuple * 2)#输出两次元组
print(tuple + tinytuple)#连接元组
```

以上实例输出结果如下：

```
('abcd',786,2.23,'demo',70.2)
abcd
(786,2.23)
(2.23,'demo',70.2)
(123,'demo',123,'demo')
('abcd',786,2.23,'demo',70.2,123,'demo')
```

元组与字符串类似，可以被索引，且索引下标从 0 开始，−1 为从末尾开始的位置。也可以进行截取（看上面，这里不再赘述）。其实，可以把字符串看作一种特殊的元组。

```
>>> tup = (1,2,3,4,5,6)
>>> print(tup[0])
1
>>> print(tup[1:5])
(2,3,4,5)
>>> tup[0] = 11#修改元组元素的操作是非法的
```

```
Traceback(most recent call last):
File" < stdin > ",line1,in < module >
TypeError:'tuple' object does not support item as signment
>>>
```

虽然 tuple 的元素不可改变，但它可以包含可变的对象，比如 list 列表。

构造包含 0 个或 1 个元素的元组比较特殊，所以有一些额外的语法规则：

```
tup1 = ()#空元组
tup2 = (20,)#一个元素,需要在元素后添加逗号
```

string、list 和 tuple 都属于 sequence（序列）。

注意：

（1）与字符串一样，元组的元素不能修改。

（2）元组也可以被索引和切片，方法一样。

（3）注意构造包含 0 或 1 个元素的元组的特殊语法规则。

（4）元组也可以使用 + 操作符进行拼接。

第五节 set（集合）

定义：由不同元素组成的集合，集合是一组无序排列可 hash 的值，可作为字典的 key。

特性：集合的目的是将不同的值存放在一起，不同的集合间用来做关系运算，无须纠结于集合中的单个值。具体表现为：不同元素组成、无序、集合中的元素必须是不可变类型。

集合（set）是一个无序不重复元素的序列。基本功能是进行成员关系测试和删除重复元素。可以使用大括号 {} 或者 set（）函数创建集合，注意：创建一个空集合必须用 set() 而不是 {}，因为 {} 是用来创建一个空字典。

注意：集合是有不同元素组成，所以即便里面的值重复了，也会去重。

```
set1 = {1, 2, 4, 3, 3, 4, 4, 3, 3, 2, 2, 2, 2, 1}
print(set1)
```

则执行结果为：{1, 2, 3, 4}

打印内容是无序的：

```
set1 = {"西安鲁民","怎能","不","是","大帅哥"}
print(set1)
```

执行结果：

```
{'怎能', '不', '大帅哥', '西安鲁民', '是'}
```

一、集合的创建格式

```
parame = {value01,value02,...}
```

或者 set(value)

实例：

```
#! /usr/bin/python3
```

```
student = {'Tom','Jim','Mary','Tom','Jack','Rose'}
print(student)#输出集合，重复的元素被自动去掉
#成员测试
if('Rose' in student):
print('Rose 在集合中')
else:
print('Rose 不在集合中')
#set 可以进行集合运算
a = set('abracadabra')
b = set('alacazam')
print(a)
print(a - b)#a 和 b 的差集
print(a | b)#a 和 b 的并集
print(a&b)#a 和 b 的交集
print(a^b)#a 和 b 中不同时存在的元素
```

以上实例输出结果：

```
{'Mary','Jim','Rose','Jack','Tom'}
Rose 在集合中
{'b','a','c','r','d'}
{'b','d','r'}
{'l','r','a','c','z','m','b','d'}
{'a','c'}
{'l','r','z','m','b','d'}
```

二、添加元素 set. add( ) 方法

```
set1 = {1,3}
set1.add(2)
print(set1)
```

执行结果：

```
{1, 2, 3}
```

三、删除集合元素

（一） set. pop( ) 与 set. remove( )

```
set1 = {"s", 1, "234", 2}
# pop 会从集合中随机删除一个数
v = set1.pop()
print(set1, "v =", v)
# remove 可以传参数删除指定的值,但是要注意,如果传的值不存在会报错。慎用。
set1.remove(2)
```

```
print(set1)
```

执行结果：

```
{2, '234', 's'} v = 1
{'234', 's'}
```

（二） set. discard( )

与 remove( ) 用法相同，但是如果元素不存在，不会报错。

```
set1 = {"s", 1, "234", 2}
b = set1.discard("123123")
print(b)
set1.discard("s")
print(set1)
```

执行结果：

```
None
{1, 2, '234'}
```

四、集合的运算

在 Python 中，集合的概念，有点类似数学之中集合的概念。可以求出交集并集等运算操作。

（一） 交集 set. intersection( )

场景：有两组学生，第一组学生，选修了语文课，第二组学生，选修了数学课。但是其中有一些学生即选修了语文，也选修了数学，要求快速定位到这种学生。

非集合方式举例：

```
#学习数学的人
stu_shuxue = ["西安鲁民","李大","王二"]
#学习语文的人
stu_yuwen = [ "西安鲁民","王二" ]
#两者都学的人，先暂定为空
stu_double = []
#循环输出学习数学的人
for stu in stu_shuxue:
    #如果学习数学的人，也在 stu_yuwen 学习语文的人里。就是两者都学的人。并追加到 stu_double 集合。
    if stu in stu_yuwen:
        stu_double.append(stu)
print(stu_double)
```

执行结果如下：

```
['西安鲁民', '王二']
```

集合方式举例：

```
stu_shuxue = {"西安鲁民","李大","王二"}
stu_yuwen = {"西安鲁民","王二"}
#取交集
print(stu_shuxue.intersection(stu_yuwen))
#写法 2
print(stu_shuxue&stu_yuwen)
```

执行结果如下：

```
{'西安鲁民', '王二'}
{'西安鲁民', '王二'}
```

（二）并集，set.union() 方法

理解：把两个结合中所有元素组合在一起，并排重后取出结果。

场景：还是刚才的两组学生，求选修了数学和语文的全部同学名单。

举例：

```
stu_shuxue = {"西安鲁民","李大","王二"}
stu_yuwen = {"西安鲁民","王二"}
#取并集
print(stu_shuxue.union(stu_yuwen))
#写法 2
print(stu_shuxue | stu_yuwen)
```

执行结果如下：

```
{'西安鲁民', '李大', '王二'}
{'西安鲁民', '李大', '王二'}
```

（三）差集 set.difference()

理解：两个集合相减，A 减 B，A 里有 1、2、3，B 里有 2、3、4，如果 A 与 B 的差集，会发现 A 有 1 是 B 里没有的。所以 A 减 B 等于 1，反过来 B 减 A 就等于 4，因为 4 是 A 集合里没有的元素。也就是说，发起差集的集合，会把自己有，而对方没有的元素得到。说的直白点，我是帅，高，富。你是丑，高，富。咱们都有高和富，我减去你就是帅。你减去我就是丑。

举例：

```
set1 = {"西安鲁民","高","富","帅"}
set2 = {"某人","高","富","丑"}
#方法 1
print(set1.difference(set2))
#方法 2
print(set1 - set2)
```

执行结果如下：

```
{'西安鲁民', '帅'}
{'西安鲁民', '帅'}
```

（四）交叉补集 set. symmetric_difference( )

理解：集合 A 是 1、2、3，集合 B 是 2、3、4，交叉补集就只保留 1 和 4。因为 1 是 A 独有的，4 是 B 独有的。交叉补集会去掉共有的部分，只保留双方独有的部分。

场景：选修语文的有一组学生，选修数学的有一组学生。已知有的学生既选修了数学，又同时选修了语文，求只选修了一门课程的学生。这种情况就适合交叉补集。

举例：

```
#学习语文的
set_yuwen = {"西安鲁民","A","B","C"}
#学习数学的
set_shuxue = {"某人","A","B","C"}
#方法 1
print(set_shuxue. symmetric_difference(set_yuwen))
#方法 2
print(set_yuwen^set_shuxue)
```

执行结果如下：

```
{'西安鲁民', '某人'}
{'西安鲁民', '某人'}
```

第六节 dictionary（字典）

字典（dictionary）是 Python 中另一个非常有用的内置数据类型。列表是有序的对象结合，字典是无序的对象集合。两者之间的区别在于：字典当中的元素是通过键来存取的，而不是通过偏移存取。字典是一种映射类型，字典用"{}" 标识，它是一个无序的键（key）：值（value）对集合。键（key）必须使用不可变类型。在同一个字典中，键（key）必须是唯一的。

注意：

（1）字典的键不可以是字典和列表。其余的都可以，包括元组和布尔。

（2）字典里面的键值对是没有顺序排列的。

（3）字典的键重复不会报错，但是取到的值是最后一个重复的键的值。且不建议取重复键名。

实例如下：

```
#! /usr/bin/python3
dict = {}
dict['one'] = "1 - Python 教程"
dict[2] = "2 - Python 工具"
tinydict = {'name':'demo','code':1,'site':'www. demo. com'}
print(dict['one'])#输出键为'one'的值
print(dict[2])#输出键为 2 的值
```

print(tinydict)#输出完整的字典
print(tinydict. keys( ))#输出所有键
print(tinydict. values( ))#输出所有值
以上实例输出结果如下：
1 – Python 教程
2 – Python 工具
{'name':'demo','site':'www. demo. com','code':1}
dict_keys(['name','site','code'])
dict_values(['demo','www. demo. com',1])
构造函数 dict( ) 可以直接从键值对序列中构建字典如下：
实例

```
>>> dict([('demo',1),('Google',2),('Taobao',3)])
{'Taobao':3,'demo':1,'Google':2}
>>> {x:x**2 for x in(2,4,6)}
{2:4,4:16,6:36}
>>> dict(demo=1,Google=2,Taobao=3)
{'Taobao':3,'demo':1,'Google':2}
```

另外，字典类型也有一些内置的函数，例如 clear( ) 、keys( ) 、values( ) 等。
注意：
(1) 字典是一种映射类型，它的元素是键值对。
(2) 字典的关键字必须为不可变类型，且不能重复。
(3) 创建空字典使用 {}。
举例：

```
dic1 = {
    "old":12,
    "name":"西安鲁民",
    "list1":[
        1,
        2,
        3,
        ("im","tuple")
    ],
    "dic2":{
        "old":19,
        "name":"haha",
    }
}
#如果取某一个值,比如"name": "西安鲁民"
#方法应该是
```

```
print(dic1["name"])
#但是此处 name 定义了两次，所以只能取到最后一次定义的西安鲁民。
```

执行结果：西安鲁民

一、删除字典元素

与 list 的删除方式是相同的，del 加字典名与键名即可。也可以用 pop 方法，删除的同时返回删除的键的所对应的值。该值可以用变量去接，也可以忽略。

dict. popitem( ) 是随机删除字典某一个键值对。

举例：

```
dic1 = {
    "a": "12345",
    "b": "23456",
    "c": "34567",
}
print(dic1)
#删除 b 键
del dic1["b"]
print(dic1)
```

执行结果如下：

```
{'a': '12345', 'b': '23456', 'c': '34567'}
{'a': '12345', 'c': '34567'}
```

二、for 循环打印字典内容

默认只会打印出 key，而不会打印出 value

举例：

```
dic1 = {
    "a": "12345",
    "b": "23456",
    "c": "34567",
}
for i in dic1:
    print(i)
```

执行结果如下：

```
a
b
c
```

也可以指定打印 key 还是 values，通过字典自带的 keys( ) 和 values( ) 方法即可。也可以直接把键值对全部打印，方法是 items( )。

举例：

```
dic1 = {
      "a": "12345",
      "b": "23456",
      "c": "34567",
}
for i in dic1.keys():
    print(i)
for i in dic1.values():
    print(i)
for i in dic1.items():
    print(i)
```

执行结果如下：

```
a
b
c
12345
23456
34567
('a', '12345')
('b', '23456')
('c', '34567')
```

三、dict. update( ) 方法，更新字典里的值

举例：

```
dic1 = {
      "k1": "chenSi",
      "k2": "ShuaiGe",
      "k3": "hehe"
}
#写法 1
dic1.update({"k1":"西安鲁民"})
print(dic1)
#写法 2,k2 不能加引号
dic1.update(k2="帅哥",)
print(dic1)
```

执行结果：

```
{'k1': '西安鲁民', 'k2': 'ShuaiGe', 'k3': 'hehe'}
{'k1': '西安鲁民', 'k2': '帅哥', 'k3': 'hehe'}
```

第七节 Python 数据类型转换

有时候，我们需要对数据内置的类型进行转换，数据类型的转换，你只需要将数据类型作为函数名即可。如表 3-1 所示，几个内置的函数可以执行数据类型之间的转换。这些函数返回一个新的对象，表示转换的值。

表 3-1　　Python 数据类型转换内置函数

函数	描述
int(x[,base])	将 x 转换为一个整数
float(x)	将 x 转换到一个浮点数
complex(real[,imag])	创建一个复数
str(x)	将对象 x 转换为字符串
repr(x)	将对象 x 转换为表达式字符串
eval(str)	用来计算在字符串中的有效 Python 表达式，并返回一个对象
tuple(s)	将序列 s 转换为一个元组
list(s)	将序列 s 转换为一个列表
set(s)	转换为可变集合
dict(d)	创建一个字典。d 必须是一个序列（key，value）元组。
frozenset(s)	转换为不可变集合
chr(x)	将一个整数转换为一个字符
unichr(x)	将一个整数转换为 Unicode 字符
ord(x)	将一个字符转换为它的整数值
hex(x)	将一个整数转换为一个十六进制字符串
oct(x)	将一个整数转换为一个八进制字符串

数据类型转换分类：

数据类型转换一共分为两类：自动数据类型转换（隐式转换）和强制数据类型转换（显示转换），自动类型转换是程序根据运算要求进行的转换，自动类型转换不需要人工干预，多发生在运算或者判断过程中，转化时向着更加精确的类型转换；强制类型转换/显示转换是根据程序需要，由编写程序人员人为改变数据类型的方式就是强制数据类型转换。

int() 将其他类型转化为整型

- 数字整型转化之后，还是原来的味道
- 浮点类型转化之后，舍去小数部分
- 布尔值转化之后 True ->1，False ->0
- 字符串转换，仅纯整型字符串可以转化（浮点型或者带有其他字符都不可以转化）
- 复数不可以转换

float() 将其他类型转化为浮点型

- 整型转换之后变为浮点型，后面 +.0

➢ 浮点数不需要转化，转化也不会变化
➢ 布尔值转化 True - >1.0，False - >0.0
➢ 字符串，纯整型字符串和纯浮点型字符串可以转换，其他都不可以
complex( ) 将其他数据转化为复数
➢ 整型转换之后变为（整型 +0j）
➢ 浮点型转换之后变为（浮点型 +0j）
➢ 布尔值转化之后 True - >(1 +0j)，False→(0j)
➢ 字符串，纯整型和浮点型字符串可以转化，其他都不行
➢ 复数，无须转换
bool( ) 将其他类型转化为布尔值
#下面转化为布尔值 False 的情况
➢ 整型 0
➢ 浮点型 0.0
➢ 复数 0 +0j
➢ 布尔 False
➢ 字符串''空字符串
➢ 列表 [ ] 空列表
➢ 元组 ( ) 空元组
➢ 字典 { } 空字典
➢ 集合 set( ) 空集合
str( ) 将其他类型转化为字符串
所有转换均改变类型为字符串，表示方式依旧不变
list( ) 将其他类型转化为列表类型

在 Python 中有 5 种可迭代序列，可以互相转换，它们分别是字符串、列表、元组、字典、集合。

var = ('张三','李四','王老五')
newvar = list(var)
newvar 的值为['张三','李四','王老五']

注意：

(1) 字符串转换时每个字符变成列表中的一个值。

(2) 字典类型转换时，仅将字典的键部分转换成列表，忽略值部分。

tuple( )将其他类型转化为元组类型

var = {'张三','李四','王老五'}
newvar = tuple(var)
newvar 的值为('张三','李四','王老五')

注意：

(1) 字符串转换时每个字符变成元组中的一个值。

(2) 字典类型转换时，仅将字典的键部分转换成元组，忽略值部分。

Set( )将其他类型转化为集合类型

var = ['张三','李四','王老五']

newvar = set(var)

newvar 的值为{'张三','李四','王老五'}#值的顺序不定

注意：

(1) 字符串转换时每个字符变成集合中的一个值。

(2) 字典类型转换时，仅将字典的键部分转换集合，忽略值部分。

dict() 将其他类型转换为字典类型

其他类型转化为字典时需要按照指定的格式才可以转化：(列表和元组的组合可以)

[['cat','黑猫警长'],['mouse','一只耳'],['next','请看夏季']]

[('cat','黑猫警长'),('mouse','一只耳'),('next','请看夏季')]

练习题

1. 请阅读下面一段程序：

demo_list = []

demo_list.append("A","B")

print(demo_list)

运行程序，最终执行的结果是什么？

2. 请简述 append、extend 和 insert 方法的区别。

3. 请简述列表和元组有哪些不同？

4. 请简述 del 语句、pop 和 remove 方法的区别。

5. 假设 demo_dict = {'Name': 'Zara', 'Age': 7}，编写一段程序来遍历字典 demo_dict 的键值对。

第四章　Python 流程控制语句

本章内容

Python 流程控制语句是指的进行数据分析的最重要的基础，本章主要包括：

- 流程：计算机执行代码的顺序就是流程
- 流程控制：对计算机代码执行顺序的管理就是流程控制
- 流程分类：流程控制一共分为三类：
  - 顺序结构
  - 分支结构/选择结构
  - 循环结构

学习寄语

程序控制方式是指在程序控制下进行的数据传递方式。程序控制结构是指以某种顺序执行的一系列动作，用于解决某个问题。理论和实践证明，无论多复杂的算法均可通过顺序、选择、循环 3 种基本控制结构构造出来。每种结构仅有一个入口和出口，由这 3 种基本结构组成的多层嵌套程序称为结构化程序。

第一节　顺序结构

顺序结构是指按照从上到下的顺序，一条语句一条语句逐句进行执行，是程序设计最基本的结构。

举例：现在我们需要在 Python 上实现输入两个整数，输出它们的和的功能。

程序代码：

```
a = int(input("请输入第一个数 a:"))   #提示用户并输入 a
b = int(input("请输入第二个数 b:"))   #提示用户并输入 b
c = a + b        #运算 a+b,并把运算结果放入 c
print (a," + ",b ," = ", c)      #打印输出结果
```

运行结果：

```
请输入第一个数 a:11
请输入第二个数 b:22
```

11 +22 =33

第二节　分支/选择结构

- 分支结构一共分为4类：
  - 单项分支
  - 双项分支
  - 多项分支
  - 巢状分支

一、单项分支

if条件表达式：
一条Python语句…
一条Python语句…
…

特征：

- if条件表达式结果为真，则执行if之后所控制代码组，如果为假，则不执行后面的代码组（：后面的N行中有相同缩进的代码）
- ：之后下一行的内容必须缩进，否则语法错误！
- if之后的代码中如果缩进不一致，则不受if条件表达式的控制，也不是单项分支的内容，是顺序结构的一部分
- if：后面的代码是在条件表达式结果为真的情况下执行，所以称之为真区间或者if区间

二、双项分支

```
if条件表达式：
    一条Python语句…
    一条Python语句…
    …
else：
    一条Python语句…
    一条Python语句…
    …
```

特征：

- 双项分支有2个区间：分别是True控制的if区间和False控制的else区间（假区间）
- if区间的内容在双项分支中必须都缩进，否则语法错误！

三、多项分支

if条件表达式：

```
    一条 Python 语句…
    一条 Python 语句…
    …
elif 条件表达式:
    一条 Python 语句…
    一条 Python 语句…
    …
elif 条件表达式:
    一条 Python 语句…
    一条 Python 语句…
    …
    …
else:
    一条 Python 语句…
    一条 Python 语句…
```

特征:

(1) 多项分支可以添加无限个 elif 分支，无论如何只会执行一个分支;

(2) 执行完一个分支后，分支结构就会结束，后面的分支都不会判断也不会执行;

(3) 多项分支的判断顺序是自上而下逐个分支进行判断;

(4) 在 Python 中没有 switch - case 语句。

实例 - 演示狗的年龄计算判断:

```
#! /usr/bin/python3
age = int(input("请输入你家狗狗的年龄:"))
print("")
if age <0:
    print("你是在逗我吧!")
    elif age ==1:
    print("相当于 14 岁的人。")
    elif age ==2:
    print("相当于 22 岁的人。")
    elif age >2:
    human =22 + (age -2) * 5
    print("对应人类年龄:",human)
###退出提示
input("点击 enter 键退出")
```

四、巢状分支

巢状分支是其他分支结构的嵌套结构，无论哪个分支都可以嵌套

```
#! /usr/bin/python3
```

```
num = int( input( "输入一个数字:" ))
    if num% 2 ==0:
    if num% 3 ==0:
        print( "你输入的数字可以整除 2 和 3" )
    else:
        print( "你输入的数字可以整除 2,但不能整除 3" )
    else:
    if num% 3 ==0:
        print( "你输入的数字可以整除 3,但不能整除 2" )
    else:
        print( "你输入的数字不能整除 2 和 3" )
```

执行后输出结果为:

输入一个数字: 6

你输入的数字可以整除 2 和 3

第三节　Python 循环结构

循环结构就是为了将相似或者相同的代码操作变得更加简洁，使代码可以重复利用，循环结构分为 2 类: while 循环和 for...in 循环。

一、while 型循环

格式 1:

```
while 条件表达式:
    循环的内容
    [变量的变化]
```

格式 2:

```
while 条件表达式:
    循环的内容
    [变量的变化]
else:
    python 语句 ..
```

注意: while 循环中的 else 是在 while 条件表达式为假的情况下执行的代码内容，一般用于判断起始条件是否为假等相关操作。

实例: 使用 while 来计算 1 到 100 的总和:

```
#! /usr/bin/envpython3
n =100
sum =0
counter =1
```

```
while counter < = n:
 sum = sum + counter
 counter + = 1
 print("1 到% d 之和为:% d" % (n,sum))
```

执行结果如下:

1 到 100 之和为:5050

二、死循环

死循环就是循环不会终止的循环类型，通过将用于判断的条件表达式设置为永远为 True 来实现。

```
While True:
    Python 代码...
    Python 代码...
    ...
```

```
#! /usr/bin/python3
```

实例如下:

```
var = 1
while var == 1:#表达式永远为 true
    num = int(input("输入一个数字:"))
    print("你输入的数字是:",num)
print("Goodbye!")
```

你可以使用 CTRL + C 来退出当前的无限循环，执行以上脚本，输出结果如下:

输入一个数字：5

你输入的数字是：5

输入一个数字:

三、for...in 循环

for...in 循环用于遍历容器类的数据（字符串，列表，元组，字典，集合）

格式 1:

```
for 变量 in 容器:
    Python 代码,可以在此使用变量
```

格式 2:

```
for 变量 1, 变量 2 in 容器:
    Python 代码,可以在此使用变量 1 和变量 2
```

要求遍历的容器必须是一下几种格式:

- [(),(),()]列表中有元组
- [[],[],[]]列表中有列表
- ((),(),())元组中有元组
- {(),(),()}集合中有元组

字典的特殊使用

格式 3：

```
for 变量 in 容器：
    Python 代码，可以在此使用变量
else：
    循环结束是执行的代码！
```

实例如下：

```
>>> languages = ["C","C++","Perl","Python"]
>>> for x in languages:
    print(x)
```

执行结果：

```
C
C++
Perl
Python
```

range() 函数：

如果你需要遍历数字序列，可以使用内置 range() 函数。它会生成数列，例如：

```
>>> for i in range(5):
    print(i,end='')
01234
>>> for i in range(5,9):
    print(i,end='')
5678
>>> for i in range(0,10,3):
    print(i)
0369
>>> for i in range(-10,-100,-30):
    print(i,end='')
-10 -40 -70
```

您可以结合 range() 和 len() 函数以遍历一个序列的索引，如下所示：

```
>>> a = ['Google','Baidu','Runoob','Taobao','QQ']
for i in range(len(a)):
    print(i,' ',a[i])
0  Google
1  Baidu
2  Runoob
3  Taobao
4  QQ
```

实例如下：

输出乘法口诀：

```
for i in range(1,10):
    for j in range(1,i+1):
        print(str(i) +'*'+ str(j) +" = " + str(i * j),end =" ")
    print()
```

输出结果如下：

```
1*1=1
2*1=2 2*2=4
3*1=3 3*2=6 3*3=9
4*1=4 4*2=8 4*3=12 4*4=16
5*1=5 5*2=10 5*3=15 5*4=20 5*5=25
6*1=6 6*2=12 6*3=18 6*4=24 6*5=30 6*6=36
7*1=7 7*2=14 7*3=21 7*4=28 7*5=35 7*6=42 7*7=49
8*1=8 8*2=16 8*3=24 8*4=32 8*5=40 8*6=48 8*7=56 8*8=64
9*1=9 9*2=18 9*3=27 9*4=36 9*5=45 9*6=54 9*7=63 9*8=72 9*9=81
```

逆向输出乘法口诀：

```
for i in range(9,0, -1):
    for j in range(i,0, -1):
        print(str(i) +'*'+ str(j) +" = " + str(i * j),end =" ")
    print()
```

输出结果：

```
9*9=81 9*8=72 9*7=63 9*6=54 9*5=45 9*4=36 9*3=27 9*2=18 9*1=9
8*8=64 8*7=56 8*6=48 8*5=40 8*4=32 8*3=24 8*2=16 8*1=8
7*7=49 7*6=42 7*5=35 7*4=28 7*3=21 7*2=14 7*1=7
6*6=36 6*5=30 6*4=24 6*3=18 6*2=12 6*1=6
5*5=25 5*4=20 5*3=15 5*2=10 5*1=5
4*4=16 4*3=12 4*2=8 4*1=4
3*3=9 3*2=6 3*1=3
2*2=4 2*1=2
1*1=1
```

第四节　break、continue 和 pass 语句

一、break 语句

break 作用：在循环中 break 的作用是终止当前循环结构的后续操作，一旦程序运行了 break，循环也就终止了！break 语句可以跳出 for 和 while 的循环体。如果你从 for 或 while 循环中终止，任何对应的循环 else 块将不执行。实例如下：

```
#! /usr/bin/python3
for letter in 'Runoob':#第一个实例
```

```
if letter == 'b':
        break
print('当前字母为:',letter)
var = 10   #第二个实例
while   var > 0:
        print('当期变量值为:',var)
        var = var - 1
        if var == 5:
        break
print("Goodbye!")
```

执行以上代码输出结果为：

当前字母为：R
当前字母为：u
当前字母为：n
当前字母为：o
当前字母为：o
当期变量值为：10
当期变量值为：9
当期变量值为：8
当期变量值为：7
当期变量值为：6
Goodbye!

二、continue 语句

continue 语句被用来告诉 Python 跳过当前循环块中的剩余语句，然后继续进行下一轮循环，实例如下：

```
#! /usr/bin/python3
for letter in 'Runoob':#第一个实例
        if   letter == 'o':#字母为 o 时跳过输出
continue
print('当前字母:',letter)
 var = 10#第二个实例
while var > 0:
        print('当前变量值:',var)
        var = var - 1
        if var == 5:#变量为 5 时跳过输出
        continue
print("Goodbye!")
```

执行以上代码输出结果为：

当前字母：R
当前字母：u
当前字母：n
当前字母：b
当前变量值：9
当前变量值：8
当前变量值：7
当前变量值：6
当前变量值：4
当前变量值：3
当前变量值：2
当前变量值：1
当前变量值：0
Goodbye!

循环语句可以有 else 子句，它在穷尽列表（以 for 循环）或条件变为 false（以 while 循环）导致循环终止时被执行，但循环被 break 终止时不执行。如下实例用于查询质数的循环例子：

```
#! /usr/bin/python3
for n in range(2,10):
    for x in range(2,n):
        if n% x ==0:
    print(n,'等于',x,'*',n//x)
        break
        else:
#循环中没有找到元素
        print(n,'是质数')
```

执行以上代码输出结果为：

2 是质数
3 是质数
4 等于 2 * 2
5 是质数
6 等于 2 * 3
7 是质数
8 等于 2 * 4
9 等于 3 * 3

三、pass 语句

Python 中 pass 是空语句，是为了保持程序结构的完整性。pass 不做任何事情，一般用做占位语句，如下实例：

```
>>> while  True:
pass#等待键盘中断(Ctrl + C)
```

最小的类：

```
>>> class MyEmptyClass:
pass
```

练习题

1. 简述 break 和 continue 语句的区别是什么？

2. 请简述如何实现无限循环？

3. 编写一个程序，使用 for 循环输出 0～10 之间的整数，包括 0 和 10。

4. 已知函数中 x 和 y 的关系满足如下条件：

（1）若 x<0，则 y=0；

（2）若 0< =x<5，则 y=x

（3）若 5< =x<10，则 y=3x-5

（4）若 10< =x<20，则 y=0.5x-2

（5）若 20< =x，则 y=0

编写一个程序，使用 if-elif 语句实现分段函数的计算，并输出 y 的值。

5. 简述 Python 中 pass 语句的作用。

6. 请阅读下面的程序：

```
count  =  0
while count  <  3:
    print(count, '小于 3')
    if count  ==  2:
    break
    count  + =  1
    else:
    print(count, "不小于 3")
```

程序运行以后，最终运行的结果是什么？

7. 已知数字 1、2、3、4，能组成多少个互不相同且无重复数字的三位数？请编写程序进行测试。

8. 编写程序，生成一个包含 50 个随机整数的列表，然后删除其中的所有奇数。（提示：从后面向前删除）

9. 编写程序，运行后用户输入 4 位整数作为年份，判断其是否为闰年。如果年份能被 400 整除，则为闰年；如果年份能被 4 整除但不能被 100 整除也为闰年。

10. 编写一个程序，用于输出如下一个矩形。

```
- - - - - - - - - - $
- - - - - - - - - $ $
```

```
– – – – – – – $ $ $
– – – – – – $ $ $ $
– – – – – $ $ $ $ $
– – – – $ $ $ $ $ $
– – – $ $ $ $ $ $ $
– – $ $ $ $ $ $ $ $
– $ $ $ $ $ $ $ $ $
```

11. 编写程序，判断输入的 4 位整数是否为回文数。

12. 某企业发放的奖金是根据利润计算的，其规则如下（I 表示利润，单位为万元）：

I≤10 提成 10%

10 < I≤20 提成 7.5%

20 < I≤20 提成 5%

10 < I≤40 提成 3%

40 < I≤60 提成 1.5%

60 < I≤100 提成 1%

编写程序，实现计算员工应得奖金的功能。

13. 编写程序，实现遍历字符串的功能。

14. 我国制定的 BMI 的分类标准如下：

<18.5 过轻

18.5 < = BMI < = 23.9 正常

24 < = BMI < = 27 过重

28 < = BMI < = 32 肥胖

>32 非常肥胖

BMI 计算公式如下所示：

身体质量指数（BMI）= 体重（kg）÷ 身高 2（m2）

编写程序，根据用户输入的身高和体重计算 BMI 值，并找到对应的分类。

15. 假设某车站乘客进站流程如下：

（1）验票：检查乘客是否购买了车票

如果没有车票，不允许进站

如果有车票，对行李进行安检。

（2）行李安检：检查刀具的长度是否超过 10 厘米

如果超过 10 厘米，提示刀的长度，不允许上车

如果不超过 10 厘米，顺利进站。

编写程序，模拟乘客进站流程。

16. 数据加密是保存数据的一种方法，它通过加密算法和密钥将数据从明文显示转换为密文显示。

假设当前开发的程序中需要对用户的密码进行加密处理，已知用户的密码均为 6 位数字，其加密规则如下所示：

获取每个数字的 ASCII 值；

将所有数字的 ASCII 值进行累加求和；

将每个数字对应的 ASCII 值按照从前往后的顺序进行拼接，并将拼接后的结果进行反转；

将反转的结果与前面累加的结果相加，所得的结果即为加密后的密码。

本实例要求编写程序，按照上述加密规则讲用户输入的密码进行加密，并输出加密后的密码。

17. 根据输入的年份和月份，计算这年的这个月份有多少天。

18. 登录系统一般具有账号密码检测功能，即检测用户输入的账号密码是否正确。若用户输入的账号或密码不正确，提示“用户名或密码错误”和“您还有 * 次机会”；若用户输入的账号和密码正确，提示“登录成功”；若输入的账号密码错误次数超过 3 次，提示“输入错误次数过多，请稍后再试”

本实例要求编写程序，模拟登录系统账号密码检测功能，并限制账号或密码输错的次数至多 3 次。

19. 编写程序，实现通过 for 循环嵌套输出 99 乘法表的功能。

20. 逢 7 拍手游戏的规则是：从 1 开始顺序数数，数到有 7 或者包含 7 的倍数的时候拍手。本实例要求编写程序，模拟实现逢七拍手游戏，输出 100 以内需要拍手的数字。

21. 使用 while 循环计算 10!（10 的阶乘）。

22. 使用 for 循环嵌套打印由 * 组成的直角三角形。

23. 某快递点提供华东地区、华南地区、华北地区的寄件服务，其中华东地区编号为 01、华南地区编号为 02、华北地区编号为 03。该快递点寄件价目信息具体如下：

地区编号首重（< =2kg）续重（元/kg）

华东地区（01）13 元 3 元

华南地区（02）12 元 2 元

华北地区（03）14 元 4 元

根据以上价目信息编写程序，实现快递计费系统。

第五章　Python 函数

在实际开发中，如果有若干段代码的执行逻辑完全相同，那么可以考虑将这些代码抽取成一个函数，这样可以提高代码的重用性，而且条理会更加清新，可靠性更高。本章主要介绍函数的定义和调用方式，函数的参数和返回值、函数的嵌套调用。

学习寄语

函数是指一段可以直接被另一段程序或代码引用的程序或代码。也叫做子程序、（OOP中）方法。一个较大的程序一般应分为若干个程序块，每一个模块用来实现一个特定的功能。所有的高级语言中都有子程序这个概念，用子程序实现模块的功能。在移动互联网技术发展的今天又进行云函数的使用，即在云端（服务器端）运行的函数。在物理设计上，一个云函数可由多个文件组成，占用一定量的 CPU 内存等计算资源；各云函数完全独立；可分别部署在不同的地区。开发者无需购买、搭建服务器，只需编写函数代码并部署到云端即可在小程序端调用，同时云函数之间也可互相调用。

第一节　认识 Python 函数

函数是组织好的，可重复使用的，用来实现单一或相关功能的代码段，它能提高应用的模块化和代码的重复利用率。函数的本质就是功能的封装，使用函数可以大大提高编程效率与程序的可读性。函数是能够实现特定功能的计算机代码而已，他是一种特定的代码组结构。

1. 函数的作用：

（1）提升代码的重复利用率，避免重复开发相同代码；

（2）提高程序开发效率；

（3）便于程序维护。

2. 定义一个函数：

你可以定义一个由自己想要功能的函数，以下是简单的规则：

（1）函数代码块以 def 关键词开头，后接函数标识符名称和圆括号（）；

（2）任何传入参数和自变量必须放在圆括号中间，圆括号之间可以用于定义参数；

（3）函数的第一行语句可以选择性地使用文档字符串—用于存放函数说明；

（4）函数内容以冒号起始，并且缩进；

（5）return［表达式］结束函数，选择性地返回一个值给调用方。不带表达式的 return

相当于返回 None。

3. 函数的定义格式：

(1) 基本函数格式；

(2) 带有参数的函数格式；

(3) 带有默认值的参数；

(4) 关键字参数；

(5) 收集参数（带 * ）；

(6) 多种参数混合。

一、基本函数格式

def 函数名（）：

函数功能代码…

函数功能代码…

…

调用函数：函数名（）

特征：函数定义之后不会自动执行，必须在调用函数后函数才会执行。

函数名的命名规则：和变量基本一样。

(1) 推荐使用英文或者拼音，禁止使用中文；

(2) 可以使用数字，但是不能用数字开头；

(3) 不可以使用特殊字符，除了_；

(4) 函数名严格区分大小写；

(5) 函数名必须要有意义；

(6) 不能和系统已经存在的保留关键字冲突；

(7) 禁止使用和系统提供函数相同的函数名。

让我们使用函数来输出" Hello World!"，实例如下：

```
>>> def hello():
print("Hello World!")
>>> hello()
Hello World!
```

二、带有参数的函数格式

Def 函数名（参数，参数…）：

函数功能代码…

函数功能代码…

调用函数：函数名（参数，参数…）

形参：形式上的参数，声明函数时（）中的参数是形参

实参：实际上的参数，调用函数时（）中的参数是实参

注意：实参将值传递给形参的过程本质上就是简单的变量赋值仅此而已，更复杂点的应用，函数中带上参数变量，实例如下：

```
#! /usr/bin/python3
#计算面积函数
def area( width,height) :
    return width * height
    def print_welcome( name) :
    print( " Welcome" ,name)
    print_welcome( " Python" )
w =4
h =5
print( " width = " ,w," height = " ,h," area = " ,area( w,h) )
```

以上实例输出结果如下：

```
Welcome Python
width =  4 height =  5 area =20
```

参数须以正确的顺序传入函数。调用时的数量必须和声明时的一样。

调用 printme( ) 函数，你必须传入一个参数，不然会出现语法错误：

```
#! /usr/bin/python3
#可写函数说明
def printme( str) :
#" 打印任何传入的字符串"
print( str) ;
    return;
#调用 printme 函数
printme( ) ;
```

以上实例输出结果：

```
Traceback( most recent call last) :
File" test. py" ,line10,in < module >
printme( ) ;
TypeError:printme( ) missing 1 required positional argument:'str'
```

三、带有默认值的参数

def 函数名（形参 = 默认值，形参 = 默认值…）：

函数功能代码…

函数功能代码…

…

调用函数：

函数名（）调用函数时，所有形参采用默认值操作

函数名（实参，实参…）调用时，形参使用实参的值而抛弃默认值

注意：

（1）在此情况下使用实参的值覆盖原有形参的默认值，本质上就是变量的重新赋值操作。

（2）调用函数时，如果没有传递参数，则会使用默认参数。

以下实例中如果没有传入 age 参数，则使用默认值：

```
#! /usr/bin/python3
#可写函数说明
def printinfo( name,age = 35 ):
# "打印任何传入的字符串"
    print( "名字:" ,name)
    print( "年龄:" ,age)
    return;
#调用 printinfo 函数
printinfo( age = 50 ,name = " runoob" )
print( " ------------------------ " )
printinfo( name = " runoob" )
```

输出结果如下：

```
名字：runoob
年龄：50
------------------------
名字：runoob
年龄：35
```

四、关键字参数

def 函数名（形参 = 默认值，形参 = 默认值…）：

函数功能代码…

函数功能代码…

调用函数：函数名（形参 = 实参，形参 = 实参…）

（1）关键字参数就是调用函数时，在实参前面指定形参的做法，为了防止参数按照位置传递出现的错误；

（2）关键字参数和函数调用关系紧密，函数调用使用关键字参数来确定传入的参数值；

（3）使用关键字参数允许函数调用时参数的顺序与声明时不一致，因为 Python 解释器能够用参数名匹配参数值。

以下实例在函数 printme( ) 调用时使用参数名：

```
#! /usr/bin/python3
#可写函数说明
def printme( str) :
#"打印任何传入的字符串"
    print( str)
    return
#调用 printme 函数
printme( str = "Python 教程" )
```

以上实例输出结果如下：

Python 教程

以下实例中演示了函数参数的使用不需要使用指定顺序：

```
#! /usr/bin/python3
#可写函数说明
def printinfo(name,age):
#"打印任何传入的字符串"
    print("名字:",name)
    print("年龄:",age)
    return
#调用 printinfo 函数
printinfo(age=50,name="runoob");
```

以上实例输出结果如下：

名字：runoob

年龄：50

五、收集参数：

（一）非关键字收集参数

def 函数名（*参数名）：

函数功能代码…

函数功能代码…

调用函数：函数名（实参，实参…）没有数量限制

特征：

（1）非关键字收集参数，在形参前添加一个*即可；

（2）非关键字收集参数收集实参组成一个元组；

（3）非关键字收集参数，仅收集没有任何形参接受的非关键字实参；

（4）非关键字收集参数和普通的形参可以共存。

实例如下：

```
#! /usr/bin/python3
#可写函数说明
def printinfo(arg1, *vartuple):
#"打印任何传入的参数"
    print("输出:")
    print(arg1)
    for var in vartuple:
    print(var)
    return;
    #调用 printinfo 函数
    printinfo(10);
```

printinfo(70,60,50)

以上实例输出结果如下：

输出：

10

输出：

70

60

50

（二）关键字收集参数

def 函数名（ ** 参数名）：

函数功能代码…

函数功能代码…

调用函数：函数名（形参 = 实参，形参 = 实参…）没有数量限制。

特征：

（1）关键字收集参数，在形参前添加两个 ** 即可。

（2）关键字收集参数，收集的结果组成一个字典，关键字成为字典的键，实参成为值。

（3）关键字收集参数，仅收集没有任何形参接受的关键字参数。

（4）关键字参数可以和普通的形参共存。

实例如下：

```
#定义
def func(country,province, ** kwargs):
    print(country,province,kwargs)
#使用
    func("China","Sichuan",city = "Chengdu",section = "JingJiang")
#结果
#China Sichuan{'city':'Chengdu','section':'JingJiang'}
```

（三）多种参数混合

定义函数时尽量避免多种参数格式混合（普通参数/非关键字参数，关键字参数，非关键字收集参数，关键字收集参数）；

（1）普通参数（非关键字参数）和关键字参数必须在两种收集参数之前；

（2）非关键字收集参数，必须在关键字收集参数之前；

（3）如果多种参数在一起，必须注意进制参数多次赋值操作（相同赋值赋值之后，关键字参数在此赋值）。

六、关于返回值的问题

函数根据执行完毕是否可以得到一个结果，将函数分为两个类型：

（1）执行过程函数：print()。

函数执行完毕之后，不会有任何结果可以被接受的函数。

（2）具有返回值的函数：id( )，type( )。

函数执行完毕之后，会产生一个结果，可以被变量接受或者使用的函数。

格式：

def 函数名（参数…）：

函数功能代码…

函数功能代码…

[return 语句]

return 的特征：

（1）具有 return 语句的函数称为具有返回值的函数；

（2）return 可以为当前函数执行完毕返回一个结果，这样的函数调用可以被接受；

（3）return 执行之后，函数则会终止，所有 return 之后的语句不会被执行；

（4）一个函数可以书写多个 return 语句，但是一般会放入分支结构当中；

（5）一个函数如果需要返回多个数据，需要借助复合数据类型（list，tuple，set，dict）来操作即可；

（6）不带参数值的 return 语句返回 None。之前的例子都没有示范如何返回数值。

实例如下：

```
#! /usr/bin/python3
#可写函数说明
def sum( arg1 ,arg2 ):
#返回 2 个参数的和."
    total = arg1 + arg2
    print( "函数内:" ,total)
    return total;
    #调用 sum 函数
    total = sum( 10 ,20 ) ;
    print( "函数外:" ,total)
```

以上实例输出结果：

函数内：30

函数外：30

第二节　函数文档

函数文档就是用来查看当前函数相关信息介绍的一个特定格式而已。查看函数文档的方法：

help（函数名称）

直接输出显示函数文档的内容字符串

函数名．__doc__

直接输出显示函数文档的内容元字符串（转义字符不转义）

定义函数的文档：

```
def 函数名（参数…）：
'''
    在此处声明函数文档
    '''
    函数功能代码…
    函数功能代码…
```

或者：

```
def 函数名（参数…）：
"""
    在此处声明函数文档
    """
    函数功能代码…
    函数功能代码…
```

。。。

注意：函数文档的作用是对函数进行说明，便于阅读和快速掌握函数的使用，通常函数文档需要具有以下信息：

（1）函数的作用。

（2）函数的参数介绍（个数，数据类型）。

（3）函数的返回值（数据和类型）。

第三节　局部变量与全局变量

定义在函数内部的变量拥有一个局部作用域，定义在函数外的拥有全局作用域。

局部变量只能在其被声明的函数内部访问，而全局变量可以在整个程序范围内访问。调用函数时，所有在函数内声明的变量名称都将被加入到作用域中。如下实例：

```
#! /usr/bin/python3
total =0;#这是一个全局变量
#可写函数说明
def sum(arg1,arg2):
    #返回 2 个参数的和."
    total = arg1 + arg2;#total 在这里是局部变量.
    print("函数内是局部变量:",total)
    return total;
#调用 sum 函数
sum(10,20);
print("函数外是全局变量:",total)
```

以上实例输出结果如下：

函数内是局部变量：30
函数外是全局变量：0

第四节　lambda 函数及其他使用

一、匿名函数：

Python 使用 lambda 来创建匿名函数。

所谓匿名，意即不再使用 def 语句这样标准的形式定义一个函数。lambda 只是一个表达式，函数体比 def 的简单很多。lambda 的主体是一个表达式，而不是一个代码块。仅仅能在 lambda 表达式中封装有限的逻辑进去。lambda 函数拥有自己的命名空间，且不能访问自己参数列表之外或全局命名空间里的参数。虽然 lambda 函数看起来只能写一行，却不等同于 C 或 C + + 的内联函数，后者的目的是调用小函数时不占用栈内存从而增加运行效率。

语法：

lambda 函数的语法只包含一个语句，如下：

```
lambda [arg1[,arg2,……argn]]:expression
```

如下实例：

```
#! /usr/bin/python3
#可写函数说明
sum = lambda arg1,arg2:arg1 + arg2
#调用 sum 函数
print("相加后的值为:",sum(10,20))
print("相加后的值为:",sum(20,20))
```

以上实例输出结果：

相加后的值为：30
相加后的值为：40

二、Number 数字

之前我们已经介绍了 Number 类型的基本操作，下面介绍他们的操作函数（了解）数学函数，如表 5 - 1、表 5 - 2、表 5 - 3、表 5 - 4 所示。

表 5 - 1　　Number 类型操作函数

函数	返回值（描述）
abs(x)	返回数字的绝对值，如 abs(- 10）返回 10
ceil(x)	返回数字的上入整数，如 math. ceil(4. 1）返回 5
cmp(x，y)	如果 x < y 返回 - 1，如果 x = = y 返回 0，如果 x > y 返回 1。 Python3 已废弃。使用使用（x > y）-（x < y）替换。
exp(x)	返回 e 的 x 次幂（ex），如 math. exp(1）返回 2. 718281828459045

续表

函数	返回值（描述）
fabs(x)	返回数字的绝对值，如 math. fabs(-10) 返回 10.0
floor(x)	返回数字的下舍整数，如 math. floor(4.9) 返回 4
log(x)	如 math. log(math. e) 返回 1.0，math. log(100，10) 返回 2.0
log10(x)	返回以 10 为基数的 x 的对数，如 math. log10(100) 返回 2.0
max(x1，x2，…)	返回给定参数的最大值，参数可以为序列
min(x1，x2，…)	返回给定参数的最小值，参数可以为序列
modf(x)	返回 x 的整数部分与小数部分，两部分的数值符号与 x 相同，整数部分以浮点型表示
pow(x，y)	x ** y 运算后的值
round(x [，n])	返回浮点数 x 的四舍五入值，如给出 n 值，则代表舍入到小数点后的位数
sqrt(x)	返回数字 x 的平方根

三、随机数函数

表 5-2　随机数函数

函数	描述
choice(seq)	从序列的元素中随机挑选一个元素，比如 random. choice(range(10))，从 0 到 9 中随机挑选一个整数
randrange([start,] stop[，step])	从指定范围内，按指定基数递增的集合中获取一个随机数，基数缺省值为 1
random()	随机生成下一个实数，它在 [0，1) 范围内
seed([x])	改变随机数生成器的种子 seed。如果你不了解其原理，你不必特别去设定 seed，Python 会帮你选择 seed
shuffle(lst)	将序列的所有元素随机排序
uniform(x，y)	随机生成下一个实数，它在 [x，y] 范围内。

四、三角函数

表 5-3　三角函数

函数	描述
acos(x)	返回 x 的反余弦弧度值
asin(x)	返回 x 的反正弦弧度值
atan(x)	返回 x 的反正切弧度值
atan2(y，x)	返回给定的 X 及 Y 坐标值的反正切值
cos(x)	返回 x 的弧度的余弦值
hypot(x，y)	返回欧几里德范数 sqrt(xx + yy)
sin(x)	返回的 x 弧度的正弦值

续表

函数	描述
tan(x)	返回 x 弧度的正切值
degrees(x)	将弧度转换为角度，如 degrees(math.pi/2)，返回 90.0
radians(x)	将角度转换为弧度

五、数学常量

表 5-4　数学常量

常量	描述
pi	数学常量 pi（圆周率，一般以 π 来表示）
e	数学常量 e，e 即自然常数（自然常数）

练习题

1. 什么是局部变量？什么是全局变量？请简述它们之间的区别。
2. 什么是函数的返回值？
3. 定义一个函数，用于判断输入的年份是否是闰年，具体要求如下：

（1）输出提示信息：请输入一个年份。

（2）输出判断结果：若是闰年，则输出“是闰年”，否则输出“不是闰年”

第六章　String 字符串

本章内容

字符串是程序语言中常用的数据类型，它是序列类型（包括字符串、列表、元组、字符串等）之一，也是最常用的、最简单的序列。Python 中的字符串用单引号（'）、双引号（"）或三引号括起来的称为字符串，同时使用反斜杠（\）转义特殊字符。字符串是 Python 中最常用的数据类型。在了解字符串的基本使用之后，本章将介绍 Python 字符串类型常用的几个方法。在 Python 数据分析过程中，经常需要对字符串进行一些特殊处理，比如拼接字符串、截取字符串、格式化字符串等，这些操作无须自己设计实现，只需调用相应的字符串方法即可。

注意：本章所讲的字符串方法，和内置函数（如 len()）不同，它们是字符串类型（str）所特有的，因此这些字符串方法的调用方式也比较特殊。

学习寄语

从一个无结构的原始文本转化为结构化的计算机可以识别处理的信息，即对文本进行科学的抽象，建立它的数学模型，用以描述和代替文本。使计算机能够通过对这种模型的计算和操作来实现对文本的识别。从大量的文本中挖掘有用的信息就必须首先将文本转化为可处理的结构化形式。因此，必须对文本向量做进一步净化处理，在保证原文含义的基础上，找出对文本特征类别最具代表性的文本特征。

第一节　创建字符串

前面已经简单介绍过字符串的创建，现在复习一下。创建字符串很简单，只要为变量分配一个值即可。例如：

```
var1 = 'Hello World! '
var2 = "Python Runoob"
```

Python 不支持单字符类型，单字符在 Python 中也是作为一个字符串使用。Python 访问子字符串，可以使用方括号来截取字符串。

字符串的截取的语法格式如下：

变量［头下标：尾下标］

索引值以 0 为开始值，-1 为从末尾的开始位置。

加号（+）是字符串的连接符，星号（*）表示复制当前字符串，紧跟的数字为复制的次数。实例如下：

```
#! /usr/bin/python3
str = 'zhangsan'
print(str)#输出字符串
print(str[0:-1])#输出第一个到倒数第二个的所有字符
print(str[0])#输出字符串第一个字符
print(str[2:5])#输出从第三个开始到第五个的字符
print(str[2:])#输出从第三个开始的后的所有字符
print(str * 2)#输出字符串两次
print(str + "TEST")#连接字符串
```

● 输出结果如下：

```
zhangsan
zhangsa
z
ang
angsan
zhangsanzhangsan
zhangsanTEST
```

Python 使用反斜杠“\”转义特殊字符，如果你不想让反斜杠发生转义，可以在字符串前面添加一个 r，表示原始字符串：

```
>>> print('Ru\noob')
Ru
oob
>>> print(r'Ru\noob')
Ru\noob
>>>
```

➢ 另外，反斜杠“\”可以作为续行符，表示下一行是上一行的延续。也可以使用"""…"""或者'''…'''跨越多行。

➢ 注意，Python 没有单独的字符类型，一个字符就是长度为 1 的字符串。

```
>>> word = 'Python'
>>> print(word[0],word[5])
Pn
>>> print(word[-1],word[-6])
nP
```

与 C 字符串不同的是，Python 字符串不能被改变。向一个索引位置赋值，比如 word[0] = 'm'会导致错误。

注意：

➢ 反斜杠“\”可以用来转义，使用r可以让反斜杠不发生转义。
➢ 字符串可以用+运算符连接在一起，用星号（*）运算符重复。
➢ Python中的字符串有两种索引方式，从左往右以0开始，从右往左以-1开始。
➢ Python中的字符串不能改变。

第二节 Python字符串拼接

在Python中拼接（连接）字符串很简单，可以直接将两个字符串紧挨着写在一起，具体格式为：

```
strname = "str1" "str2"
```

strname表示拼接以后的字符串变量名，str1和str2是要拼接的字符串内容。使用这种写法，Python会自动将两个字符串拼接在一起。

【示例】以连续书写的形式拼接字符串：

```
str1 = "Python数据分析与应用" "C语言程序设计"
print(str1)
str2 = "Java" "Python" "C++" "PHP"
print(str2)
```

运行结果：

```
Python数据分析与应用C语言程序设计
JavaPythonC++PHP
```

需要注意的是，这种写法只能拼接字符串常量。如果需要使用变量，就得借助+运算符来拼接，具体格式为：

```
strname = str1 + str2
```

当然，+运算符也能拼接字符串常量。

【示例】使用+运算符拼接字符串：

```
name = "Python教程"
url = "PPT教程很精彩"
info = name + "的" + url
print(info)
```

运行结果：

```
Python教程的PPT教程很精彩
```

字符串反复连接运算：

字符串可以使用*运算符完成单个字符串的连续拼接操作。例如：

```
mystr = 3 * 'hello'
print(mystr)
```

运行结果：

```
hello hello hello
```

成员检查运算：(in、not in)

举例：‘ab’ in ‘abcdef’

执行结果：True

第三节　Python 字符串和数字的拼接

在很多应用场景中，我们需要将字符串和数字拼接在一起，而 Python 不允许直接拼接数字和字符串，所以我们必须先将数字转换成字符串。可以借助 str( ) 和 repr( ) 函数将数字转换为字符串，它们的使用格式为：

```
str(obj)
repr(obj)
```

obj 表示要转换的对象，它可以是数字、列表、元组、字典等多种类型的数据。

请看下面的代码：

```
name = "PYTHON 数据分析"
age = 12
course = 120
info = name + "已经" + str(age) + "岁了,共发布了" + repr(course) + "套教程。"
print(info)
```

运行结果：

PYTHON 数据分析已经 12 岁了，共发布了 120 套教程。

str( ) 和 repr( ) 函数虽然都可以将数字转换成字符串，但它们之间是有区别的：

- str( ) 用于将数据转换成适合人类阅读的字符串形式。
- repr( ) 用于将数据转换成适合解释器阅读的字符串形式（Python 表达式的形式），适合在开发和调试阶段使用；如果没有等价的语法，则会发生 SyntaxError 异常。

请看下面的例子：

```
s = "PYTHON 数据分析"
s_str = str(s)
s_repr = repr(s)
print(type(s_str))
print(s_str)
print(type(s_repr))
print(s_repr)
```

运行结果：

```
<class'str'>
PYTHON 数据分析
<class'str'>
'PYTHON 数据分析'
```

本例中，s 本身就是一个字符串，但是我们依然使用 str( ) 和 repr( ) 对它进行了转换。从运行结果可以看出，str( ) 保留了字符串最原始的样子，而 repr( ) 使用引号将字符串包围起来，这就是 Python 字符串的表达式形式。

另外，在 Python 交互式编程环境中输入一个表达式（变量、加减乘除、逻辑运算等）时，Python 会自动使用 repr( ) 函数处理该表达式。

练习题

1. 简述 Python 在对不同类型的对象进行运算时所遵循的强制转换规律。
2. 现有一字符串为 “python”，请将该字符串倒序输出并末尾字母大写。
3. 从键盘输入一个字符串，将小写字母全部转换成大写字母。

第七章　Python 文件操作

文件操作主要讲解以下内容：

- 文件本身的操作（Python 内置）
- 系统中文件和文件夹的操作（os 和 shutil 模块当中）
- 系统路径相关操作（os 模块中的子模块 os. path）

学习寄语

文件管理是操作系统中一项重要的功能。其重要性在于，在现代计算机系统中，用户的程序和数据，操作系统自身的程序和数据，甚至各种输出输入设备，都是以文件形式出现的。可以说，尽管文件有多种存储介质可以使用，如硬盘、软盘，光盘，闪存，记忆棒，网盘等等，但是，它们都以文件的形式出现在操作系统的管理者和用户面前。

第一节　文件的基本操作

在 Python 里，文件也是一种类型的对象，包括文本文件、图片文件、音频文件、视频文件等，Python 提供了必要的函数和方法进行默认情况下的文件基本操作，可以用 file 对象做大部分的文件操作。文件的属性和函数查看方法：dir（‘file’），输出内容包括：

['__add__', '__class__', '__contains__', '__delattr__', '__dir__', '__doc__', '__eq__', '__format__', '__ge__', '__getattribute__', '__getitem__', '__getnewargs__', '__gt__', '__hash__', '__init__', '__init_subclass__', '__iter__', '__le__', '__len__', '__lt__', '__mod__', '__mul__', '__ne__', '__new__', '__reduce__', '__reduce_ex__', '__repr__', '__rmod__', '__rmul__', '__setattr__', '__sizeof__', '__str__', '__subclasshook__', 'capitalize', 'casefold', 'center', 'count', 'encode', 'endswith', 'expandtabs', 'find', 'format', 'format_map', 'index', 'isalnum', 'isalpha', 'isascii', 'isdecimal', 'isdigit', 'isidentifier', 'islower', 'isnumeric', 'isprintable', 'isspace', 'istitle', 'isupper', 'join', 'ljust', 'lower', 'lstrip', 'maketrans', 'partition', 'replace', 'rfind', 'rindex', 'rjust', 'rpartition', 'rsplit', 'rstrip', 'split', 'splitlines', 'startswith', 'strip', 'swapcase', 'title', 'translate', 'upper', 'zfill']

本章将对部分属性或函数进行详细说明，其他的读者可以进行自学了解。

一、open( ) 打开或者创建一个文件

格式：file object = open(file, mode = 'r', buffering = -1, encoding = None, errors = None, newline = None, closefd = True, opener = None) file：打开文件名称和路径。

mode：是一个可选字符串，指定文件打开模式，可用的模式如表 7 - 1 所示。返回值：文件 io 对象，打开模式可以互相组合，但是 w、r、a、x 不可以互相组合：

模式默认为‘rt’（打开并读取文件），对于二进制文件可以使用‘rb’、‘wb’打开、读取。‘x’模式针对新创建文件的情形，如果文件已经存在，则抛出 FileExistsError 异常。

buffering：用于设置缓冲策略的可选整数，缓冲策略包括以下几种类型：

0：表示关闭缓冲（仅在二进制模式下允许）

1：选择行缓冲（仅在文本模式下可用），类似命令提示符操作，当按下回车键后，缓冲结束，将回车符前面的内容交给系统进行处理后返回结果。

>1 的整数：表示将缓冲区设置为该整数大小。

没有参数给定时，执行如下策略：二进制文件的缓冲区大小取决于系统底层设备和操作系统类型，一般情况下为 4096 字节或者 8192 字节长；交互式文本文件（isatty（）返回 True 的文件）使用线路缓冲。其他文本文件使用二进制文件的策略。

表 7 - 1 mode 参数

模式	说明
r	以只读方式打开文件。文件的指针将会放在文件的开头。这是默认模式。
w	打开一个文件只用于写入。如果该文件已存在则将其覆盖。如果该文件不存在，创建新文件。
a	打开一个文件用于追加。如果该文件已存在，文件指针将会放在文件的结尾。也就是说，新的内容将会被写入到已有内容之后。如果该文件不存在，创建新文件进行写入。
rb	以二进制格式打开一个文件用于只读。文件指针将会放在文件的开头。这是默认模式。
wb	以二进制格式打开一个文件只用于写入。如果该文件已存在则将其覆盖。如果该文件不存在，创建新文件。
ab	以二进制格式打开一个文件用于追加。如果该文件已存在，文件指针将会放在文件的结尾。也就是说，新的内容将会被写入到已有内容之后。如果该文件不存在，创建新文件进行写入。
r +	打开一个文件用于读写。文件指针将会放在文件的开头。
w +	打开一个文件用于读写。如果该文件已存在则将其覆盖。如果该文件不存在，创建新文件。
a +	打开一个文件用于读写。如果该文件已存在，文件指针将会放在文件的结尾。文件打开时会是追加模式。如果该文件不存在，创建新文件用于读写。
rb +	以二进制格式打开一个文件用于读写。文件指针将会放在文件的开头。
wb +	以二进制格式打开一个文件用于读写。如果该文件已存在则将其覆盖。如果该文件不存在，创建新文件。
ab +	以二进制格式打开一个文件用于追加。如果该文件已存在，文件指针将会放在文件的结尾。如果该文件不存在，创建新文件用于读写。

encoding：表示的是返回的数据采用何种编码，一般采用 utf8 或者 gbk，用于解码或者编码，只能在文本模式下使用，默认编码是依赖于系统平台的。可以使用 Python 提供的 chardet 来测试编码类型。

errors：可选择参数，指定编码错误如何被处理，该参数不可以在二进制模式下使用，取值一般有 strict、ignore，当取 strict 的时候，字符编码出现问题的时候，会报错，当取 ignore 的时候，编码出现问题，程序会忽略而过，继续执行下面的程序。

newline、closefd、opener 三个参数不常用，这里就不再赘述了，想了解他们的内容搜索相关文档。

为了测试不同模式的区别，我们用一小段代码来测试写入文件中的直观不同。

```
test = [ "test1\n", "test2\n", "test3\n" ]
 f = open( "b.txt", "a+")
 try:
   for s in test:
     f.write( s )
 finally:
   f.close()
```

（1） a+与 w+模式的区别。如图 7－1 所示。

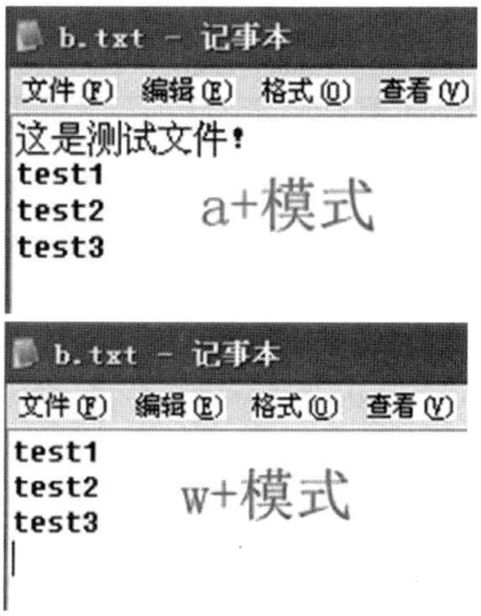

图 7－1　a+与 w+模式区别

（2） a+与 r+模式。如图 7－2 所示。

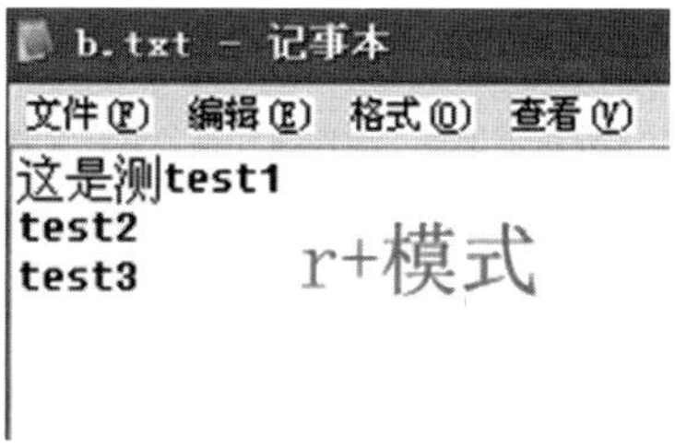

图 7－2　a+与 r+模式

File 对象的属性

一个文件被打开后，你有一个 file 对象，你可以得到有关该文件的各种信息。以下是和 file 对象相关的所有属性如下所示：

file.closed　　如果文件已被关闭返回 true，否则返回 false。

file. mode　　返回被打开文件的访问模式。

file. name　　返回文件的名称。

file. softspace 如果用 print 输出后，必须跟一个空格符，则返回 false。

实例：

```
#! /usr/bin/python
# -*- coding: UTF-8 -*-
#打开一个文件
fo = open("foo.txt", "w")
print("文件名: ", fo.name)
print("是否已关闭 : ", fo.closed)
print("访问模式 : ", fo.mode)
print("末尾是否强制加空格 : ", fo.softspace)
```

以上实例输出结果：

文件名：foo. txt

是否已关闭：False

访问模式：w

末尾是否强制加空格：0

二、close( ) 关闭文件

File 对象的 close( ) 方法刷新缓冲区里任何还没写入的信息，并关闭该文件，这之后便不能再进行写入。当一个文件对象的引用被重新指定给另一个文件时，Python 会关闭之前的文件。用 close( ) 方法关闭文件是一个很好的习惯。

格式：文件 io 对象 . close( )

返回值：None

举例如下：

```
#新建一个文件,文件名为:test.txt
f = open('test.txt','w')
#关闭这个文件
f.close()
```

三、read( ) 读取文件

read( ) 方法从一个打开的文件中读取一个字符串。需要重点注意的是，Python 字符串可以是二进制数据，而不仅仅是文字。在这里，被传递的参数是要从已打开文件中读取的字节计数。该方法从文件的开头开始读入，如果没有传入 count，它会尝试尽可能多地读取更多的内容，很可能是直到文件的末尾。

格式：文件 io 对象 . read([count])

返回值：整个文件的字符

格式：文件 io 对象 . read（字符长度）

返回值：指定长度的字符

实例如下：

```
f = open('test. txt','r')
content = f. read(5)
print(content)
print(" - " * 30)
content = f. read()
print(content)
f. close()
```

四、readline() 读取一行文件

格式：文件 io 对象 . readline()

返回值：一行内容的字符串

格式：文件 io 对象 . readline（字符长度）

返回值：一行内容的字符串

注意：字符长度 < 当前行内内容，则读取指定长度的字符串，并且下次再读取还是在这一行中获取没有读取的内容。字符长度 > = 当前行内容，直接读取当前行。

实例如下：

```
#coding = utf - 8
f = open('test. txt','r')
content = f. readline()
print("1:% s" % content)
content = f. readline()
print("2:% s" % content)
f. close()
```

五、readlines()

将文件中的内容读取到序列当中。

格式：文件 io 对象 . readlines()

返回值：列表

格式：文件 io 对象 . readlines（字符长度）

返回值：列表

注意：读取的行数由字符长度决定，如果字符长度读取了 N 行后，还有指定长度的字符没有读取，则直接读取下一行进来。

实例如下：

```
#coding = utf - 8
f = open('test. txt','r')
content = f. readlines()
print(type(content))
i = 1
```

```
for temp in content:
print("%d:%s"%(i,temp))
i+=1
f.close()
```

六、write() 写入文件

write() 方法可将任何字符串写入一个打开的文件。需要重点注意的是，Python 字符串可以是二进制数据，而不仅仅是文字。write() 方法不会在字符串的结尾添加换行符（'\ n'）：

格式：文件 io 对象 . write（字符串）

返回值：写入字符串的长度

七、writelines() 将序列写入文件中

格式：文件 io 对象 . writelines（序列）

返回值：None

truncate() 字符串截取操作

格式：文件 io 对象 . truncate（字节长度）

返回值：截取的字节长度

八、文件定位

tell() 方法告诉你文件内的当前位置，换句话说，下一次的读写会发生在文件开头这么多字节之后。

seek（offset [，from]）方法改变当前文件的位置。

offset 变量表示要移动的字节数。

from 变量指定开始移动字节的参考位置：

如果 from 被设为 0，这意味着将文件的开头作为移动字节的参考位置；

如果设为 1，则使用当前的位置作为参考位置；

如果设为 2，那么该文件的末尾将作为参考位置。

实例如下：

```
#! /usr/bin/python
# -*- coding: UTF-8 -*-
#打开一个文件
fo = open("foo.txt", "r+")
str = fo.read(10)
print("读取的字符串是 : ", str)
#查找当前位置
position = fo.tell()
print("当前文件位置 : ", position)
#把指针再次重新定位到文件开头
position = fo.seek(0, 0)
```

```
str = fo. read(10)
print("重新读取字符串 : ", str)
#关闭打开的文件
fo. close()。
```

以上实例输出结果：

读取的字符串是：　www. runoob

当前文件位置：　10

重新读取字符串：　www. runoob

九、with 语句

实际的编码过程中，有时有一些任务，需要事先做一些设置，事后做一些清理，如果在读写时出现异常而忘了异常处理或者忘了关闭文件句柄，这时候 with 能够对这样的需求进行一个比较优雅的处理，最常用的例子就是对访问文件的处理。

一般访问文件资源时我们会这样处理

1. 文件读写初级。

```
f = open(r'c:\mytest. txt', 'r')
data = f. read()
f. close()
```

2. 文件读写中级。

```
f = open(r'c:\mytest. txt', 'r')
try:
    data = f. read()
finally:
    f. close()
```

以上的写法就可以避免因读取文件时异常的发生而没有关闭所产生的问题的处理了。代码长了一些。

3. 文件读写高级。

```
with open(r'c:\test. txt', 'r') as f:
    data = f. read()
```

with 后面接的对象返回的结果赋值给 f。此例当中 open 函数返回的文件对象赋值给了 f；with 会自已获取上下文件的异常信息。

第二节　os 模块

Python 的标准库中的 os 模块包含普遍的操作系统功能。这个模块的作用主要是提供与平台无关的功能。也就是说 os 模块能够处理平台间的差异问题，使得编写好的程序无须做任何改动就能在另外的平台上运行。当然，这个模块只是提供了一个轻便的方法使用要依赖操作系统的功能。有些特定的功能还得使用特定的模块，比如：

如果只是想读或写文件，请使用 open( )；如果想操作文件路径，请使用 os. path 模块；如果想在命令行中，读入所有文件的所有行，请使用 fileinput 模块；使用 tempfile 模块创建临时文件和文件夹；更高级的文件和文件夹处理，请使用 shutil 模块。如果想要了解 os 模块的所有内容，可以使用 dir（os）方法查看。使用 os 模块必须先导入模块：

import os

一、os 模块中的函数（表 7 –2）：

表 7 –2　　**os 模块函数**

序号	函数名称	描述	格式
1	getcwd( )	获取当前的工作目录	格式：os. getcwd( ) 返回值：路径字符串
2	chdir( )	修改当前工作目录	格式：os. chdir( ) 返回值：None
3	listdir( )	获取指定文件夹中的所有文件和文件夹组成的列表	格式：os. listdir(目录路径) 返回值：目录中内容名称的列表
4	mkdir( )	创建一个目录/文件夹	格式：os. mkdir（目录路径） 返回值：None
5	makedirs( )	递归创建文件夹	格式：os. makedirs（路径）
6	rmdir( )	移除一个目录（必须是空目录）	格式：os. rmdir（目录路径） 返回值：None
7	removedirs( )	递归删除文件夹	格式：os. removedirs（目录路径） 返回值：None 注意：最底层目录必须为空。
8	rename( )	修改文件和文件夹的名称	格式：os. rename（源文件或文件夹，目标文件或文件夹） 返回值：None
9	stat( )	获取文件的相关信息	格式：os. stat（文件路径） 返回值：包含文件信息的元组
10	system( )	执行系统命令	格式：os. system( ) 返回值：整型 慎用！万一来个 rm – rf 你就爽了！
11	getenv( )	获取系统环境变量	格式：os. getenv（获取的环境变量名称） 返回值：字符串
12	putenv( )	设置系统环境变量	格式：os. putenv('环境变量名称', 值） 返回值：无 注意：无法使用正常的 getenv 检测到。
13	exit( )	退出当前执行命令，直接关闭当前操作	格式：exit( ) 返回值：无

例如：os. environ 可以直接获取所有环境变量的信息组成的字典，如果希望更改环境变量，并且可以查询得到，就需要对 os. environ 进行操作，该模块的所有方法均是字典的方法，可以通过字典的 os. environ 的结果进行操作。

注意：无论使用 os. getenv，putenv 还是使用 os. environ 进行环境变量的操作，都是只对当前脚本，临时设置而已，无法直接更新或者改变操作系统的环境变量设置。

二、os. path 模块

os. path 是 os 模块中的子模块，包含很多和路径相关的操作函数部分，如表 7－3 所示。

表 7－3　　os. path 模块

序号	函数名称	描述	格式
1	abspath( )	将一个相对路径转化为绝对路径	格式：os. path. abspath（相对路径） 返回值：绝对路径字符串
2	basename( )	获取路径中的文件夹或者文件名称（只要路径的最后一部分）	格式：os. path. basename（路径） 返回值：路径的最后一部分（可能是文件名也可能是文件夹名）
3	dirname( )	获取路径中的路径部分（除了最后一部分）	格式：os. path. dirname（路径） 返回值：路径中除了最后一部分的内容字符串
4	join( )	将 2 个路径合成一个路径	格式：os. path. join（路径 1，路径 2） 返回值：合并之后的路径
5	split( )	将一个路径切割成文件夹和文件名部分	格式：os. path. split（路径） 返回值：元组
6	splitext( )	将一个文件名切成名字和后缀两个部分	格式：os. path. splitext（文件名称） 返回值：元组（名称，后缀）
7	getsize( )	获取一个文件的大小	格式：os. path. getsize（路径） 返回值：整数
8	isfile( )	检测一个路径是否是一个文件	格式：os. path. isfile（路径） 返回值：布尔值
9	isdir( )	检测一个路径是否是一个文件夹	格式：os. path. isdir（路径） 返回值：布尔值
10	getctime( )	获取文件的创建时间！（get create time）	格式：os. path. getctime（文件路径） 返回值：时间戳浮点数
11	getmtime( )	获取文件的修改时间！（get modify time）	格式：os. path. getmtime（文件路径） 返回值：时间戳浮点数
12	getatime( )	获取文件的访问时间！（get active time）	格式：os. path. getatime（文件路径） 返回值：时间戳浮点数
13	exists( )	检测指定的路径是否存在	格式：os. path. exists（路径） 返回值：布尔值

续表

序号	函数名称	描述	格式
14	isabs( )	检测一个路径是否是绝对路径	格式：os. path. isabs（路径） 返回值：布尔值
15	islink( )	检测一个路径是否是链接	格式：os. path. islink（路径） 返回值：布尔值
16	samefile( )	检测 2 个路径是否指向同一个文件	格式：os. path. samefile（路径 1，路径 2） 返回值：布尔值

第三节　综合案例实战

使用 Python 学习的内容实现一个在线学员信息管理操作，要求实现如下功能：数据临时存放在变量列表中，实现学生信息的添加、删除和查询操作。如图 7 - 3 所示。

图 7 - 3　学员管理系统

参考程序代码如下：

```
#学员信息在线管理
#定义一个用于存放学员信息的列表变量
stulist = [
{'name':'zhangsan','age':20,'classid':'python02'},
{'name':'lisi','age':22,'classid':'python03'},
{'name':'wangwu','age':25,'classid':'python04'}]
#定义一个学生信息的输出函数
def showStu(stulist):
'''
学生信息的输出函数
'''
if len(stulist)==0:
    print("==========没有学员信息可以输出！=============")
    return
```

```
print("|{0:<5}|{1:<10}|{2:<5}|{3:<10}|".format("sid","name","age","classid"))
print("-"*40)
for i in range(len(stulist)):
print("|{0:<5}|{1:<10}|{2:<5}|{3:<10}|".format(i+1,stulist[i]['name'],stulist[i]['age'],stulist[i]['classid']))
while True:
#输出初始界面
print("="*12,"学员管理系统","="*14)
print("{0:1}{1:13}{2:15}".format("","1. 查看学员信息","2. 添加学员信息"))
print("{0:1}{1:13}{2:15}".format("","3. 删除学员信息","4. 退出系统"))
print("="*40)
key = input("请输入对应的选择:")
#根据键盘值,判断并执行对应的操作
if key == "1":
print("="*12,"学员信息浏览","="*14)
showStu(stulist)
input("按回车键继续:")
elif key == "2":
print("="*12,"学员信息添加","="*14)
stu = {}
stu['name'] = input("请输入要添加的姓名:")
stu['age'] = input("请输入要添加的年龄:")
stu['classid'] = input("请输入要添加的班级号:")
stulist.append(stu)
showStu(stulist)
input("按回车键继续:")
elif key == "3":
print("="*12,"学员信息删除","="*14)
showStu(stulist)
sid = input("请输入你要删除的信息 id 号:")
del stulist[int(sid)-1]
showStu(stulist)
input("按回车键继续:")
elif key == "4":
print("="*12,"再见","="*14)
break
else:
print("========无效的键盘输入! ==========")
```

练习题

1. 从键盘输入一个字符串，将小写字母全部转换成大写字母，然后输出到一个磁盘文件" test" 中保存。

2. 有两个磁盘文件 A 和 B，各存放一行字母，要求把这两个文件中的信息合并（按字母顺序排列），输出到一个新文件 C 中。

3. 已知 test. txt 文件中保存的内容如下：

```
Hello, My name is Python!
Hi!
Nice to meet you.
Nice to meet you, too.
```

创建一个程序，用于读取上述文件中的内容，具体如下：

```
file = open("test. txt", 'r')
content = file. read(6)
content = file. readline()
print(content)
file. close()
```

运行程序，最终执行的结果是什么？

4. 当前目录下有一个文本文件 test. txt，其内容包含小写字母和大写字母。请将该文件复制到另一文件 test_copy. txt，并将原文件中的小写字母全部转换为大写字母，其余格式均不变。阅读下面的程序，分析代码是否能成功运行。如果能够运行成功，请列出运行的结果，否则请说明运行失败的原因。

```
file = open("test. txt")
file. write("Hello,Python!")
file. close()
```

第八章　Python 面向对象基础

本章内容

本章主要介绍面向对象的基本概念、异常处理及模块等相关知识，主要内容包括：

1. Python 面向对象编程
2. Python 中的异常处理
3. 魔术方法、属性和迭代器
4. Python 模块实战
5. MySQL 数据库基础
6. Python 的数据库支持

第一节　Python 面向对象

Python 从设计之初就已经是一门面向对象的语言，正因为如此，在 Python 中创建一个类和对象是很容易的。类是 OOP 中的重要概念，也是学习 Python 的一个跨跃。在本章学习时建议读者一定要边看书边敲代码实践，多思考不要追求速度，多上网搜索相关知识，理解其中含义，不要只理解相关概念。

一、面向对象技术简介

在理解面向对象前先讲一下问题空间，问题空间是问题解决者对一个问题所达到的全部认识状态，它是由问题解决者利用问题所包含的信息和已贮存的信息主动构成的。一个问题一般从以下三个方面来定义：

（1）初始状态：开始时不完全的信息或令人不满意的状况；

（2）目标状态：你希望获得的信息或状态；

（3）操作：为了从初始状态迈向目标状态，你可能采取的步骤。

从上可以看出，问题空间是在解决问题时对面临的任务环境的内部表征，而不是问题解决的任务环境本身。面向对象（Object Oriented）是软件开发方法。面向对象的概念和应用已超越了程序设计和软件开发，扩展到如数据库系统、交互式界面、应用结构、应用平台、分布式系统、网络管理结构、CAD 技术、人工智能等领域，主要思想是模拟人类对客观世界的认识。在现实世界中存在各种不同形态的事物，这些事物之间存在着各种各样的联系，在程序中使用对象来映射现实中的事物，使用对象间的关系描述事物之间的联系，这种思想就是面向对象。在解决问题时面向对象是把解决问题的事物分成多个对象，建立对象的目的不是为了完成一个个步骤，而是为了描述某个事物在解决整个问题的过程所发生的行为。面向对象是相对于面向过程来讲的，面向对象方法，把相关的数据和方法组织为一个整体来看待，从更高的层次来进行系统建模，更贴近事物的自然运行模式。面向对象是一种对现实世界理解和抽象的方法，是计算机编程技术发展到一定阶段后的产物。

在面向对象部分主要概念包括：

（1）类（Class）：在面向对象程序设计中，类是一种面向对象计算机编程语言的构造，是创建对象的蓝图，描述了所创建的对象共同的属性和方法的对象的集合，它定义了该集合中每个对象所共有的属性和方法，对象是类的实例。类是具有相同特性（数据元素）和行为（功能）的对象的抽象。因此，对象的抽象是类，类的具体化就是对象，也可以说类的实例是对象，类实际上就是一种数据类型。类具有属性，它是对象的状态的抽象，用数据结构来描述类的属性。类具有操作，它是对象的行为的抽象，用操作名和实现该操作的方法来描述。类映射的每一个对象都具有这些数据和操作方法，类的继承具有层次性和结构性，高层次对象封装复杂行为，具体细节对该层次知识保持透明，可以减小问题求解的复杂度。

（2）类变量：类变量在整个实例化的对象中是公用的。类变量定义在类中且在函数体之外。类变量通常不作为实例变量使用。

（3）数据成员：类变量或者实例变量用于处理类及其实例对象的相关的数据。

（4）方法重写：如果从父类继承的方法不能满足子类的需求，可以对其进行改写，这个过程叫方法的覆盖（override），也称为方法的重写。

（5）实例变量：定义在方法中的变量，只作用于当前实例的类。

（6）继承：即一个派生类（derived class）继承基类（base class）的字段和方法。继承也允许把一个派生类的对象作为一个基类对象对待。例如，有这样一个设计：一个Dog类型的对象派生自Animal类，这是模拟"是一个（is-a）"关系（例图，Dog是一个Animal）。

（7）实例化：创建一个类的实例，类的具体对象。

（8）方法：类中定义的函数。

（9）对象：通过类定义的数据结构实例。对象包括两个数据成员（类变量和实例变量）和方法。

二、类和对象的定义

在Python中类是对象的抽象，而对象是类的具体实例。类是抽象的，不占用内存，而对象是具体的，占用存储空间。类是用于创建对象的蓝图，它是一个定义包括在特定类型的对象中的方法和变量的软件模板。

1. 类定义：

```
class ClassName：
 <statement -1>
…
 <statement -N>
```

2. 实例：

```
#! /usr/bin/python3
```

```
#类的定义
class MyClass:
i = 12345
def f(self):
return 'hello world'
#实例化类
x = MyClass()
#访问类的属性和方法
print("MyClass 类的属性 i 为:",x.i)
print("MyClass 类的方法 f 输出为:",x.f())
#结果:
#MyClass 类的属性 i 为:12345
#MyClass 类的方法 f 输出为:hello world
```

三、构造函数

很多类都倾向于将对象创建为有初始状态的。因此类可能会定义一个名为 init() 的特殊方法（构造方法），像下面这样：

```
def __init__(self):
    self.data = []
```

类定义了 init() 方法的话，类的实例化操作会自动调用 init() 方法。所以在下例中，可以这样创建一个新的实例：

```
x = MyClass()
```

当然，init() 方法可以有参数，参数通过 init() 传递到类的实例化操作上。例如：

```
#! /usr/bin/python3
class Complex:
def __init__(self,realpart,imagpart):
    self.r = realpart
    self.i = imagpart
    x = Complex(3.0, -4.5)
    print(x.r,x.i)#输出结果:3.0 -4.5
```

self 代表类的实例，而非类

类的方法与普通的函数只有一个特别的区别——它们必须有一个额外的第一个参数名称，按照惯例它的名称是 self。

```
class Test:
def prt(self):
    print(self)
    print(self.__class__)
    t = Test()
    t.prt()
```

以上实例执行结果为：

```
<__main__.Test instance at 0x100771878>
__main__.Test
```

从执行结果可以很明显的看出，self 代表的是类的实例，代表当前对象的地址，而 self. class 则指向类。self 不是 Python 关键字，我们可以换成其他变量名。

四、属性和方法

在类的内部，使用 def 关键字来定义一个方法，与一般函数定义不同，类方法必须包含参数 self，且为第一个参数，self 代表的是类的实例。

```
#!/usr/bin/python3


#类定义
    class people:
    #定义基本属性
    name = ''
    age = 0
    #定义私有属性,私有属性在类外部无法直接进行访问
    __weight = 0
    #定义构造方法
def __init__(self,n,a,w):
    self.name = n
    self.age = a
    self.__weight = w
    def speak(self):
    print("%s 说:我%d 岁。" % (self.name,self.age))

#实例化类
p = people('runoob',10,30)
p.speak()
```

• 执行以上程序输出结果为：

runoob 说：我 10 岁。

第二节 类属性与方法

1. 类的私有属性。

private_attrs：两个下划线开头，声明该属性为私有，不能在类的外部被使用或直接访

问。在类内部的方法中使用时 self. private_attrs。

2. 类的方法。

在类的内部，使用 def 关键字来定义一个方法，与一般函数定义不同，类方法必须包含参数 self，且为第一个参数，self 代表的是类的实例。

self 的名字并不是规定死的，也可以使用 this，但是最好还是按照约定是用 self。

3. 类的私有方法。

private_method：两个下划线开头，声明该方法为私有方法，只能在类的内部调用，不能在类的外部调用。self. private_methods。

（一）继承与重载

Python 同样支持类的继承，如果一种语言不支持继承，类就没有什么意义。派生类的定义如下所示：

```
class DerivedClassName(BaseClassName1):
 <statement -1>
.
.
.
 <statement -N>
#! /usr/bin/python3

#类定义
class people:
#定义基本属性
name = ''
age = 0
#定义私有属性,私有属性在类外部无法直接进行访问
__weight = 0
#定义构造方法
def __init__(self,n,a,w):
    self. name = n
    self. age = a
    self. __weight = w
    def speak(self):
    print("%s 说:我%d 岁。" % (self. name,self. age))

#单继承示例
class student(people):
    grade = ''
    def __init__(self,n,a,w,g):
    #调用父类的构函
```

```
        people. __init__(self,n,a,w)
    self. grade = g
    #覆写父类的方法
    def speak(self):
        print("%s 说:我%d 岁了,我在读%d 年级
        "%(self. name,self. age,self. grade))
        s = student('ken',10,60,3)
    s. speak()
    #执行以上程序输出结果为:
    #ken 说: 我 10 岁了, 我在读 3 年级
```

Python 同样有限的支持多继承形式。多继承的类定义形如下例：

```
class DerivedClassName(Base1,Base2,Base3):
<statement -1>
.
.
.
<statement - N>
```

需要注意圆括号中父类的顺序，若是父类中有相同的方法名，而在子类使用时未指定，Python 从左至右搜索即方法在子类中未找到时，从左到右查找父类中是否包含方法。

```
#! /usr/bin/python3

#类定义
class people:
    #定义基本属性
    name = ''
    age = 0
    #定义私有属性,私有属性在类外部无法直接进行访问
    __weight = 0
    #定义构造方法
def __init__(self,n,a,w):
    self. name = n
    self. age = a
    self. __weight = w
    def speak(self):
    print("%s 说:我%d 岁。"%(self. name,self. age))
#单继承示例
class student(people):
    grade = ''
    def __init__(self,n,a,w,g):
```

```
        #调用父类的构函
people.__init__(self,n,a,w)
self.grade = g
#覆写父类的方法
def speak(self):
        print("%s 说:我%d 岁了,我在读%d 年级
        "%(self.name,self.age,self.grade))

#另一个类,多重继承之前的准备
class   speaker():
        topic = ''
        name = ''
def __init__(self,n,t):
        self.name = n
        self.topic = t
def speak(self):
print("我叫%s,我是一个演说家,我演讲的主题
是%s"%(self.name,self.topic))

#多重继承
class sample(speaker,student):
        a = ''
def __init__(self,n,a,w,g,t):
        student.__init__(self,n,a,w,g)
        speaker.__init__(self,n,t)

test = sample("Tim",25,80,4,"Python")
test.speak()#方法名同,默认调用的是在括号中排前地父类的方法

#执行以上程序输出结果为:
#我叫 Tim,我是一个演说家,我演讲的主题是 Python
```

(二) 方法重写

如果父类方法的功能不能满足你的需求，你可以在子类重写你父类的方法，实例如下:

```
#! /usr/bin/python3

class   Parent:#定义父类
def   myMethod(self):
        print('调用父类方法')
```

```
class    Child(Parent):#定义子类
    def    myMethod(self):
    print('调用子类方法')

    c = Child()#子类实例
    c.myMethod()#子类调用重写方法
```

#执行以上程序输出结果为：
#调用子类方法

（三）其他

类的专有方法：

（1）__init__：构造函数，在生成对象时调用
（2）__del__：析构函数，释放对象时使用
（3）__repr__：打印，转换
（4）__setitem__：按照索引赋值
（5）__getitem__：按照索引获取值
（6）__len__：获得长度
（7）__cmp__：比较运算
（8）__call__：函数调用
（9）__add__：加运算
（10）__sub__：减运算
（11）__mul__：乘运算
（12）__div__：除运算
（13）__mod__：求余运算
（14）__pow__：乘方

（四）运算符重载

Python 同样支持运算符重载，我们可以对类的专有方法进行重载，实例如下：

```
#! /usr/bin/python3
class Vector:
    def __init__(self,a,b):
    self.a = a
    self.b = b
    def __str__(self):
    return 'Vector(%d,%d)'%(self.a,self.b)
    def __add__(self,other):
    return    Vector(self.a + other.a,self.b + other.b)
    v1 = Vector(2,10)
    v2 = Vector(5, -2)
    print(v1 + v2)
```

```
#以上代码执行结果如下所示:
#Vector(7,8)
```

第三节　Python 异常处理

一、异常介绍

编写程序时，我们通常要辨别事件的异常情况，这些异常通常是程序本身的设计错误，也可能是外界环境发生了变化。有时在 Python 程序的语法是正确情况下，运行时也有可能发生错误。运行期检测到的错误被称为异常，大多数的异常都不会被程序处理，都以错误信息的形式展现在这里:

```
>>>10 * (1/0)
Traceback(most recent call last):
File" <stdin> ",line1,in?
Zero Division Error:division by zero
>>>4 + spam * 3
Traceback(most recent call last):
File" <stdin> ",line1,in?
NameError:name 'spam' is not defined
>>>'2'+2
Traceback(most recent call last):
File" <stdin> ",line1,in?
TypeError:Can't convert 'int' object to str implicitly
```

异常以不同的类型出现，这些类型都作为信息的一部分打印出来：例子中的异常类型有 ZeroDivisionError，NameError 和 TypeError。

Python 的一些内建异常

在 Python 中，所有的异常类都是 Exception 的子类。Exception 类定义在 Exception 模块中，该模块在 Python 的内建命名空间中，我们不必导入就可以直接使用。在程序执行过程中，遇到错误时程序就会引发异常。如果这个异常对象没有进行处理和捕捉，程序就会用回溯终止执行，这些信息包括错误名称、原因和错误发生的行号就会在结果中显示出来，并停止程序的执行。

Exception 常规错误的基类

AttributeError 对象没有这个属性

IOError 输入/输出操作失败

IndexError 序列中没有此索引（index）

KeyError 映射中没有这个键

NameError 未声明/初始化对象（没有属性）

SyntaxErrorPython 语法错误

TypeError 对类型无效的操作

ValueError 传入无效的参数

ZeroDivisionError 除（或取模）零（所有数据类型）

二、异常处理

1. 没有异常处理的：特点是出现异常会终止程序执行。

```
print("start.....")
x = int(input("Please enter a number:"))
print("number:",x)
print("ok....")
print("end.....")
```

2. 使用了有异常处理的代码，程序会执行到最后。

```
print("start.....")
try:
    x = int(input("Please enter a number:"))
    print("number:",x)
    print("ok....")
    except ValueError:
    print("Oops! That was no valid number. Try again")
    print("end.....")
```

3. try 语句按照如下方式工作。

首先，执行 try 子句（在关键字 try 和关键字 except 之间的语句）

如果没有异常发生，忽略 except 子句，try 子句执行后结束。

如果在执行 try 子句的过程中发生了异常，那么 try 子句余下的部分将被忽略。如果异常的类型和 except 之后的名称相符，那么对应的 except 子句将被执行。最后执行 try 语句之后的代码。

如果一个异常没有与任何的 except 匹配，那么这个异常将会传递给上层的 try 中。

一个 try 语句可能包含多个 except 子句，分别来处理不同的特定的异常。最多只有一个分支会被执行。

处理程序将只针对对应的 try 子句中的异常进行处理，而不是其他的 try 的处理程序中的异常。

一个 except 子句可以同时处理多个异常，这些异常将被放在一个括号里成为一个元组，例如：

```
except(RuntimeError,TypeError,NameError):
pass
```

最后一个 except 子句可以忽略异常的名称，它将被当作通配符使用。你可以使用这种方法打印一个错误信息，然后再次把异常抛出。

```
import sys
try:
```

```
    f = open('myfile. txt')
    s = f. readline( )
    i = int( s. strip( ) )
except OSError as err:
    print( "OSerror:{0}". format( err) )
except ValueError:
    print( "Could not convert data to an integer. " )
except:
    print( "Unexpected error:" ,sys. exc_info( )[0])
    raise
```

三、异常处理实例

一个 try 语句可能包含多个 except 子句，分别来处理不同的特定的异常。最多只有一个分支会被执行，最后一个 except 子句可以忽略异常的名称，它将被当作通配符使用。

```
print( "start. . . . . " )
try:
    x = int( input( "Please enter a number:" ) )
    print( "number:" ,x)
    print( 100/x)
    print( "ok. . . . " )
except ValueError:
    print( "非纯数字错误!" )
except ZeroDivisionError:
    print( "不可以为零错误!" )
except:
    print( "可选的未知错误!" )
    print( "end. . . . . " )
```

一个 except 子句可以同时处理多个异常，这些异常将被放在一个括号里成为一个元组。

```
print( "start. . . . . " )
try:
    x = int( input( "Please enter a number:" ) )
    print( "number:" ,x)
    print( 100/x)
    print( "ok. . . . " )
except( ValueError,ZeroDivisionError):
    print( "非纯数字或不可以为零错误!" )
except:
    print( "可选的未知错误!" )
raise#重新抛出这个异常
```

```
    print("end.....")
```

四、抛出异常（自行抛出异常）

Python 使用 raise 语句抛出一个指定的异常。例如：

```
>>> raise NameError('HiThere')
Traceback(most recent call last):
    File "<stdin>",line1,in?
NameError:Hi There
```

raise 唯一的一个参数指定了要被抛出的异常。它必须是一个异常的实例或者是异常的类（也就是 Exception 的子类）。如果你只想知道这是否抛出了一个异常，并不想去处理它，那么一个简单的 raise 语句就可以再次把它抛出。

```
>>> try:
    raise NameError('Hi There')
Except NameError:
    print('An exception flew by! ')
raise
    An exception flew by!
    Traceback(most recent call last):
    File "<stdin>",line2,in?
NameError:HiThere
```

第四节　魔术方法、属性和迭代器

一、魔术方法

在 Python 中的面向对象中有很多魔术方法如：

__init__：构造函数，在生成对象时调用

__del__：析构函数，释放对象时使用

__str__：使用 print（对象）或者 str（对象）的时候触发

__repr__：在使用 repr（对象）的时候触发

__setitem__：按照索引赋值：每当属性被赋值的时候都会调用该方法：self.__dict__[name] = value

__getitem__：按照索引获取值：当访问不存在的属性时会调用该方法

_delitem__（self，name）：当删除属性时调用该方法

__len__：获得长度

__cmp__：比较运算

__call__：函数调用

__add__：加运算

__ sub __: 减运算

__ mul __: 乘运算

__ div __: 除运算

__ mod __: 求余运算

__ pow __: 乘方

...

注意: __ setitem __: 每当属性被赋值的时候都会调用该方法，因此不能在该方法内赋值 self. name = value 会死循环; __ str __函数用于处理打印实例本身的时候的输出内容。如果没有覆写该函数，则默认输出一个对象名称和内存地址。

```
class  Stu:
    name = '张三'
    age = 20
def __ str __(self):
    return "姓名:% s;年龄:% d" % (self. name,self. age)
    s = Stu()
    print(s)
```

析构魔术方法，当对象从内存被释放前调用的方法，目的是做一些释放销毁工作。

```
class Demo:
    def __ init __(self,x):
    self. x = x;
    print("createdemo... ",self. x)
    def __ del __(self):
print("deldemo.... ",self. x)
d1 = Demo(1)
d2 = Demo(2)
d3 = Demo(3)
del  d3
```

• __ add __:加运算

```
class  Vector:
    def __ init __(self,a,b):
        self. a = a
        self. b = b
    def __ str __(self):
        return'Vector(% d,% d)'% (self. a,self. b)
    def  __ add __(self,other):
        return Vector(self. a + other. a,self. b + other. b)
    v1 = Vector(2,10)
v2 = Vector(5, -2)
print(v1 + v2)
```

```
#以上代码执行结果如下所示:
#Vector(7,8)
```

二、属性和方法

property( ) 函数的作用是在新式类中返回属性值

```
* '''classproperty([fget[,fset[,fdel[,doc]]]])'''
* fget -- 获取属性值的函数
* fset -- 设置属性值的函数（可选）
* fdel -- 删除属性值函数（可选）
* doc -- 属性描述信息（可选）
#定义一个矩形类，假设有一个 size 特性访问器方法
class Rectangle:
    def __init__(self):
        self.width = 0
        self.height = 0
    def setSize(self,size):
        self.width,self.height = size
    def getSize(self):
        return   self.width,self.height
#测试
rt = Rectangle()
#rt.width = 100
#rt.height = 50
rt.setSize((200,100))#赋值
print(rt.getSize())#(200,100)
```

- 对应上面的实例:

```
    class Rectangle:
    def __init__(self):
        self.width = 0
        self.height = 0
    def   setSize(self,size):
        self.width,self.height = size
    def   getSize(self):
        return   self.width,self.height
        size = property(getSize,setSize,fdel)
    rt = Rectangle()
    #rt.width = 100
    #rt.height = 50
    rt.setSize((200,100))
```

```
    print(rt. getSize())
rt. size = 10,5
print(rt. size)
```

三、静态方法和类成员方法（区别是有无带参数）

使用 staticmethod（）和 classmethod（）函数或使用@ staticmethod 和@ classmethod 装饰器。

```
class  MyClass1:
    def  smeth():
        print('这是一个静态方法')
        smeth = staticmethod(smeth)
    def  cmeth(cls):
        print("这是一个类成员方法",cls)
        cmeth = classmethod(cmeth)
    MyClass1. smeth()
    MyClass1. cmeth()
#或使用使用@ staticmethod 和@ classmethod 装饰器
class MyClass2:
    @ staticmethod
    def smeth():
    print('这是一个静态方法')
    @ classmethod
    def cmeth(cls):
    print("这是一个类成员方法",cls)
MyClass2. smeth()
MyClass2. cmeth()
```

使用 hasattr()函数判读对象中是否存在指定的非私有属性和方法：

```
class B:
name = "zhangsan"
__ age = 20
def bb(self):
print("bbbbb")
def __ cc(self):
print("cccc")
b = B()
print(hasattr(b,"name"))#True
print(hasattr(b,"__ age"))#False
print(hasattr(b,"sex"))#False
print(hasattr(b,"bb"))#True
```

```
print(hasattr(b,"__cc"))#False
print()
```

四、迭代器

指定数据创建迭代器（使用 iter() 和 next()）

```
x=[1,2,3]#定义一个列表：<class'list'>
y=iter(x)#创建一个可迭代对象：<class'list_iterator'>
#print(next(y))#1
#print(next(y))#2
#print(next(y))#3
#print(next(y))#迭代结束会后返回异常 StopIteration 错误
for i in y:
    print(i,end="")
print()
#123
```

• 迭代对象：定义魔术方法：__next__()和__iter__()

```
class A:
def __init__(self):
    self.x=0
def __next__(self):
    self.x+=1
    if self.x>10:
        raise StopIteration
return self.x
def __iter__(self):
    return self
a=A()
print(list(a))
#for i in a:
#print(i)
#[1,2,3,4,5,6,7,8,9,10]
```

第五节　Python 模块

一、什么是 Python 模块

Python 模块（Module），是一个 Python 文件，以 .py 结尾，包含了 Python 对象定义和 Python 语句。模块让你能够有逻辑地组织你的 Python 代码段。把相关的代码分配到一个模块里能让你的代码更好用，更易懂。模块能定义函数、类和变量，模块里也能包含可执行的代码。模块是一系列常用功能的集合体，一个 py 文件就是一个模块。为什么要使用模块？

（1）从文件级别组织程序，更方便管理。随着程序的发展，功能越来越多，为了方便管理，我们通常将程序分成一个个的文件，这样做程序的结构更清晰，方便管理。这时我们不仅仅可以把这些文件当做脚本去执行，还可以把他们当做模块来导入到其他的模块中，实现了功能的重复利用

（2）拿来主义，提升开发效率。同样的原理，我们也可以下载别人写好的模块然后导入到自己的项目中使用，这种拿来主义，可以极大地提升我们的开发效率，避免重复造轮子。

Python 模块的导入

1. import 语句。

想使用 Python 源文件，只需在另一个源文件里执行 import 语句，语法如下：

import module1[,module2[,... moduleN]

举例：

```
import random
random.choice([0,1,2,3,4,5])#随机从列表中获取一个
random.randrange(1,10)#1 ~9 随机一个
import time
#格式化成 2020 -03 -2011:45:39 形式
print(time.strftime("%Y -%m -%d%H:%M:%S",time.localtime()))
```

2. from...import 语句。

Python 的 from 语句让你从模块中导入一个指定的部分到当前命名空间中，语法如下：

from modname import name1[,name2[,... nameN]]

举例：

```
from time import strftime,localtime
#格式化成 2020 -03 -2011:45:39 形式
print(strftime("%Y -%m -%d%H:%M:%S",localtime()))
```

3. 第三方模块的安装。

使用 pip 命令安装

Pip install 模块名

Pip uninstall 模块名

Pip freeze -- 查看都安装了哪些模块名

whl 下载安装的方式

网址：https：//www. lfd. uci. edu/ ~gohlke/pythonlibs/下载

安装：pip install 文件包名

直接复制的方式

anaconda

二、自定义 Python 模块

自定义模块（也就是私人订制），在 Python 中，一个 . py 文件就是一个模块，程序复杂

的情况下，将代码做成一个个模块，然后调用，就能把大问题分解成一个个小问题。换句话说，只要是Python程序，都可以作为模块导入。使用模块还可以避免函数名和变量名冲突。相同名字的函数和变量完全可以分别存在不同的模块中，因此，我们自己在编写模块时，不必考虑名字会与其他模块冲突。为自定义模块添加说明文档，和函数或类的添加方法相同，即只需在模块开头的位置定义一个字符串即可。

第六节 MySQL数据库

一、MySQL简介

MySQL是最流行的RDBMS（Relational Database Management System：关系数据库管理系统），特别是在WEB应用方面。数据库（DataBase）是按照数据结构来组织、存储和管理数据的仓库，每个数据库都有一个或多个不同的API用于创建、访问、管理、搜索和复制所保存的数据。

所谓的关系型数据库，是建立在关系模型基础上的数据库，借助于集合代数等数学概念和方法来处理数据库中的数据。RDBMS即关系数据库管理系统（Relational Database Management System）的特点：

（1）数据以表格的形式出现。

（2）每行为各种记录名称。

（3）每列为记录名称所对应的数据域。

（4）许多的行和列组成一张表单。

（5）若干的表单组成database。

在我们开始学习MySQL数据库前，让我们先了解下RDBMS的一些术语：

数据库：数据库是一些关联表的集合。

数据表：表是数据的矩阵。在一个数据库中的表看起来像一个简单的电子表格。

列：一列（数据元素）包含了相同类型的数据，例如邮政编码的数据。

行：一行（=元组，或记录）是一组相关的数据，例如一条用户订阅的数据。

冗余：存储两倍数据，冗余降低了性能，但提高了数据的安全性。

主键：主键是唯一的。一个数据表中只能包含一个主键。你可以使用主键来查询数据。

外键：外键用于关联两个表。

复合键：复合键（组合键）将多个列作为一个索引键，一般用于复合索引。

索引：使用索引可快速访问数据库表中的特定信息。索引是对数据库表中一列或多列的值进行排序的一种结构。类似于书籍的目录。

参照完整性：参照的完整性要求关系中不允许引用不存在的实体。与实体完整性是关系模型必须满足的完整性约束条件，目的是保证数据的一致性。

二、SQL简介

SQL：结构化查询语言（Structured Query Language）简称SQL，是最重要的关系数据库操作语言。

有上百种数据库产品都支持 SQL，如：MySQL、DB2、ORACLE、INGRES、SYBASE、SQLSERVER...

结构化查询语言包含六个部分：

(1) 数据查询语言（DQL：Data Query Language）：SELECT。

(2) 数据操作语言（DML：Data Manipulation Language）：INSERT、UPDATE 和 DELETE。

(3) 事务处理语言（TPL）：BEGIN TRANSACTION，COMMIT 和 ROLLBACK。

(4) 数据控制语言（DCL）：GRANT（授权）或 REVOKE（回收权限）。

(5) 数据定义语言（DDL）：CREATE、ALTER 和 DROP。

(6) 指针控制语言（CCL）：DECLARE CURSOR、FETCH INTO 和 UPDATE WHERE CURRENT 用于对一个或多个表单独行的操作。

在本节中，会让大家快速掌握 MySQL 的基本知识，并轻松使用 MySQL 数据库。

三、MySQL 数据库的安装

在进行 MySQL 数据库的安装时我们优先考虑一个相对简单的安装方法 WampServer 安装法。WampServer 是一款由法国人开发的 Apache Web 服务器、PHP 解释器以及 MySQL 数据库的整合软件包。免去了开发人员将时间花费在烦琐的配置环境过程，从而腾出更多精力去做开发。WampServer 就是 Windows Apache Mysql PHP 集成安装环境，即在 window 下的 apache、php 和 MySQL 的服务器软件。

下载 WampServer，官网：http：//www. wampserver. com。

打开直接安装。安装完成后会出现：

意思就是让你选择默认的文件浏览器，一般它直接给你打开到了 C：\ Windows 目录下，直接点打开就可以。安装完成后进行语言的选择与启动服务。菜单如图 8－1 所示。

WampServler 有三种状态：

服务器关闭状态，颜色为红色；

服务器开启，但是为离线状态，颜色为橙色；

服务器开启，在线状态，颜色为绿色；

图 8－1　WampServler 菜单

如果服务器在离线，需要左击图标 - 切换到在线状态。

MySQL 的默认密码为空，为了安全需要给它设置一个密码。

四、MySQL 数据库基础

安装完 WampServer 后，就开始学习 MySQL 数据库。phpMyAdmin 是众多 MySQL 图形化管理工具中使用最为广泛的一种，是一款使用 PHP 开发的基于 B/S 模式的 MySQL 客户端软件，它能够创建和删除数据库，创建/删除/修改表格，删除/编辑/新增字段，执行 SQL 脚本等，使 MySQL 数据库的管理就会变得相当简单。该工具是基于 Web 跨平台的管理程序，并且支持简体中文，用户可以在官网上下载最新版本的。

phpMyAdmin 为 Web 开发人员提供了类似 Access，SQL Server 的图形化数据库操作界面，通过该管理工具可以对 MySQL 进行各种操作，如何创建数据库，数据表和生成 MySQL 数据库脚本文件等。针对非计算机专业的同学建议学习 phpMyAdmin 平台，学会对于数据库的创建与数据表的创建即可，有兴趣的可进一步参考相关资料进行学习 SQL 相关的知识。

在浏览器的地址栏中输入：localhost/phpMyAdmin/，回车，就可以进入 phpMyAdmin 主界面了，如图 8 - 2 所示。接下来就可以进行 MySQL 数据库的操作了。

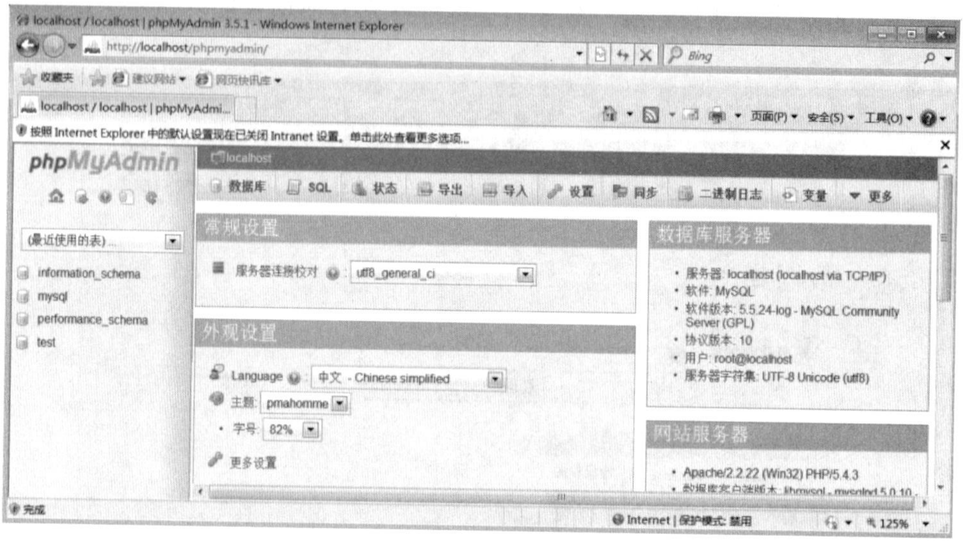

图 8 - 2 phpMyAdmin 主界面

（一）创建数据库

如图 8 - 3 所示，在 phpMyAdmin 的主界面中，可以看见有“语言 - languange”的下拉框，我们可以在下拉框中选择“中文 - Chinese simplified”选项，上方有个“服务器连接校对”我们一般会选择 utf8_general_ci 简体中文编码格式，防止出现乱码的情况。

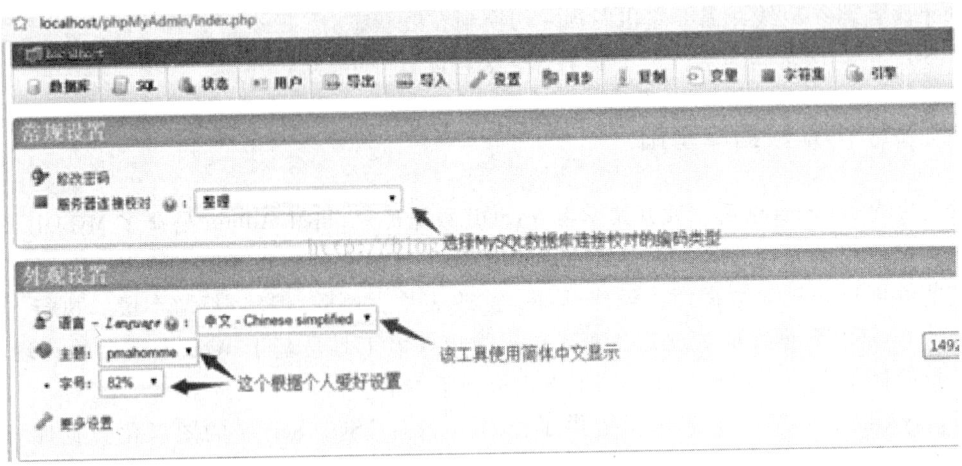

图 8－3　主界面设置

当上面的设置好了，下面我开始创建数据库，点击左上方的数据库就会出现下面的界面：

然后在文本框中输入自己的数据库名字，我们这里是“ph. cn”，虽然我们在一开始就设置过了这个编码格式，但是为了防止万一出现乱码，我们可以在这里再次选择“utf8_general_ci”，然后点击创建按钮之后在左侧栏就可以看见你创建的数据库了，如图 8－4 所示。

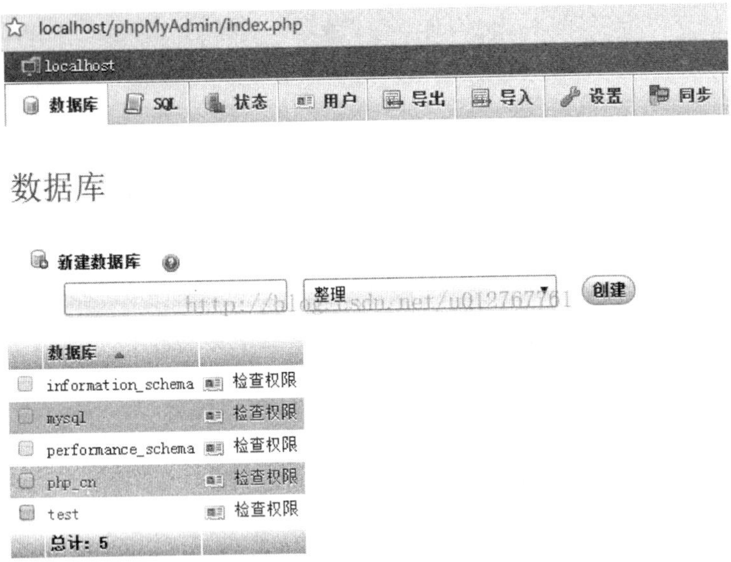

图 8－4　数据库

（二）修改数据库

在数据库管理界面选择要修改的数据库文件，有个“操作”按钮，点击进入修改操作数据库的页面。进入修改页面左上方可以对当前数据库执行创建数据表的操作，在创建数据表提示信息下的两个文本框中分别输入要创建的数据表名字和字段总数，点击“执行”按钮，就进入创建数据表结构页面。在进入修改页面的右上方可以对数据库重命名，在“将数据库改名为:”的文本框中输入新的数据库名字，单击“执行”就可以修改数据库名成功，如图 8－5 所示。

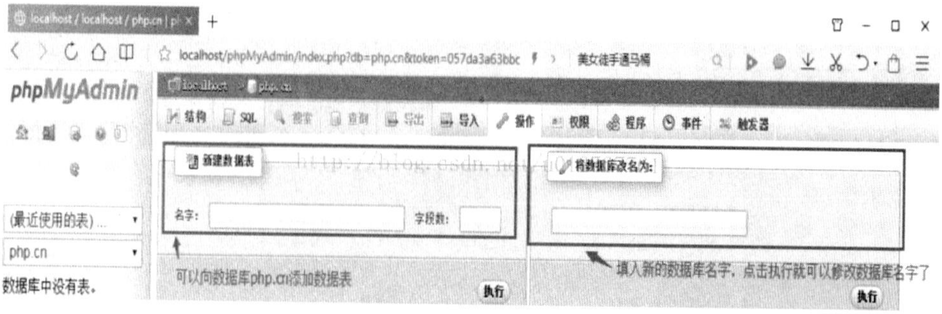

图 8－5 修改页面

（三）删除数据库

同样是点击“操作”按钮进入修改页面，在“新建数据表”的正下面就是删除数据库，点击就可以删除数据库，如图 8－6 所示。

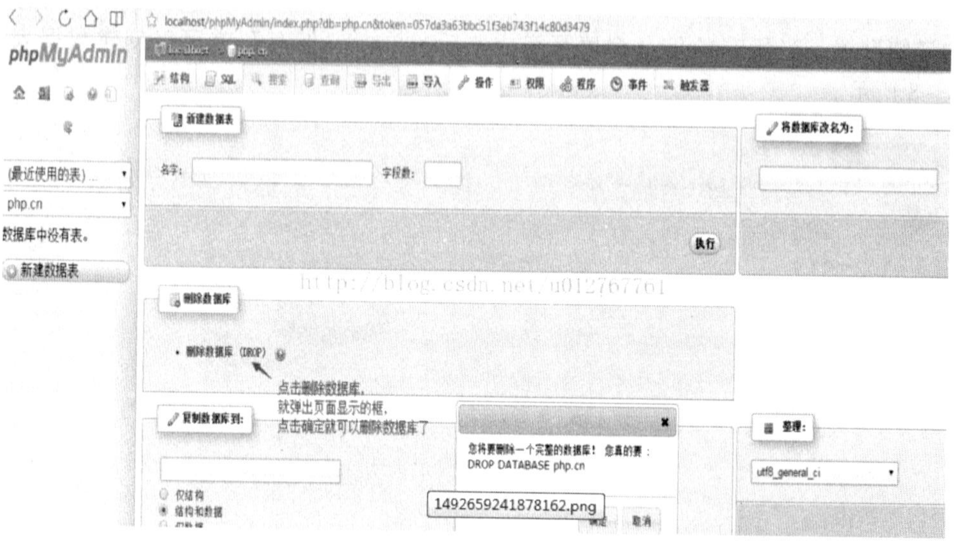

图 8－6 删除数据库页面

注意：

数据库在我们日常开发中是非常重要的，里面有很多数据，如果要删除一定要谨慎，一旦删除就不可恢复，建议再删除之前先备份数据库！

五、数据表的操作

操作数据表是以选择指定的数据库为前提，然后在该数据库中创建并管理数据表。下面我们将详细介绍如何创建、修改以及删除数据表。

（一）创建数据表

下面我们使用用户的账户为例子，详细介绍数据表的创建方法。在创建 php. cn 数据库之后，点击 php. cn 数据库，在“新建数据表”下面的文本框中输入数据表的名称以及字段数，然后点击“执行”按钮，就可以创建数据表，如下图 8－7 所示。

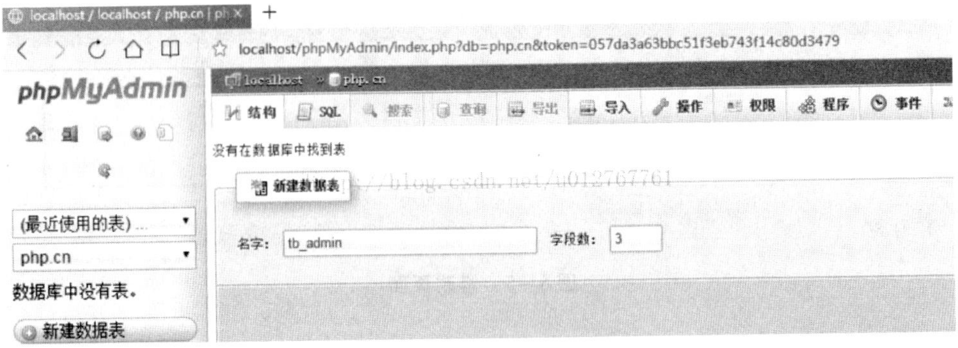

图 8－7　新建数据表页面

在成功创建数据表之后，将显示数据表结构的界面，在该界面的表单中输入各个字段的详细信息，包括字段名、数据类型、长度/值、编码格式、是否为空和主键等，以完成对表结构的详细设置，当所有的信息都填写完成之后，单击“保存”就可以创建数据表结构，如图 8－8 所示。

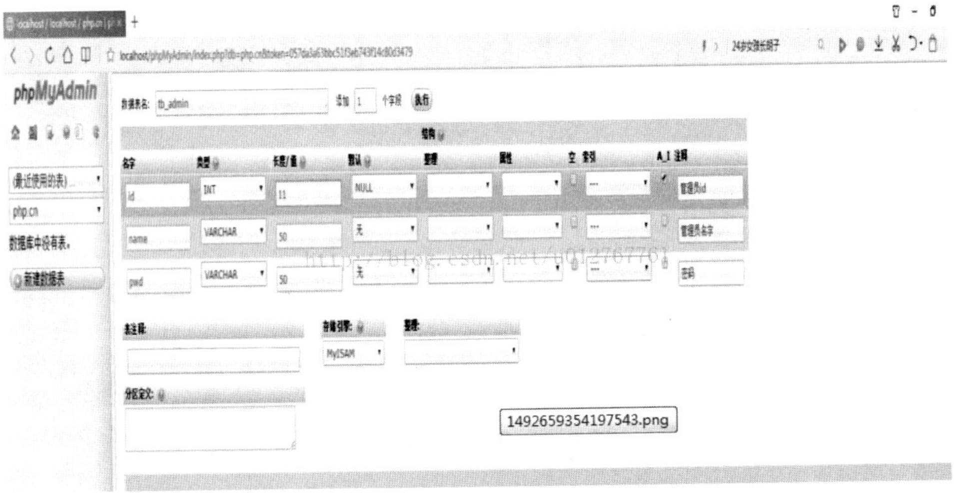

图 8－8　完成创建数据表

技巧：

点击“保存”按钮之后，单击“数据表表名字”，可以将数据表结构以横版显示，便于编辑结构！

（二）修改数据表

一个新的数据表创建后，进入到数据表结构页面中，在这里可以通过改变数据表的结构来修改表。可以执行添加列、删除列、索引列、修改列的数据类型或者字段的长度/值等操作，如图 8 -9 所示。

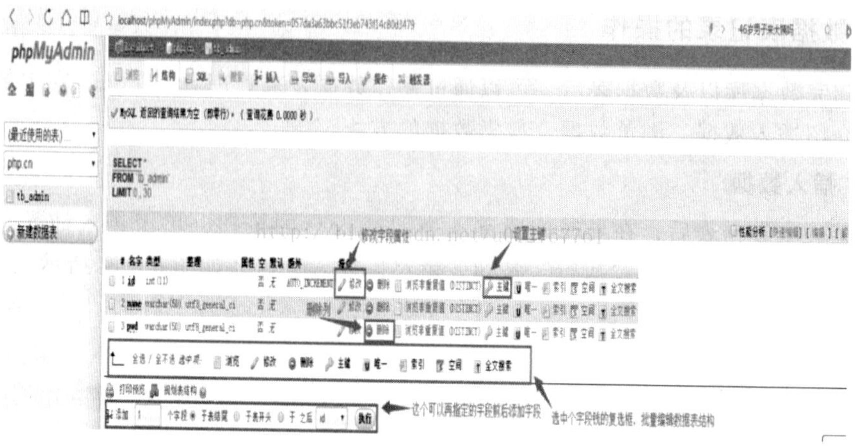

图 8 -9　数据表结构页面

（三）删除数据表

删除数据表跟数据库大同小异，点击数据表进入数据表结构页面中，再右上角有一个“操作按钮”，点击进入操作页面，在该页面有对表的排序修改，可以将表移至其他数据库中，也可以修改表选项以及表维护，在右下角有一个“删除数据或者数据表”，点击“删除数据表”就可以删除数据表了。如图 8 -10 所示。

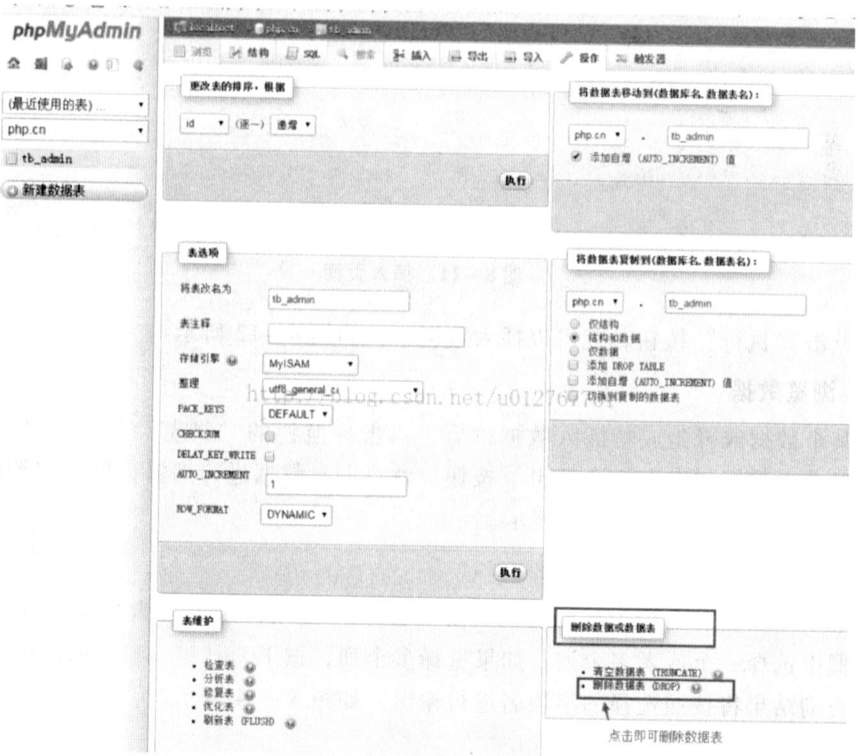

图 8 -10　删除数据表页面

六、数据表记录的操作

在创建完数据库以及数据表后，可以通过操作数据表来管理数据记录。在本节文章中我们将分别介绍插入数据、浏览数据、搜索数据的方法。

（一）插入数据

选择某一个数据表后，在导航位置有一个“插入”的按钮，单击进入插入页面，在页面中输入各个字段值，单击“执行”按钮，就可以插入数据，如图 8－11 所示。

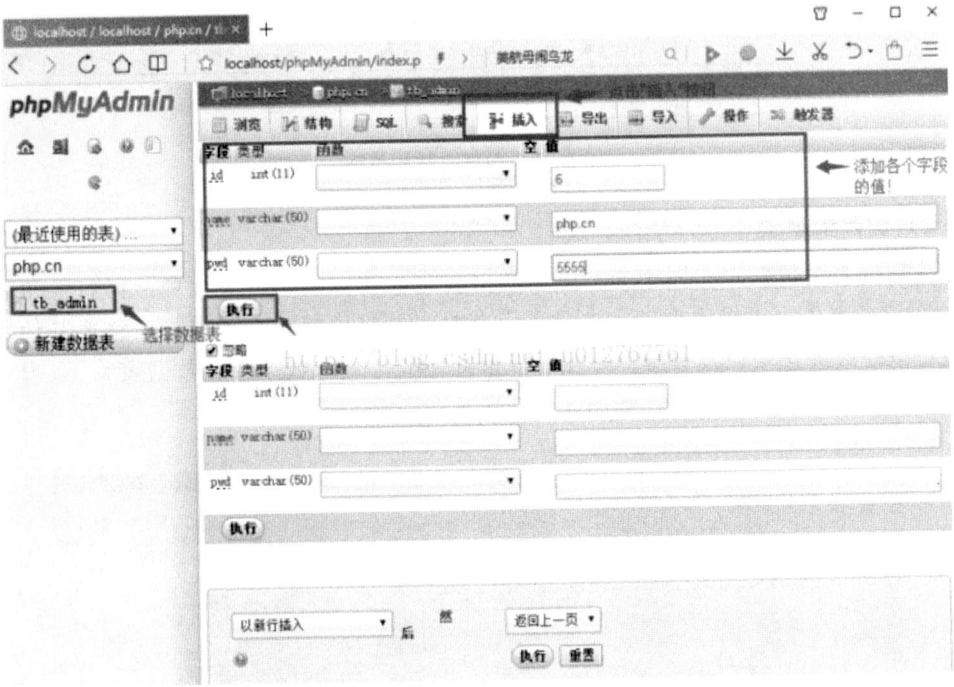

图 8－11　插入页面

最后点击“执行”按钮，就可以插入数据了，如图 8－12 所示。

（二）浏览数据

选择某个数据或者是成功插入数据以后，点击导航栏的“浏览”按钮，进入数据展示页面，可以单击数据列表中的“编辑”按钮，就可以对数据进行编辑，单击“删除”按钮，就可以删除该条记录。如图 8－13 所示。

（三）搜索数据

选择某一个数据表之后，在导航栏点击“搜索”按钮，进入搜索页面，可以在选择字段的列表框中选择一个或者多个列。如果选择多个列，按下 Ctrl 键，然后依次单击要选择的字段名，查询结果将按照选择的字段名进行输出，如图 8－14 所示。

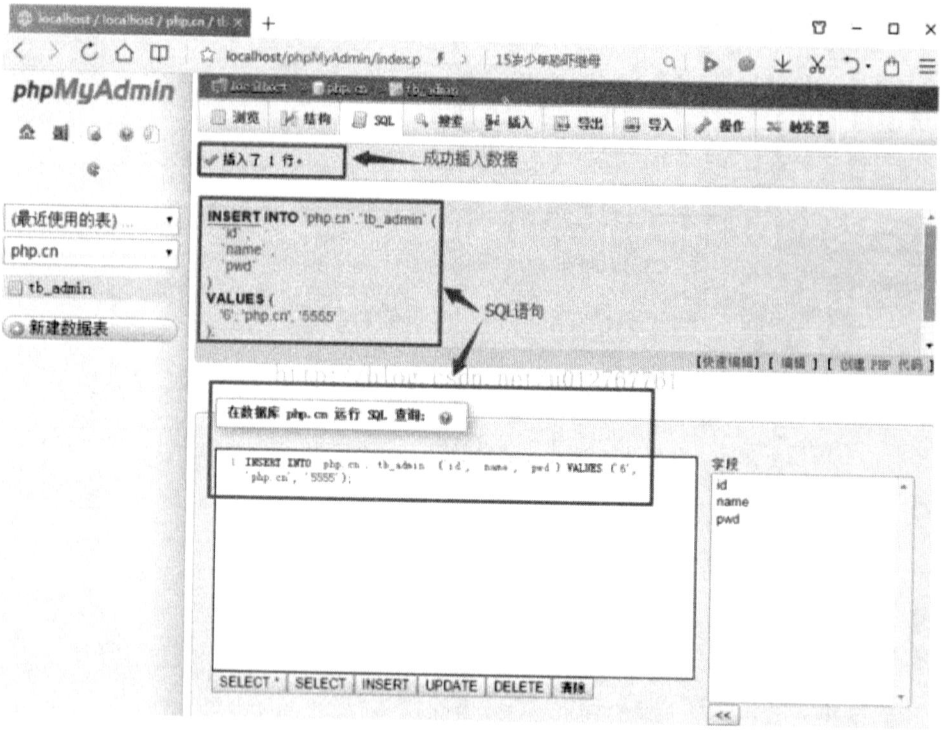

图 8－12　插入数据

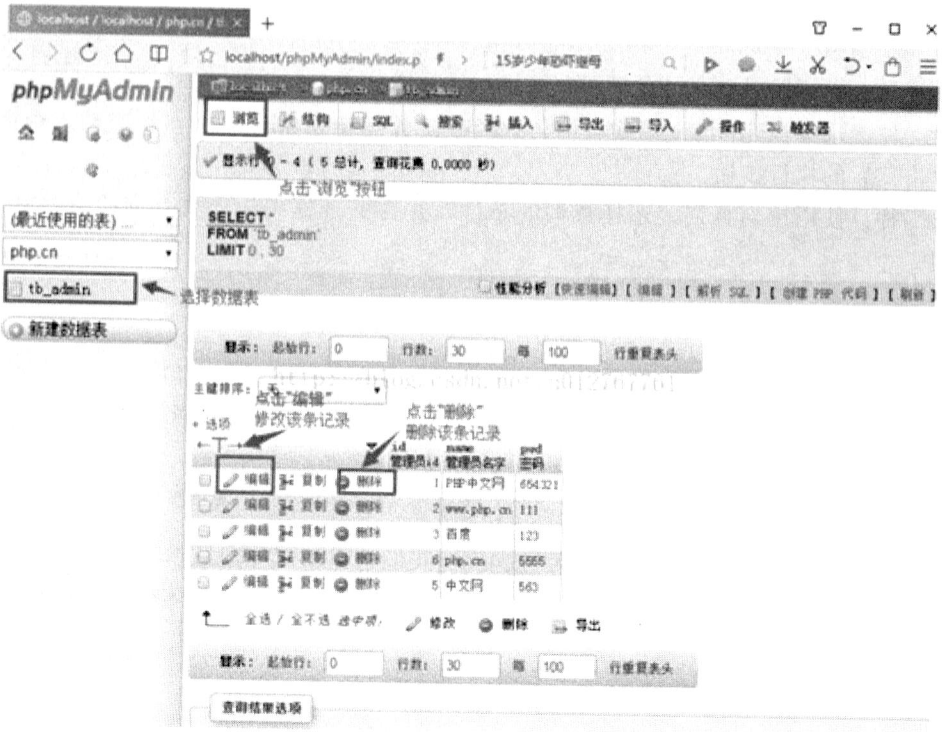

图 8－13　数据展示页面

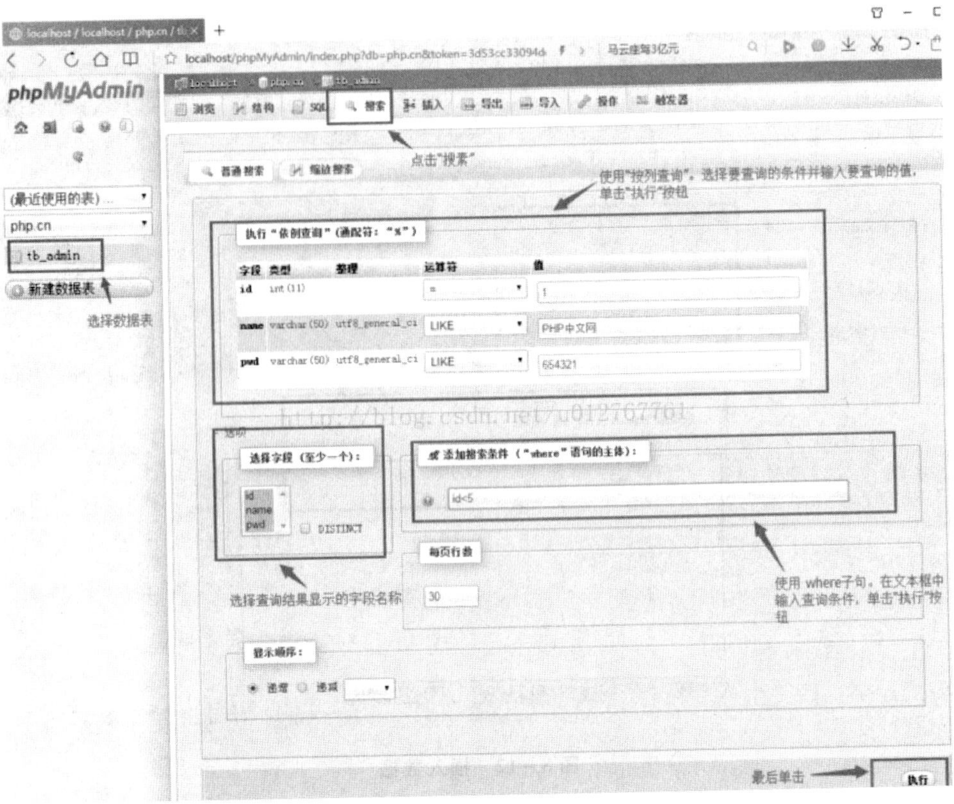

图 8 - 14　搜索页面

在该界面中可以对记录按条件进行查询，查询方式有两种：

第一种：选择构建 where 语句查询，直接在"添加搜索条件"文本框中输入查询语句，然后单击其后的执行按钮。

第二种：使用按列查询，选择查询的条件，并在文本框中输入要查询的值，单击"执行按钮"。

七、导入和导出数据表

导入和导出数据是互逆的两个操作，导入数据是通过扩展名为 sql 的文件导入到数据库中，导出数据是将数据表结构，表记录储存为 sql 的文件，可以通过导入导出实现数据库的备份和还原操作。下面我们将分别介绍导入导出的方法。

（一）导出数据表

首先，我们要选导出的数据表或者数据库，我们这里就以导出数据表为例子，选择好数据表之后，在导航栏中点击"导出"按钮，进入导出数据的页面，会有两个选择"快速"和"自定义"，如图 8 - 15 所示。

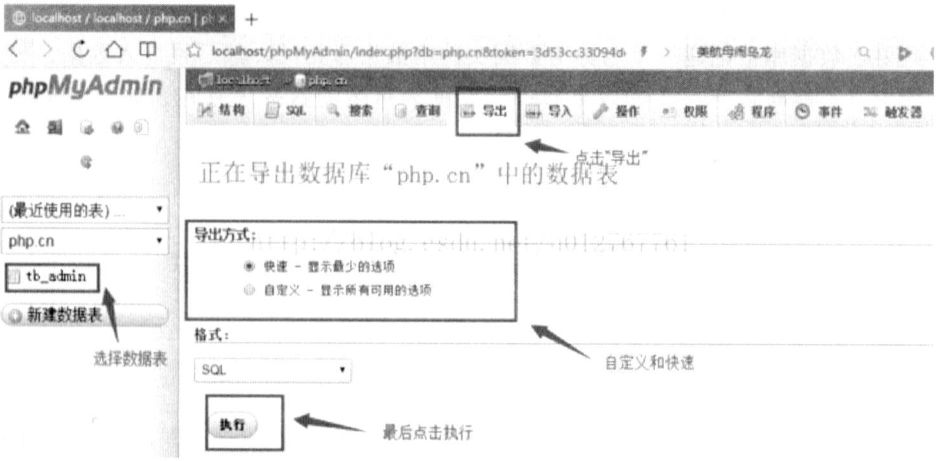

图 8-15 导出数据页面

我们正常都是直接选择快速，然后格式选择：SQL，最后点击执行，然后保存文件存放的位置。

（二）导入数据表

先选择数据库，然后在导航栏中点击“导入”的按钮，进入导入的页面，然后点击“选择文件”按钮，找到 . sql 文件的位置，导入文件格式为 SQL，点击“执行”按钮，就可以将数据表导入到数据库中，如图 8-16 所示。

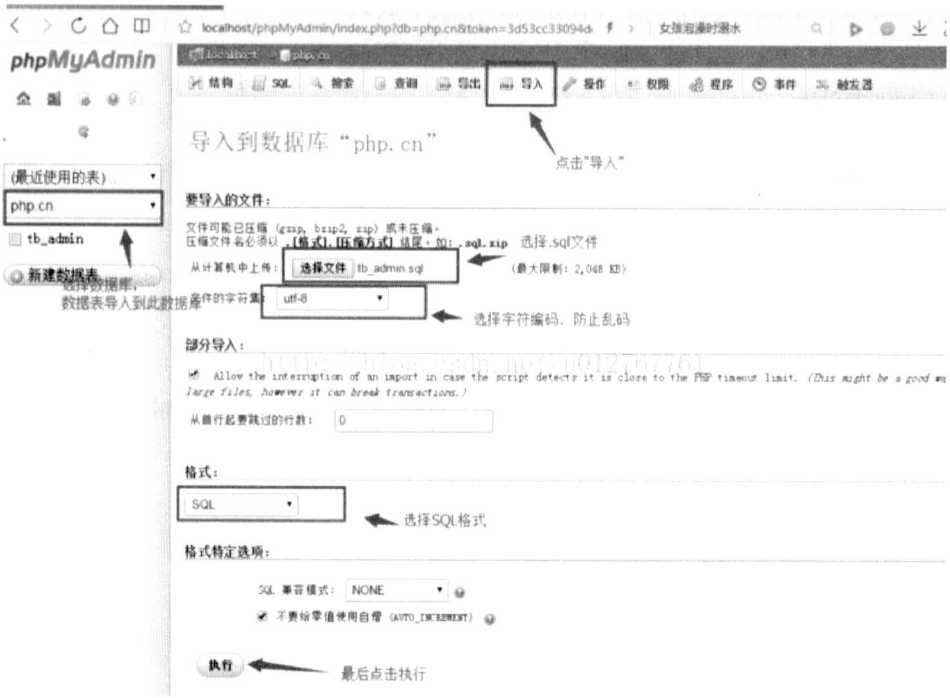

图 8-16 导入数据页面

注意：在导入文件前，首先确保数据库中存在与导入数据库同名的数据库，如果没有同名的，则要在数据库中创建一个名称与数据文件中数据库相同，然后再导入数据，另外，当前数据库中，不能与将要导入的数据库中的数据表重名的数据表存在，如果有重名的表存在，导入文件就会失败，并且提示错误信息。

第七节　Python3MySQL 数据库连接

一、什么是 PyMySQL

PyMySQL 是在 Python3. x 版本中用于连接 MySQL 服务器的一个库，Python2 中则使用 mysqldb。PyMySQL 遵循 Python 数据库 APIv2. 0 规范，并包含了 pure – PythonMySQL 客户端库。

（一）PyMySQL 安装

在使用 PyMySQL 之前，我们需要确保 PyMySQL 已安装。

PyMySQL 下载地址：https：//github. com/PyMySQL/PyMySQL。

如果还未安装，我们可以使用以下命令安装最新版的 PyMySQL：

使用 pip 命令进行安装：

```
$pip install PyMySQL
```

使用 git 命令下载安装包安装（你也可以手动下载）：

```
$git clone https：//github. com/PyMySQL/PyMySQL
$cd PyMySQL/
$python3 setup. py install
```

（二）数据库连接

通过如下代码测试数据库连接

```
#! /usr/bin/python3
import pymysql
#打开数据库连接，连接数据库名为 mydb
db = pymysql. connect （host = " localhost"， user = " root"， password = ""， db = " mydb"， charset = " utf8"）
#使用 cursor（）方法创建一个游标对象 cursor
cursor = db. cursor（）
#使用 execute（）方法执行 SQL 查询
cursor. execute（" SELECT VERSION（）"）
#使用 fetchone（）方法获取单条数据.
data = cursor. fetchone（）
print（" Database version:% s" % data）
#关闭数据库连接
```

```
db. close ( )
```

实例:

以下实例链接 Mysql 的 TESTDB 数据库:

```
#! /usr/bin/python3
import pymysql
#打开数据库连接
db = pymysql. connect (" localhost"," testuser"," test123"," TESTDB" )
#使用 cursor ( ) 方法创建一个游标对象 cursor
cursor = db. cursor ( )
#使用 execute ( )  方法执行 SQL 查询
cursor. execute (" SELECT VERSION ( )")
#使用 fetchone ( ) 方法获取单条数据.
data = cursor. fetchone ( )
print (" Database version : %s " % data)
#关闭数据库连接
db. close ( )
```

执行以上脚本输出结果如下:

```
Database version : 5. 5. 20 - log
```

二、数据库表的操作

(一) 创建数据库表

如果数据库连接存在我们可以使用 execute ( ) 方法来为数据库创建表，如下所示创建表 EMPLOYEE:

```
#! /usr/bin/python3
import pymysql
#打开数据库连接
db = pymysql. connect("localhost","testuser","test123","TESTDB" )
#使用 cursor() 方法创建一个游标对象 cursor
cursor = db. cursor()
#使用 execute() 方法执行 SQL,如果表存在则删除
cursor. execute("DROP TABLE IF EXISTS EMPLOYEE")
#使用预处理语句创建表
sql = """CREATE TABLE EMPLOYEE (
         FIRST_NAME  CHAR(20) NOT NULL,
         LAST_NAME  CHAR(20),
         AGE INT,
         SEX CHAR(1),
         INCOME FLOAT )"""
```

```
cursor.execute(sql)
#关闭数据库连接
db.close()
```

（二）数据库插入操作

以下实例使用执行 SQL INSERT 语句向表 EMPLOYEE 插入记录：

```
#!/usr/bin/python3
import pymysql
#打开数据库连接
db = pymysql.connect("localhost","testuser","test123","TESTDB" )
#使用 cursor()方法获取操作游标
cursor = db.cursor()
# SQL 插入语句
sql = """INSERT INTO EMPLOYEE(FIRST_NAME,
         LAST_NAME, AGE, SEX, INCOME)
         VALUES ('Mac', 'Mohan', 20, 'M', 2000)"""
try:
   #执行 sql 语句
   cursor.execute(sql)
   #提交到数据库执行
   db.commit()
except:
   #如果发生错误则回滚
   db.rollback()
#关闭数据库连接
db.close()
```

以上例子也可以写成如下形式：

```
#!/usr/bin/python3
import pymysql
#打开数据库连接
db = pymysql.connect("localhost","testuser","test123","TESTDB" )
#使用 cursor()方法获取操作游标
cursor = db.cursor()
# SQL 插入语句
sql = "INSERT INTO EMPLOYEE(FIRST_NAME, \
       LAST_NAME, AGE, SEX, INCOME) \
       VALUES ('%s', '%s',  %s,  '%s',  %s)" % \
       ('Mac', 'Mohan', 20, 'M', 2000)
try:
```

```
    #执行 sql 语句
    cursor.execute(sql)
    #执行 sql 语句
    db.commit()
except:
    #发生错误时回滚
    db.rollback()
#关闭数据库连接
db.close()
```

（三）数据库查询操作

Python 查询 Mysql 使用 fetchone() 方法获取单条数据，使用 fetchall() 方法获取多条数据。

fetchone()：该方法获取下一个查询结果集。结果集是一个对象。

fetchall()：接收全部的返回结果行。

rowcount：这是一个只读属性，并返回执行 execute() 方法后影响的行数。

实例：

查询 EMPLOYEE 表中 salary（工资）字段大于 1000 的所有数据：

```
#! /usr/bin/python3
import pymysql
#打开数据库连接
db = pymysql.connect("localhost","testuser","test123","TESTDB" )
#使用 cursor()方法获取操作游标
cursor = db.cursor()
# SQL 查询语句
sql = "SELECT * FROM EMPLOYEE \
        WHERE INCOME > %s" % (1000)
try:
    #执行 SQL 语句
    cursor.execute(sql)
    #获取所有记录列表
    results = cursor.fetchall()
    for row in results:
        fname = row[0]
        lname = row[1]
        age = row[2]
        sex = row[3]
        income = row[4]
        #打印结果
        print ("fname = %s,lname = %s,age = %s,sex = %s,income = %s" % \
```

```
            (fname, lname, age, sex, income ))
except:
    print ("Error: unable to fetch data")
#关闭数据库连接
db. close()
```

（四）数据库更新操作

更新操作用于更新数据表的的数据，以下实例将 TESTDB 表中 SEX 为 'M' 的 AGE 字段递增 1：

```
#! /usr/bin/python3
 import pymysql
 #打开数据库连接
db = pymysql. connect("localhost","testuser","test123","TESTDB" )
 #使用 cursor()方法获取操作游标
cursor = db. cursor()
 # SQL 更新语句
sql = "UPDATE EMPLOYEE SET AGE = AGE + 1 WHERE SEX = '%c'" % ('M')
try:
    #执行 SQL 语句
    cursor. execute(sql)
    #提交到数据库执行
    db. commit()
except:
    #发生错误时回滚
    db. rollback()
#关闭数据库连接
db. close()
```

（五）删除操作

删除操作用于删除数据表中的数据，以下实例演示了删除数据表 EMPLOYEE 中 AGE 大于 20 的所有数据：

```
#! /usr/bin/python3
 import pymysql
 #打开数据库连接
db = pymysql. connect("localhost","testuser","test123","TESTDB" )
 #使用 cursor()方法获取操作游标
cursor = db. cursor()
 # SQL 删除语句
sql = "DELETE FROM EMPLOYEE WHERE AGE > %s" % (20)
try:
```

```
    #执行 SQL 语句
    cursor.execute(sql)
    #提交修改
    db.commit()
except:
    #发生错误时回滚
    db.rollback()
#关闭连接
db.close()
```

（六）执行事务

事务机制可以确保数据一致性。

事务应该具有四个属性：原子性、一致性、隔离性、持久性。这四个属性通常称为 ACID 特性。

1. 原子性（atomicity）。一个事务是一个不可分割的工作单位，事务中包括的诸多操作要么都做，要么都不做。

2. 一致性（consistency）。事务必须是使数据库从一个一致性状态变到另一个一致性状态。一致性与原子性是密切相关的。

3. 隔离性（isolation）。一个事务的执行不能被其他事务干扰。即一个事务内部的操作及使用的数据对并发的其他事务是隔离的，并发执行的各个事务之间不能互相干扰。

4. 持久性（durability）。持续性也称永久性（permanence），指一个事务一旦提交，它对数据库中数据的改变就应该是永久性的。接下来的其他操作或故障不应该对其有任何影响。

Python DB API 2.0 的事务提供了两个方法 commit 或 rollback。

实例：

```
# SQL 删除记录语句
sql = "DELETE FROM EMPLOYEE WHERE AGE > %s" % (20)
try:
    #执行 SQL 语句
    cursor.execute(sql)
    #向数据库提交
    db.commit()
except:
    #发生错误时回滚
    db.rollback()
```

对于支持事务的数据库，在 Python 数据库编程中，当游标建立之时，就自动开始了一个隐形的数据库事务。

commit() 方法游标的所有更新操作，rollback() 方法回滚当前游标的所有操作。每一个方法都开始了一个新的事务。

（七）错误处理

DB API 中定义了一些数据库操作错误及异常，表 8 - 1 列出了这些错误和异常。

表 8 - 1　　数据库操作错误及异常

异常	描述
Warning	当有严重警告时触发，例如插入数据是被截断等等。必须是 StandardError 的子类。
Error	警告以外所有其他错误类。必须是 StandardError 的子类。
InterfaceError	当有数据库接口模块本身的错误（而不是数据库的错误）发生时触发。必须是 Error 的子类。
DatabaseError	和数据库有关的错误发生时触发。必须是 Error 的子类。
DataError	当有数据处理时的错误发生时触发，例如：除零错误，数据超范围等等。必须是 DatabaseError 的子类。
OperationalError	指非用户控制的，而是操作数据库时发生的错误。例如：连接意外断开、数据库名未找到、事务处理失败、内存分配错误等等操作数据库是发生的错误。必须是 DatabaseError 的子类。
IntegrityError	完整性相关的错误，例如外键检查失败等。必须是 DatabaseError 子类。
InternalError	数据库的内部错误，例如游标（cursor）失效了、事务同步失败等等。必须是 DatabaseError 子类。
ProgrammingError	程序错误，例如数据表（table）没找到或已存在、SQL 语句语法错误、参数数量错误等等。必须是 DatabaseError 的子类。
NotSupportedError	不支持错误，指使用了数据库不支持的函数或 API 等。例如在连接对象上使用 . rollback（）函数，然而数据库并不支持事务或者事务已关闭。必须是 DatabaseError 的子类。

练习题

1. 静态属性和方法是否可以被继承和重写？为什么？
2. 请简述键值存储数据库的特点。
3. 请简述 redis 模块连接 Redis 数据库的步骤。
4. 简单介绍封装的定义和意义。
5. 定义一个包含私有属性的类，创建类的实例并访问私有属性。
6. 请简述 pymsql 库访问 MySQL 数据库的步骤。
7. 简单列举一个日常生活中多继承的事例。
8. 简述 pymongo 模块访问 MongoDB 数据库的步骤。
9. 简单说明类和对象的概念。
10. 简述类方法和静态方法的区别。
11. 根据下列要求，写出类的框架：定义一个包含描述车轮数量的属性 wheels、描述开车方式的方法 drive（）和一个描述停车方式的方法 stop（）的汽车类 Car。
12. 简述类方法和实例方法的区别。
13. 定义一个基类与一个派生类，并在派生类中重写基类中的方法。
14. 简单介绍面向对象编程思想的三大特征。
15. 简述静态方法与实例方法的区别。

第九章　Python NumPy 库

NumPy 是 Numerical Python 的缩写，它是一个开源的 Python 科学计算库。Python NumPy 的强大源于它对数组（矩阵）的支持，NumPy 数组不仅可以是任意维度的，而且能容纳大量的数据。NumPy 内置了对数组的各种数学运算，包括排序、变形、展平、转置、轴对换、拼接、分割、去重、检索、傅里叶变换、随机数生成等。NumPy 在底层使用了 C/C + + 代码，所以它是非常快速的。

NumPy 通常与 SciPy 科学计算库和 Matplotlib 绘图库一起使用，这种组合能够创建一个强大的科学计算环境，广泛用于替代 MatLab，让大家通过 Python 能够学习数据分析、大数据或者人工智能。SciPy 是一个开源的 Python 数学工具包，它建立在 NumPy 基础上，增加了很多数学计算功能，例如插值、积分、最优化、统计、线性代数、傅里叶变换、图像处理和常微分方程求解等。Matplotlib 库是专门用于开发 2D 图表的，是 Python2D 绘图领域使用最广泛的套件，它能让使用者很轻松地将数据图形化，并且提供多样化的输出格式。通俗地讲，Matplotlib 用来将 NumPy 的数据以图表的方式展示出来。

本章将简单介绍 Python NumPy，将教给你 NumPy 的基本使用，主要是数组的创建、数学计算以及各种变换。

本章内容

1. Python NumPy 库简介、安装与测试
2. Python SciPy 安装与测试
3. NumPy 数组的创建与使用
4. NumPy 数组的运算
5. NumPy ufunc 通用函数
6. NumPy 实例：地震数据的统计分析

学习寄语

自然科学规律通常用各种类型的数学方程式表达，科学计算的目的就是寻找这些方程式的数值解。这种计算涉及庞大的运算量，简单的计算工具难以胜任。在计算机出现之前，科学研究和工程设计主要依靠实验或试验提供数据，计算仅处于辅助地位。计算机的迅速发展，使越来越多的复杂计算成为可能。利用计算机进行科学计算带来了巨大的经济效益，同时也使科学技术本身发生了根本变化：传统的科学技术只包括理论和试验两个组成部分，使

用计算机后，计算已成为同等重要的第三个组成部分。

第一节 Python NumPy 库简介

NumPy（Numerical Python）是一个开源的 Python 科学计算库，它是一个由多维数组对象和用于处理数组的例程集合组成的库。

一、Python NumPy 的基本功能

1. 提供了一个具有矢量算术运算和复杂广播功能的快速且节省空间的多维数组对象 ndarray。

2. 用于对数组执行元素级计算以及直接对数组执行数学运算函数。

3. 用于读写硬盘上基于数组的数据集的工具，以及用于操作内存映射文件的工具。

4. 提供了线性代数、随机数生成以及傅里叶变换功能。

5. 用于集成由 C、C + + 、Fortran 等语言编写的代码的工具。

6. 在数据分析方面，NumPy 还可作为算法之间传递数据的容器。

二、在 Python 中使用 NumPy 的优势

1. 在数值计算时，使用 NumPy 能够直接对数组和矩阵进行操作，由此可以省略许多处理数值计算的循环语句。同时，由于 NumPy 拥有众多的数学函数，因此会让编写代码的工作轻松许多。而且 NumPy 的底层算法在设计时就有着优异的性能，并且经受住了时间的考验。

2. NumPy 中数组的存储效率和输入输出性能均远远优于 Python 中等价的基本数据结构（如嵌套的 list 容器），其能够提升的性能与数组中元素的数目成比例。对于大型数组的运算，使用 NumPy 有很大的优势。

3. 对于 TB 级的大文件，NumPy 使用内存映射文件来处理，以达到最优的数据读写性能。不过，NumPy 数组的通用性不及 Python 提供的 list 容器，因此在科学计算之外的领域，NumPy 的优势也就不那么明显了。

4. NumPy 的大部分代码都是用 C 语言编写的，这使 NumPy 比纯 Python 代码高效得多。NumPy 同样支持 C 语言的 API，并且允许在 C 源代码上做更多的功能拓展。

5. NumPy 通常与 SciPy（Scientific Python）和 Matplotlib（绘图库）一起使用，这种组合广泛用于替代 MATLAB，而 MATLAB 是一种流行的高级技术计算语言。

6. NumPy 是开源的库。

三、Python NumPy 的安装与测试

在安装 NumPy 之前，先要安装 Python。由于 NumPy 是 Python 环境中的一个独立模块，在 Python 的默认安装环境下是未安装 NumPy 的。

（一）测试 Python 环境中是否安装 NumPy

当 Python 安装完成后，在 Windows 操作系统下，按【Windows】+【R】键，进入 cmd 命

令窗口，输入“python”命令，按【Enter】键，进入 Python 命令窗口。

在 Python 命令窗口中输入“from numpy import *”命令，导入 NumPy 模块，如果在命令窗口中出现“Module Not Found Error：No module named‘numpy’”的错误提示，则需要安装 NumPy 软件包，否则表明已安装了 NumPy 软件包。

（二）Windows 操作系统下安装 NumPy 软件包的方法

1. 首先访问 https：//www. lfd. uci. edu/ ~ gohlke/pythonlibs/网址，然后，根据计算机上所安装的 Python 版本和操作系统版本来选择下载相应的 NumPy 软件包。例如，在 Windows（64 位）操作系统下安装了 Python3. 8，则选择下载 NumPy 软件包为 numpy - 1. 14. 5 + mkl - cp38 - cp38mwin_amd64. whl。

2. 将下载的软件包复制在 Python 安装目录的 Scripts 文件夹下，例如，Python3. 8 安装目录为 D：\ Python，则将下载的软件包复制到 D：\ Python \ Scripts 目录下。

3. 按【Windows】 + 【R】键，进入 cmd 命令窗口。

4. 在 cmd 命令窗口中输入。“pip install D：\ Python \ Scripts \ numpy - 1. 14. 5 + mkl - cp38 - cp38mwin_amd64. whl”命令，按【Enter】键，开始安装 NumPy 模块，安装界面如图 9 - 1 所示。

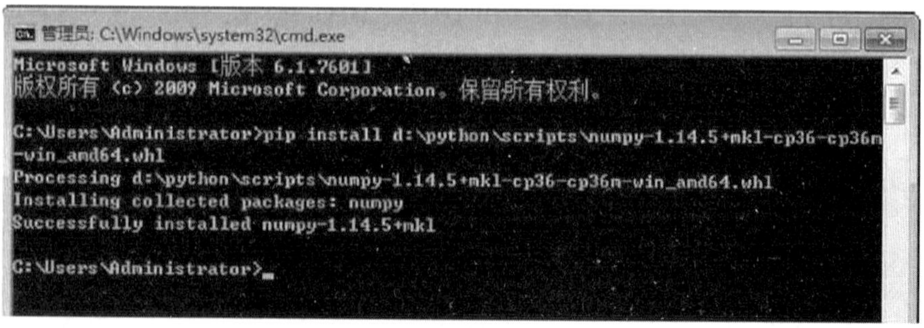

图 9 - 1 安装 NumPy 软件包

5. 安装成功就会提示“Successfully installed numpy - 1. 14. 5 + mkl”。

（三）PyCharm 安装 NumPy 方法

在 NumPy 软件包安装成功后，打开 PyCharm，选择“File→Settings→Project 当前项目名→Project Interpreter”，单击【Project Interpreter】栏的下拉列表按钮右边的设置按钮，将会弹出上下文菜单，选择“Add Local”菜单，则弹出创建虚拟环境对话框。

在该对话框中选择“Existing Environment”项，单击【Interpreter】栏的下拉列表，选择 D：/python/python. exe（即 Python 安装路径），单击【OK】按钮，加入安装好的 NumPy 软件包，单击【Apply】按钮，最后单击【OK】按钮。

四、Python SciPy 安装与测试

在 NumPy 库安装成功后，就可以安装 NumPy 的扩展——SciPy 库。SciPy 是世界著名的 Python 开源科学计算库，它建立在 NumPy 基础上，增加了众多的数学、科学以及工程计算中常用的库函数。增加的功能包括插值、积分、最优化、统计、线性代数、傅里叶变换、图像处理和常微分方程求解器等一些专用函数。与 NumPy 库一样，SciPy 也需要单独安装，安

装步骤如下。

（一）测试 Python 环境中是否安装 SciPy

当 Python 安装完成后，在 Windows 操作系统下，按【Windows】+【R】键，进入 cmd 命令窗口，输入“python”命令，按【Enter】键，进入 Python 命令窗口。在 Python 命令窗口中输入“from scipy import * ”命令，导入 SciPy 模块，如果在命令窗口中出现“Module Not Found Error: No module named ‘scipy’”的错误提示，则需要安装 SciPy 软件包，否则表明已安装了 SciPy 软件包。

（二）Windows 操作系统下安装 SciPy 软件包的方法

1. 首先访问 https://www.lfd.uci.edu/~gohlke/pythonlibs/网址，然后，根据计算机上所安装的 Python 版本和操作系统版本来选择下载相应的 SciPy 软件包。例如，在 Windows（64 位）操作系统下安装了 Python3.8，则选择下载 SciPy 软件包为 scipy-1.1.0-cp38-cp38m-win_amd64.whl。

2. 将下载的软件包复制在 Python 安装目录的 Scripts 文件夹下，例如，Python3.6 安装目录为 D:\Python，则将下载的软件包复制到 D:\Python\Scripts 目录下。

3. 按【Windows】+【R】键，进入 cmd 命令窗口。

4. 在 cmd 命令窗口中输入。“pip install D:\Python\Scripts\scipy-1.1.0-cp36-cp36m-win_amd64.whl”命令，按【Enter】键，开始安装 SciPy 模块，安装界面如图 9-2 所示。

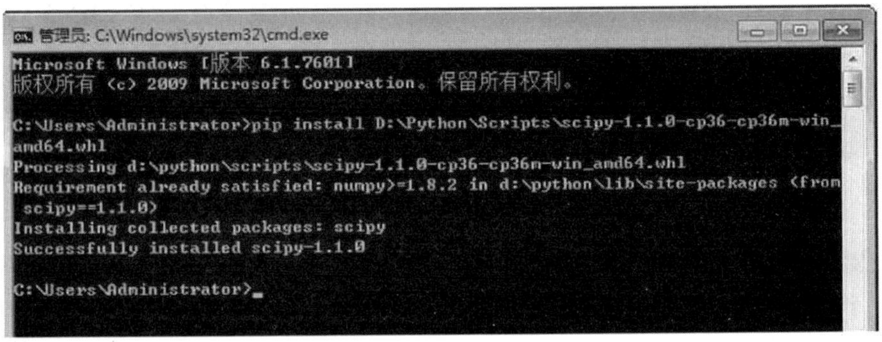

图 9-2　安装 SciPy 软件包

➢ 安装成功就会提示“Successfully installed scipy-1.1.0”。

（三）PyCharm 安装 SciPy 方法

在 SciPy 软件包安装成功后，打开 PyCharm，选择“File→Settings→Project 当前项目名→Project Interpreter”，单击【Project Interpreter】栏的下拉列表按钮右边的设置按钮，将会弹出上下文菜单，选择“Add Local”菜单，则弹出创建虚拟环境对话框。在该对话框中选择【Existing Environment】项，单击【Interpreter】栏的下拉列表，选择“D:/python/python.exe”（即 Python 安装路径），单击【OK】按钮，加入安装好的 SciPy 软件包，单击【Apply】按钮，最后单击【OK】按钮即可。

第二节　NumPy 数组的创建与使用

NumPy 提供了两种基本对象：ndarray（N－dimensional Array Object）和 ufunc（Universal Function）。其中，ndarray 是一个多维数组对象，该对象由两个部分组成，即实际的数据和描述这些数据的元数据。大部分的数组操作仅仅修改元数据部分，而不改变底层的实际数据。而 ufunc 则是能够对数组进行处理的函数。

NumPy 数组一般是同质的（但特殊的数组类型可以是异质的），即数组中所有元素的数据类型必须一致，这样做的好处是，更容易确定该数组所需要的存储空间。与 Python 相同，NumPy 数组的下标也是从 0 开始的。

数组元素的数据类型用数据类型对象表示，数据类型对象是 numpy. dtype 类的实例。数据类型对象可以给出单个数组元素在内存中占用的字节数，即 dtype 类的 itemsize 属性，如 arr. dtype. itemsize，其中 arr 表示数组。

一、NumPy 创建数组对象

利用 NumPy 提供的 array（）函数可以创建一维或多维数组，其基本语法格式如下：
numpy. array（object，dtype = None，copy = True，order = None，subok = False，ndmin = 0）

函数中的参数说明如下：

➢ object：接收 array，表示想要创建数组，无默认；

➢ dtype：接收 data－type，表示数组所需要的数据类型，如果未给定，则选择保存对象所需的最小类型，默认为 None；

➢ ndmin：接收 int，指定生成数组应该具有的最小维数，默认为 None。

在创建数组时，object 是唯一必要的参数，其余参数均为默认的可选参数。创建数组的示例代码 example 1 如下：

```
(1) # -*- coding:UTF-8 -*-
(2) import numpy as np
(3) arr1 = np.array([1,2,3,4])#创建一维数组
(4) print('一维数组:',arr1)
(5) arr2 = np.array([[1,2,3],[4,5,6]])#创建二维数组
(6) print('二维数组:',arr2)
(7) arr3 = np.array([1,2,3,4],ndmin = 3)#设置最小维度 3
(8) print('三维数组:',arr3)
(9) arr4 = np.array([1,2,3.4],dtype = complex)#指定数据类型 dtype 为复数
(10) print('复数数组:',arr4)
```

（一）NumPy 选取数组元素

创建数组后，选取数组中的某个特定元素的方法如下：

数组名[m,n]

其中 m 和 n 为数组元素下标。需注意的是，数组的下标是从 0 开始的。

例如，在 example 1 示例中创建了一个二维数组 arr2，在创建 arr2 二维数组时，给 array（）函数传递的对象是一个嵌套的列表“[[1,2,3],[4,5,6]]”。那么，arr2 数组元素及与其对应的位置见表 9-1、表 9-2：

表 9-1 arr2 数组元素

1	2	3
4	5	6

表 9-2 arr2 数组元素对应的位置

arr2 [0，0]	arr2 [0，1]	arr2 [0，2]
arr2 [1，0]	arr2 [1，1]	arr2 [1，0]

（二）NumPy 数组的属性

在对数组的操作中，常常需要了解数组的特性，如数组的维度、数据类型和数组中元素个数等。而要了解数组的特性，首先需要了解数组的属性。数组的属性及说明如表 9-3 所示。

表 9-3 数组的属性及说明

属性	说明
ndim	返回 int，表示数组维度
shape	返回 tuple，表示数组的尺寸，对于 n 行 m 列的矩阵，形状为（n，m）
size	返回 int，表述数组的元素总数，等于数组形状的乘积
dtype	返回 data-type，描述数组中元素的类型
itemsize	返回 int。表示数组的每个元素的大小（以字节为单位）。例如，一个元素类型为 float64 的数组的 itemsize 属性值为 8（float64 占用 64bits，每个字节长度为 8，所以共占用 8 个字节，（64/8））。 又如，一个元素类型为 complex32 的数组的 itemsize 属性值为 4（32/8）

说明：数组的 shape 属性不仅能显示数组的行数或列数，而且还可以调整数组的行和列的大小。

数组属性的应用示例代码 example 2 如下：

```
(1) # -*- coding:UTF-8 -*-
(2) import numpy as np
(3) #创建二维数组
(4) arr1 = np.array([[1,2,3],[4,5,6]])
(5) print('数组维度:',arr1.ndim)
(6) print('数组形状:',arr1.shape)
(7) print('数组的元素总数:',arr1.size)
(8) print('数组元素的数据类型:',arr1.dtype)
(9) print('数组中每个元素的大小:',arr1.itemsize)
(10) #shape 属性应用,将 arr1 由原 2 行 3 列数组调整为 3 行 2 列数组
```

(11) arr1. shape = (3,2)

(12) print('数组',arr1)

(13) #利用 dtype 属性指定数据类型

(14) arr3 = np. array([1,2,3,4],dtype = np. float32)

(15) print('数组元素的数据类型',arr3. dtype)

(三) NumPy 创建数组的其他方法

上面所介绍的创建数组的方法是先创建一个 Python 序列，然后再通过 array () 函数将其转换为数组，这样做显然效率不高，因此 NumPy 提供了许多专门用来创建数组的函数。

1. 使用 arange () 函数创建一维数组。

arange() 函数类似于 Python 自带的函数 range()，通过指定起始值、终止值和步长来创建一维数组，但是该函数所创建的数组中不包含终止值。

例如：

numpy. arange (0, 10, 2)，表示起始值 0，终止值 10，步长 2，创建一维数组 [0. 2. 4. 6. 8]。

numpy. arange(3)，表示起始值 0，终止值 3，步长 1，创建一维数组 [0. 1. 2]。

使用 linspace() 函数创建数组

linspace() 函数是通过指定起始值、终止值和元素个数来创建一个等差数列的一维数组，默认设置包括终止值。如果在该函数中设置参数 endpoint = 0，则创建的一维数组不包含终止值。该函数创建的数组元素的数据格式是浮点型。

注意：该函数指定了范围之间的均匀间隔数量，而不是步长。

例如：

numpy. linspace(0, 20, 6)，创建一维数组 [0. 4. 8. 12. 16. 20]。

观察 numpy. linspace(0, 20, 6, endpoint = 0) 输出结果。

2. 使用 logspace() 函数创建数组。

logspace() 函数和 linspace() 函数类似，但 logspace() 函数的起始值和终止值代表的是 10 的幂（默认基数为 10），如果要修改基数，可设置参数 base。

例如，numpy. logspace (0, 20, 20) 的第 1 个起始值参数 0 代表 10 的 0 次方，第 2 个终止值参数 20 代表 10 的 20 次方，第 3 个表示元素个数参数为 20。创建等比数列的一维数组为 [1. 000000000e + 001. 12883789e + 011. 27427499e + 021. 43844989e + 03…1. 00000000e + 20]，其中…表示中间省略一些数据。

3. 使用 zeros()、eye()、identity()、diag() 和 ones() 函数创建特殊数组。

使用 zeros() 函数创建值全部为 0 的数组，即创建的数组值全部填充为 0。例如 numpy. zeros ((1, 3))，创建数组[[0. 0. 0.]]，数组值全部为 0。

eye() 函数和 identity() 函数用来生成主对角线上的元素为 1，其他元素为 0 的数组，类似于单位矩阵。例如 numpy. eye(3)，所创建的数组如下：

[[1. 0. 0.]

[0. 1. 0.]

[0. 0. 1.]]

diag() 函数创建类似对角的数组，即除对角线以外的其他元素都为 0，对角线上的元素

可以是 0 或其他值。例如 numpy. diag((1, 2, 3)), 所创建的数组如下:

[[100]

[020]

[003]]

ones() 函数用来创建元素全部为 1 的数组, 即创建的数组元素全部填充为 1。例如 numpy. ones((3, 3)), 所创建的数组如下:

[[1. 1. 1.]

[1. 1. 1.]

[1. 1. 1.]]

4. 使用 asarray() 函数创建数组。

asarray() 函数类似于 numpy. array, 该函数可用于将 Python 序列转换为 ndarray。例如 numpy. asarray([(1,2,3),(4,5,6)]), 所创建的数组如下:

[[123]

[456]]

5. 使用 empty() 函数创建数组。

empty() 函数创建指定形状和只分配内存空间的数组, 而数组中的所有元素都未初始化。例如 numpy. empty((2,3))表示创建 2 行 3 列的二维数组, 但是数组中的所有元素都未初始化。

注意: zeros()、eye()、identity()、ones()、asarray() 和 empty() 函数第一个参数 shape 表示数组的形状, 第二个参数 dtype 是指定数组元素的数据类型。

二、NumPy 一维数组相加

在科学计算中, 常常会遇到数组和矩阵的计算, 如有两个一维数组 x 和 y, 其中 x 的值为 0 ~ 10 的整数, y 的值为 0 ~ 10 的整数的平方, 需要将 x 与 y 的一维数组相加。而实现一维数组相加的方法有两种, 第 1 种方法是利用 Python 的循环语句来实现两个一维数组相加, 第 2 种方法是利用 NumPy 中的 arange 函数来创建包含 0 ~ n 的整数的 NumPy 数组, 然后用所创建的 NumPy 数组直接进行计算。

(一) 利用 Python 的循环语句来实现两个一维数组相加

示例代码 example1 如下:

```
# -*- coding:UTF-8 -*-
def python_sum(n):
#range 函数产生包含 0 至 n 的整数元组,用 list 函数转换成列表
    x = list(range(n))
    y = list(range(n))
    z = []
    for i in range(len(x)):
    y[i] = i ** 2
    z.append(x[i] + y[i])
    return z
```

（二）利用 NumPy 实现两个一维数组相加

示例代码 example2 如下：

```
# -*- coding:UTF-8 -*-
    import numpy as np
    def numpy_sum(n):
    x = np.arange(n)#arange 函数创建包含 0 至 n 的整数数组
    y = np.arange(n) ** 2
    z = x + y
    return z
```

注意：numpy_sum() 函数中没有使用 for 循环，在代码中通过 import numpy as np 导入 NumPy 模块，并且命名该模块别名为 np，在 arange() 函数前面有一个前缀 np，表明该函数是从 NumPy 模块导入的。

观察这两个函数的代码，发现 numpy_sum() 函数代码要比 python_sum() 函数代码简洁，而且通过测试可证明 NumPy 在数组操作上的效率优于用 Python 基本数据结构和流程控制语句编写的代码。

测试示例代码如下：

```
#测试 python_sum 函数的执行时间
from datetime import datetime
n = 1000000
start_time = datetime.now()
python_sum(n)
time_interval = datetime.now() - start_tim
print(time_interval)
#测试 numpy_sum 函数的执行时间
n = 1000000
start_time = datetime.now()
b = numpy_sum(n)
time_interval = datetime.now() - start_tim
print(time_interval)
```

将 example1、example2 和测试示例这 3 段代码组合成一个程序代码，运行后发现 numpy_sum() 函数的执行速度比 python_sum() 函数的执行速度快 10 倍，由此可见，NumPy 在数组操作方面有很大优势。

第三节　NumPy 的数据类型

Python 支持的数据类型有整型、浮点型和复数型，但这些类型不足以满足科学计算的需求，因此 NumPy 添加了很多其他的数据类型。在实际应用中，为了提高计算结果的准确度，需要使用不同精度的数据类型，并且不同的数据类型所占用的内存空间也是不同的。在

NumPy 中，大部分数据类型名是以数字结尾的，这个数字表示其在内存中占用的位数。NumPy 中支持的数据类型（见表 9 - 4）

表 9 - 4　NumPy 的基本数据类型及描述

数据类型	描述
bool	用一位存储的布尔类型（值为 True 或 False）
inti	由所在平台决定其精度的整数（一般为 int32 或 int64）
int8	整数，范围为 - 128 ~ 127
int16	整数，范围为 - 32768 ~ 32767
int32	整数，范围为 - 2 × ×31 ~ 2 × ×31 - 1
int64	整数，范围为 - 2 × ×63 ~ 2 × ×63 - 1
uint8	无符号整数，范围为 0 ~ 255
uint16	无符号整数，范围为 0 ~ 65535
uint32	无符号整数，范围为 0 ~ 2 × ×32 - 1
uint64	无符号整数，范围为 0 ~ 2 × ×64 - 1
float16	半精度浮点数（16 位），其中用 1 位表示正负号，5 位表示指数，10 位表示尾数
float32	单精度浮点数（32 位），其中用 1 位表示正负号，8 位表示指数，23 位表示尾数
float64 或 float	双精度浮点数（64 位），其中用 1 位表示正负号，11 位表示指数，52 位表示尾数
complex64	复数，分别用两个 32 位浮点数表示实部和虚部
complex128 或 complex	复数，分别用两个 64 位浮点数表示实部和虚部

自定义数据类型是一种异构数据类型，可以将它看作是电子表格的标题行。例如，创建一个存储产品价格信息的数据类型。其中，产品名称是用字符串表示的长度为 50 个字符，产品价格是用 32 位单精度浮点数表示。那么，使用自定义数据类型来创建数组的方法如下。

一、使用 dtype 创建自定义数据类型

代码如下：

```
# -*- coding:UTF - 8 -*-
import numpy as np
pro_type = np. dtype([('pro_name',np. str,50),('pro_price',np. float32)])
print('数据类型:',pro_type)
```

（1）查看数据类型，可直接查看或使用 numpy. dtype() 函数查看。如直接查看方法 print('数据类型',pro_type['pro_name'])，使用 numpy. dtype() 函数查看方法 print('数据类型',np. dtype(pro_type['pro_name']))。

（2）使用 array() 函数创建数组时，使用 dtype 指定数组的数据类型为 pro_type（自定义数据类型）。其代码如下：

```
# -*- coding:UTF - 8 -*-
import numpy as np
pro_arr = np. array([('电视机',3400),('空调',2600)],dtype = pro_type)
print('自定义数据类型的数组:',pro_arr)
```

总结：NumPy 数组一般是同质的，即数组中的所有元素都是相同的数据类型。如果想创建异构数据类型的数组，就需要先自定义异构数据类型，如 pro_type 数据类型，它包括一个用字符串表示的产品名称和一个用浮点数表示的产品价格，然后在创建数组的函数中使用 dtype 参数来指定数据类型为 pro_tpye（自定义数据类型）。

注意：在使用 array( ) 函数创建数组时，如果没有在参数中指定数据类型，将默认为浮点数类型。

二、NumPy 数组的索引和切片

在之前介绍了选取数组中的某个特定元素的方法，即在数组名后面加方括号，方括号里面是数组的下标。数组下标就是数组的索引，数组与列表的索引类似，也分为正索引（也称为索引）和负索引两种。数组的索引从 0 开始，自左向右，以 1 为步长逐渐递增。而数组的负索引从右到左标记数组元素，最右边数组元素的负索引为 -1，然后向左边依次类推为 -2、-3 等。

类似于列表，数组通过索引访问数组中的元素，数组的切片也通过索引对数组中的元素进行提取，其中，索引访问提取仅返回数组的一个对应元素，而数组切片则会返回数组中一个区域内所对应的元素。

（一）一维数组的索引与切片

一维数组的操作类似于 Python 中列表（list）类型的操作。首先定义 arr 为一维数组，数组有 n 个元素，则数组中的元素与索引的对应关系如下：

一维数组 arr = [a0,a1,a2,a3,a4,…,an]

数组索引(下标)0　1　2　3　4　n

1. 利用数组索引（下标）获取指定元素。

获取数组中指定元素的方法如下：

数组名[索引(下标)]

例如，获取数组 arr 中第 4 个元素 a3 用 arr [3] 即可。

2. 数组的切片。

截取数组中某个范围之间元素的方法如下：

数组名[start:end:step]

其中，start 表示截取数组中开始元素的索引（下标），end 表示截取数组中结束元素的索引（下标），但是不包括 end 索引（下标）所指定的元素，step 表示步长。

（1）省略 start 索引（下标），表示从 0 索引（下标）开始；

（2）省略 end 索引（下标），表示截取数据要包括数组最后一个元素；

（3）索引（下标）可以使用负数，-1 表示从数组最后往前数的第一个元素；

（4）数组切片还可以用来修改元素的值。如用 arr[:2] = 10，11 可将 arr 数组修改为 arr = [10,11,a2,a3,a4,…,an]。

例如，截取 arr 数组中第 2 个元素至第 5 个元素，包括第 5 个元素，则使用 arr[1:5]。

注意：索引（下标）是从 0 开始，第 2 个元素对应索引（下标）为 1，因为要包括第 5 个元素，end 值选择第 6 个元素索引（下标）。

还有如 arr[:8,2]表示截取数组元素[a0,a2,a4,a6]，arr [-1] 表示截取数组元素 [an]。

（二）二维数组的索引与切片

二维数组是由行和列组成的，二维数组中的每一行相当于一维数组。二维数组中元素的索引是由该元素所在的行下标和列下标组成的，即由元素的行索引和列索引组成。例如，arr 是二维数组，该二维数组元素用 arr［行索引，列索引］表示，该二维数组中元素与索引的对应关系如表 9－5 所示。

表 9－5　　索引

列索引 / 行索引	0	1	…	m
0	arr［0，0］	arr［0，1］	…	arr［0，m］
1	arr［1，0］	arr［1，1］	…	arr［1，m］
…	…	…	…	…
n	arr［n，0］	arr［n，1］	…	arr［n，m］

1. 利用二维数组的行索引和列索引获取指定元素。

获取二维数组中指定元素的方法如下：

数组名［行索引，列索引］

例如，获取二维数组中第 2 行第 2 列的元素，用 arr［1，1］即可。

2. 二维数组的切片。

截取二维数组中某个区域之间的元素的方法如下：

数组名[rows_start:rows_end:rows_step,cols_start:cols_end:cols_step]

对各个参数的说明：

（1）rows_start：rows_end 表示截取数组中元素的行索引范围；

（2）cols_start：cols_end 表示截取数组中元素的列索引范围，但不包括 rows_end 行索引和 cols_end 列索引所指定的元素；

（3）rows_step 表示行索引的步长，cols_step 表示列索引的步长。

补充说明：

（4）省略 rows_start、cols_start 索引，表示从 0 索引开始；

（5）省略 rows_end、cols_end 索引，表示截取数据要包括行或列最后一个元素；

（6）行索引或列索引可以使用负数，－1 表示从行或列数组最后往前数的第一个元素；

（7）数组切片时，行索引或列索引范围可以使用省略号（…），表示行或列所选择元素的长度与数组的行或列的维度相同；

（8）数组切片还可以用来修改元素的值。

说明：高维数组的索引与切片可参考二维数组的索引和切片方法依次类推。

一维数组和二维数组的元素获取与切片操作示例代码 example1 如下：

```
# -*- coding:UTF-8 -*-
import numpy as np
#创建一维数据
arr = np.array([1,2,6,8,9,10,12])
```

```
a = arr[4]#获取第 5 个元素
print(a)
#一维数组切片
b1 = arr[1:6:2]#b1 数组[2810]
b2 = arr[:5]#b2 数组[12689]
b3 = arr[2:]#b3 数组[6891012]
print(b1,b2,b3)
#修改数组中元素
arr[1:3] = 20,30
print(arr)
#创建二维数据
arr = np.array([[0,1,2,3,4],[5,6,7,8,9]])
a = arr[1,3]
print(a)
#二维数组切片
b1 = arr[:2,1:3]
b2 = arr[1:,2:5]
b3 = arr[:2:2,:3:2]
b4 = arr[...,1:3]
print(b1,b2,b3,b4)
#修改数组中元素
arr[:2:2,:3:2] = 44,55
print(arr)
```

3. 整数索引。

整数索引就是从两个序列的对应位置取出两个整数来组成行下标和列下标。示例代码 example2 如下：

```
# -*- coding:UTF-8 -*-
import numpy as np
a = np.array([[1,2,3],[4,5,6],[7,8,9]])
b = a[[(0,1,2),(0,1,0)]]#获取 a[0,0],a[1,1],a[2,0]元素组成数组 b
print(b)
#获取 a 数组上下左右四个角上的元素
b = a[[(0,0,2,2),(0,2,0,2)]]#获取 a[0,0],a[0,2],a[2,0],a[2,2]元素
print(b)
```

4. 布尔值索引。

当结果对象是布尔运算（例如比较运算符）的结果时，将使用布尔值索引。示例代码 example3 如下：

```
# -*- coding:UTF-8 -*-
import numpy as np
```

```
a = np.array([[0,1,2],[3,4,5],[6,7,8],[9,10,11]
print('a 数组是:',a)
#生成大于 6 的元素组成数组
b = a[a>5]
print('大于 6 的元素是:',b)
```

注意：

（1）操作原数组的子序列的时候，实际上就是操作原数组的数据。这就意味着数组中的数据没有被复制，任何在其子序列上的操作都会映射到原数组上。

（2）整数索引和布尔值索引属于高级索引，高级索引始终返回数据的副本，原数组是不会变化的。

三、NumPy 修改数组形状

数组的形状取决于其每个轴上的元素个数，也就是数组的维度。在数组的操作中，常常要修改数组的形状。在 NumPy 中，修改数组的形状可直接用一个正整数元组来设置数组的维度，或者用 reshape（）函数和 resize（）函数来设置维度。

用元组设置维度

用元组设置维度修改数组形状的方法如下：

数组名 . shape = (x0,x1,x2,…,xn)

参数 x0，…，xn 表示数组中每个维度上的大小，例如 arr. shape =（3，4）表示将 arr 数组修改成 3 行 4 列数组，利用该方法会改变原数组 arr 的形状。

1. reshape( ) 函数。

用 reshape( ) 函数是改变数组形状最常用的方法，reshape( ) 函数的参数为一个正整型元组，分别指定数组在每个维度上的大小。用 reshape( ) 函数修改数组形状的方法如下：

数组名 . reshape(x0,x1,x2,…,xn)

参数 x0，…，xn 表示数组中每个维度上的大小。例如 arr. reshape(3，4）生成一个 3 行 4 列新数组，而原数组 arr 不会改变。如果指定的维度和数组的元素数目不吻合，则函数将抛出异常。

2. resize( ) 函数。

该函数可返回指定大小的新数组。如果新数组的大小大于原始数组的大小，则包含原始数组中的元素的重复副本，该函数修改数组形状的方法如下：

数组名 . resize(x0,x1,x2,…,xn)

参数 x0，…，xn 表示数组中每个维度上的大小。例如 arr. resize(3，4）表示将 arr 数组修改成 3 行 4 列数组，原数组 arr 形状改变。这种方法与用 shape 属性修改数组的形状相似。

3. 修改数组形状的示例。

示例代码 example1 如下：

```
# -*- coding:UTF-8 -*-
import numpy as np
#创建 3 行 4 列数组
arr = np.array([[0,1,2,4],[5,6,7,8],[9,10,11,12]])
```

```
#显示数组形状
print( arr. shape)
#用 shape 属性改变数组形状为 4 行 3 列
#用 shape 属性改变数组形状为 4 行 3 列
arr. shape = (4,3)#将 arr 数组形状修改为 4 行 3 列
print( arr,arr. shape)
#用 reshape 函数生成形状为 2 行 6 列数组 arr_b
arr_b = arr. reshape( (2,6))#生成形状为 2 行 6 列数组 arr_b,arr 数组没变化
print( arr,arr_b
#用 resize 函数改变数组 arr 形状为 2 行 6 列
arr_c = arr. resize( (2,6))#arr 改变形状为 2 行 6 列数组， arr_c 为 none
print( arr,arr_c)
```

四、NumPy 数组的展平

在 NumPy 中，利用 ravel( ) 和 flatten( ) 函数可实现数组的展平操作。

（一） ravel( ) 函数

在 NumPy 中，可以使用 ravel( ) 函数将多维数组展平（即变成一维数组），展平数组元素的顺序通常是“C 风格”的，就是以行为基准，元素最右边的索引发生变化，如元素 a［0，0］之后是 a［0，1］。如果数组改变成其他形状，数组仍然是“C 风格”的。NumPy 通常创建一个以这个顺序保存数据的数组，所以 ravel( ) 函数通常不需要创建调用数组的副本。

用 ravel( ) 函数展平数组的方法如下：

数组名 . ravel( )

例如，arr. ravel( ) 返回将 arr 数组展平成一维新数组视图，原数组 arr 不改变。

（二） flatten( ) 函数

flatten( ) 函数也是将多维数组展平，与 ravel( ) 函数的功能相同，不过 flatten( ) 函数会请求分配内存来保存结果，而 ravel( ) 函数只是返回数组的一个视图（view）。

用 flatten( ) 函数展平数组的方法如下：

数组名 . flatten( )

例如，arr. flatten( ) 表示将 arr 数组展平成一维新数组，原数组 arr 不改变。

（三） 数组的展平示例

示例代码 example1 如下：

```
# -*- coding:UTF -8 -*-
import numpy as np
#创建 3 行 4 列数组
arr = np. array([[0,1,2,4],[5,6,7,8],[9,10,11,12]])
#用 ravel 函数展平 arr 成一维数组 arr_b，但 arr 数组不改变
arr_b = arr. ravel( )
```

```
print(arr,arr_b)
#用 flatten 展平 arr 成一维数组 arr_c，但 arr 数组不改变
arr_c = arr.flatten()
print(arr,arr_c)
```

五、NumPy 数组的转置和轴对换

在 NumPy 中，利用 transpose()、ndarray.T、rollaxis() 和 swapaxes() 等函数可实现翻转数组的操作。

（一）transpose() 函数

该函数可实现翻转给定数组的维度，并且返回数组的 1 个视图（View）。使用 transpose() 函数的方法如下：

numpy.transpose(arr)

其中，参数 arr 表示要转置的数组。例如 arr 是一个 3 行 5 列数组，numpy.transpose(arr) 函数就会返回 arr 数组转置为 5 行 3 列的数组视图，而原数组 arr 不改变。

（二）ndarray.T 函数

该函数是属于 ndarray 类，作用类似于 numpy.transpose

（三）rollaxis() 函数

该函数可实现向后滚动特定的轴，直到 1 个特定位置。使用 rollaxis() 函数的方法如下：

numpy.rollaxis(arr,axis,start)

其中，参数 arr 表示数组；axis 表示要向后滚动的轴，其他轴的相对位置不会改变；start 表示滚动到特定位置，默认为零，表示完整的滚动。

（四）swapaxes() 函数

该函数可交换数组的两个轴。NumPy1.10 之前的版本会返回交换后数组的视图。使用 swapaxes() 函数的方法如下：

numpy.swapaxes(arr,axis1,axis2)

其中，参数 arr 表示数组，axis1 表示对应第 1 个轴的整数，axis2 表示对应第 2 个轴的整数。

（五）翻转数组的示例

示例代码 example1 如下：

```
# -*- coding:UTF-8 -*-
import numpy as np
#创建数组 2 行 5 列
arr = np.arange(10).reshape(2,5)
print('原数组:',arr)
#用 transpose 函数转置
print('转置数组:')
```

```
print(np.transpose(arr))
#用 ndarray.T 转置
print('转置数组:')
print(arr.T)
#用 rollaxis 函数
arr = np.arange(8).reshape(2,2,2)
print('原数组:',arr)
#将轴 2 滚动到轴 0(宽度到深度)
print('调用 rollaxis 函数:')
print(np.rollaxis(arr,2))
#将轴 0 滚动到轴 1(宽度到高度)
print('调用 rollaxis 函数:')
print(np.rollaxis(arr,2,1))
#用 swapaxes 函数
arr = np.arange(8).reshape(2,2,2)
print('原数组:',arr)
#现在交换轴 0(深度方向)到轴 2(宽度方向)
print('调用 swapaxes 函数后的数组:')
print(np.swapaxes(arr,2,0))
```

六、NumPy 数组的连接

在 NumPy 中，利用 concatenate()、stack()、hstack() 和 vstack() 等函数可实现数组的连接操作。

（一）concatenate() 函数

该函数用于沿指定轴连接相同形状的两个或多个数组。使用 concatenate() 函数的方法如下：

```
numpy.concatenate((arr1,arr2,…,arrn),axis)
```

其中，参数 arr1，arr2，…，arrn 表示相同维度的数组序列；axis 表示沿着它连接数组的轴，默认为 0。

（二）stack() 函数

该函数能实现沿新轴连接数组序列。此功能是 NumPy1.10.0 版本的新增功能。使用 stack() 函数的方法如下：

```
numpy.stack(arrays,axis)
```

其中，参数 arrays 表示相同形状的数组序列；axis 表示返回数组中的轴，输入数组沿着它来堆叠。

（三）hstack() 函数

该函数可通过堆叠生成水平的单个数组。使用 hstack() 函数的方法如下：

```
numpy.hstack(arrays)
```

其中，参数 arrays 表示相同形状的数组序列。

（四）vstack() 函数

该函数可通过堆叠生成竖直的单个数组。使用 vstack() 函数的方法如下：

numpy. vstack(arrays)

其中，参数 arrays 表示相同形状的数组序列。

（五）数组的连接示例

数组的连接示例代码 example1 如下：

```
# -*- coding:UTF-8 -*-
import numpy as np
arr1 = np.array([[1,2,3],[4,5,6]])#创建数组 arr1
print('第 1 个数组 arr1:',arr1)
arr2 = np.array([['a',8,9],['b',11,12]])#创建数组 arr2
print('第 2 个数组 arr2:',arr2)#注意两个数组的维度相同
#concatenate 函数
print('沿轴 0 连接两个数组:')
print(np.concatenate((arr1,arr2)))
print('沿轴 1 连接两个数组:')
print(np.concatenate((arr1,arr2),axis = 1))
#stack 函数
print('沿轴 0 堆叠两个数组:')
print(np.stack((arr1,arr2),0))
print('沿轴 1 堆叠两个数组:')
print(np.stack((arr1,arr2),1))
#hstack 函数和 vstack 函数
print('水平堆叠:')
print(np.hstack((arr1,arr2)))
print('竖直堆叠:')
print(np.vstack((arr1,arr2)))
```

七、NumPy 数组的分割

在 NumPy 中，利用 split()、hsplit() 和 vsplit() 等函数可实现数组的分割操作。

（一）split() 函数

该函数可沿特定的轴将数组分割为子数组。使用 split() 函数的方法如下：

numpy. split(arr,indices_or_sections,axis)

其中，参数 arr 表示被分割的数组，indices_or_sections 表示从 arr 数组创建的大小相同的子数组的数量，可以为整数。如果此参数是一维数组，则该参数表示在 arr 数组中的分割点，arr 数组将按照分割点来分割数组。axis 表示返回数组中的轴，默认为 0，表示竖直方向分割，1 表示水平方向分割。

（二）hsplit( ) 函数

该函数是 split( ) 函数的特例，它是将数组沿着水平方向分割，即将一个数组按列分割为多个子数组。使用 hsplit( ) 函数的方法如下：

numpy. hsplit(arr,indices_or_sections)

其中，参数 arr 表示被分割的数组，indices_or_sections 表示将 arr 数组创建为大小相同的子数组的数量。如果此参数是一维数组，则该参数表示在 arr 数组中的分割点，arr 数组将按照分割点来分割数组。

（三）vsplit( ) 函数

该函数是 split( ) 函数的特例，它是将数组沿着竖直方向分割，即将一个数组按行分割为多个子数组。使用 vsplit( ) 函数的方法如下：

numpy. vsplit(arr,indices_or_sections)

其中，参数 arr 表示被分割的数组；indices_or_sections 表示将 arr 数组创建为大小相同的子数组的数量。如果此参数是一维数组，则该参数表示在 arr 数组中的分割点，arr 数组将按照分割点来分割数组。

（四）数组的分割示例

数组的分割示例代码 example1 如下：

```
# -*- coding:UTF-8 -*-
import numpy as np
arr1 = np. array([[1,2,3],[4,5,6]])#创建数组 arr1
print('第 1 个数组 arr1:',arr1)
arr2 = np. arange(9)#创建数组 arr2
print('第 2 个数组 arr2:',arr2)
#使用 split 函数
print('将 arr1 数组竖直分割为 2 个大小相等的子数组:')
print(np. split(arr1,2))
print('将 arr1 数组水平分割为 3 个大小相等的子数组:')
print(np. split(arr1,3,1))
print('将 arr2 数组在一维数组中标明的位置分割:')
print(np. split(arr2,[2,5]))
#使用 hsplit 函数和 vsplit 函数
print('arr1 数组水平分割:')
print(np. hsplit(arr1,3))
print('arr1 数组竖直分割:')
print(np. vsplit(arr1,2))
print('arr2 数组水平分割:')
print(np. hsplit(arr2,[2,5]))
```

八、NumPy 数组转换

在 NumPy 中，数组转换有两种方式，一种是将数组转换成列表，另一种就是转换数组的数据类型。本节教程就对这两种数组转换进行详细介绍。

（一）数组转换成列表

将数组转换成列表用 tolist( ) 函数，使用 tolist( ) 函数的方法如下：

数组名 . tolist( )

示例代码如下：

```
# -*- coding:UTF-8 -*-
import numpy as np
#创建 3 行 3 列的数组 arr
arr = np. arange(9). reshape(3,3)
print('原数组:',arr)
print('将 arr 数组转换成列表')
arr_list = arr. tolist()#转换成列表为[[0,1,2],[3,4,5],[6,7,8]]
print(arr_list)
```

（二）数组的数据类型转换

数组有一个 dtype 属性，通过该属性可以查看数组的数据类型，方法是数组名 . dtype。而数组的数据类型在创建数组时就已经通过 dtype 参数确定了，如果想实现数组中数值类型的转换可采用 astype( ) 函数。

astype( ) 函数的格式如下：

数组名 . astype(numpy. 数据类型)

astype( ) 函数应用示例代码如下：

```
# -*- coding:UTF-8 -*-
import numpy as np
float_arr = np. array([1.2,2.1,4.5,6.3])#创建浮点数数组
print(float_arr. dtype)#查看当前数据类型
#将 float 转换为 int 时，小数部分被舍弃
int_arr = float_arr. astype(np. int32)
print(int_arr,int_arr. dtype)
#把字符串转换为数组，如果字符串不是数字字符串，则会抛出异常
str_arr = np. array(['2.35','-7.6','23'],dtype = np. string_)
float_arr = str_arr. astype(dtype = np. float)
print(float_arr,float_arr. dtype)
```

注意：复数不能转换为整数，也不能转换为浮点数，但是可以转换为复数。

九、NumPy 数组元素的添加和删除

在 NumPy 中，经常需要对数组元素进行添加和删除操作，如使用 append( ) 函数和 insert( ) 函数为数组添加元素，或者使用 delete( ) 函数返回删除了某个轴的子数组的新数组，以及使用 unique( ) 函数寻找数组内的唯一元素。下面分别介绍这些函数的运用。

（一）append( ) 函数

该函数是在数组的末尾添加元素，该函数会返回一个新数组，而原数组不变。使用 append( ) 函数的方法如下：

```
numpy.append(arr,values,axis)
```

对各个参数的说明：

1. 参数 arr 表示输入的数组；

2. values 表示向 arr 数组添加的元素，values 为数组，values 数组列维度与 arr 数组列维度相同；

3. axis 表示沿着水平或竖直方向完成添加操作的轴，axis 取 0 表示沿竖直方向操作，axis 取 1 表示沿水平方向操作。

如果未提供 axis 值，在添加操作之前输入数组会被展开，values 可以是单元素，也可以是任意数组，将 values 添加到 arr 数组后，该函数会返回一个新数组，而原数组不变。

append( ) 函数的示例代码 example1 如下：

```
# -*- coding:UTF-8 -*-
import numpy as np
#创建数组 arr
arr = np.array([[1,2,3,4],[5,6,7,8]])
print('第 1 个数组 arr:',arr)
print('向 arr 数组添加元素:')
print(np.append(arr,[[9,10],[11,12]]))
print('原数组:',arr)
print('沿轴 0 添加元素:')
print(np.append(arr,[[9,10,11,12],[11,11,11,11]],axis=0))
print('沿轴 1 添加元素:')
print(np.append(arr,[[9,10],[11,12]],axis=1))
```

（二）insert( ) 函数

该函数在给定索引之前，沿给定轴在输入数组中插入值。该函数会返回一个新数组，原数组不变。使用 insert( ) 函数的方法如下：

```
numpy.insert(arr,obj,values,axis)
```

对各个参数的说明：

1. 参数 arr 表示输入的数组；

2. obj 表示在其之前插入值的索引；

3. values 表示向 arr 数组插入的值，values 值可为单元素或 values 数组，并且 values 数组行维度与 arr 数组列维度相同；

4. axis 表示沿着水平或竖直方向完成插入操作的轴，axis 取 0 表示沿竖直方向操作，即在 arr 数组行索引位于 obj 的位置处插入 values 值，axis 取 1 表示沿水平方向操作，即在 arr 数组列索引位于 obj 的位置处插入 values 值。

如果未提供 axis 值，在插入之前输入数组会被展开，values 可以是单个元素，也可以是一维数组，将 values 插入到 obj 的位置处，该函数会返回一个新数组，原数组不变。

另外，insert( ) 函数如果传递了 axis 参数，则插入 values 值时，会以广播值数组来配输入数组，即 np.insert(arr,2,[9],axis=0)，其中 values 为 [9]，arr 是 2 行 4 列数组，由于

axis =0，则插入值的数组列维度与 arr 数组列维度相同，因此，插入值数组为 1 行 4 列的数组，也就是广播值数组[9,9,9,9]。

insert() 函数的示例代码 example2 如下：

```
# -*- coding:UTF-8 -*-
import numpy as np
#创建数组 arr
arr = np.array([[1,2,3,4],[5,6,7,8]])
print('第 1 个数组 arr:',arr)
print('未传递 axis 参数。在插入之前输入数组会被展开。')
print(np.insert(arr,4,[9,10,11,12]))
print('传递了 axis 参数,会以广播值数组来配输入数组。')
print('沿轴 0 广播:')
print(np.insert(arr,2,[9],axis=0))#插入值是[9,9,9,9]
print('沿轴 0 插入:')
print(np.insert(arr,2,[9,10,11,12],axis=0))
print('沿轴 1 广播:')
print(np.insert(arr,2,[[9],[10]],axis=1))
print('沿轴 1 插入:')
print(np.insert(arr,2,[[9,10],[11,12]],axis=1))
```

（三） delete() 函数

该函数返回从输入数组中删除指定子数组的新数组，原数组不变。与 insert() 函数的情况一样，如果未提供轴参数，则输入数组将展开。使用 delete() 函数的方法如下：

numpy.delete(arr,obj,axis)

对各个参数的说明：

1. 参数 arr 表示输入的数组；
2. obj 是用整数或者整数数组表示的从输入数组中删除的子数组，obj 可以用切片 numpy.s_[start:end:step]表示要删除的子数组范围；
3. axis 表示沿着它删除给定子数组的轴，如果未提供 axis 值，则输入数组会被展开。

delete() 函数的示例代码 example3 如下：

```
# -*- coding:UTF-8 -*-
import numpy as np
#创建数组 arr
arr = np.arange(16).reshape(4,4)
print('第 1 个数组 arr:',arr)
print('未传递 axis 参数,在删除之前输入数组会被展开。')
print(np.delete(arr,[6,9,12]))#删除 arr 数组中索引为 6,9,12 的元素
print(arr)
print('删除第 3 列:')
print(np.delete(arr,2,axis=1))
```

```
print('删除第 2 行:')
print(np.delete(arr,1,axis=0))
print('从数组中删除用切片表示元素范围值:')
print(np.delete(arr,np.s_[::2]))
```

第四节 NumPy 数组的运算

NumPy 的多维数组对象（ndarray）是一个快速而灵活的大数据集容器，它不仅具有矢量运算和复杂广播的能力，而且还具有对数组数据进行快速运算的标准数学函数。在NumPy 中，数组可以不需要循环就可对数据进行批量运算，这称为矢量化，而不同形状的数组之间的运算，称为广播。同时，在 NumPy 中还包含有 ufunc 对象，该对象具有对数组数据进行快速运算的通用函数。本节将介绍数组的运算。

在 NumPy 中，数组可以直接进行加、减、乘、除、指数、求倒数、取相反数、位运算等运算，而不需要使用烦琐的 for 循环之类的算法，并且在除法运算时，遇到除数为 0 时，会自动提示无效运算，但是仍会将计算结果显示出来，无效值用 NaN 或 inf 表示。

在数组运算中，相同形状的数组按元素级进行逐个元素运算，而不同形状的数组，则按广播机制进行计算，并且在数组运算后，将返回包含运算结果的新数组。

一、相同形状数组的运算

首先创建两个相同形状数组 arr_a 和 arr_b，现将它们分别进行加、减、乘、除、取相反数、平方和按位异或运算。观察其输出结果，发现两个数组的运算就是将这两个数组中索引相同的元素进行运算。如果是一个数组的运算，则是将数组中的所有元素都进行相同运算。例如计算数组平方，就是将数组中每个元素都进行平方运算。

其示例代码 example1 如下：

```
#-*-coding:UTF-8-*-
import numpy as np
#先创建两个相同形状的数组 arr_a,arr_b
arr_a = np.arange(4)
arr_b = np.array([0,1,1,0])
print('两个相同形状数组 arr_a,arr_b 相加:')
arr_c = arr_a + arr_b
print(arr_c,'=',arr_a,'+',arr_b)
print('两个相同形状数组 arr_a,arr_b 相减:')
arr_c = arr_a - arr_b
print(arr_c,'=',arr_a,'-',arr_b)
print('两个相同形状数组 arr_a,arr_b 相乘:')
arr_c = arr_a * arr_b
print(arr_c,'=',arr_a,'*',arr_b)
```

```
print('两个相同形状数组 arr_a,arr_b 相除:')
arr_c = arr_a/arr_b
print(arr_c,'=',arr_a,'/',arr_b)
print('数组 arr_a 相反数:')
print( - arr_a)
print('数组 arr_a 的平方:')
print(arr_a ** 2)
print('数组 arr_a 的按位异或:')
print(arr_a^2)
```

二、不同形状数组的运算（广播机制）

当两个数据的形状（shape）不一致时，低维数组会自动将维度扩充到与高维数组一致，然后再按元素逐个运算，这就是数组的广播机制。为了更好地使用广播机制，需要遵循 4 个原则。

1. 让所有的输入数组向其中 shape 最长的数组看齐，shape 中不足的部分通过在前面加 1 补齐。

2. 输出数组的 shape 是输入数组 shape 的各个轴上的最大值。

3. 如果输入数组的某个轴和输出数组的对应轴的长度相同或者其长度为 1，则这个数组能够用来计算，否则会报错。

4. 当输入数组的某个轴的长度为 1 时，沿着此轴计算时使用此轴上的第一组值。

下面通过示例观察不同形状数组的运算。

例如，先创建 2 行 3 列的数组 arr_a = np. arange(6) . reshape(2, 3) 和 1 行 3 列的数组 arr_b = np. arange(3)，现将这两个数组相加。由于这两数组的维度不相同，当两数组相加时，低维的 arr_b 数组会自动向高维以复制的方式进行扩充，即复制 arr_b 第 1 行的元素到第 2 行，arr_b 扩充为 2 行 3 列数组，如下所示：

```
[[0,1,2]
[0,1,2]]
```

其示例代码 example2 如下：

```
# -*- coding:UTF-8 -*-
import numpy as np
arr_a = np. arange(6). reshape(2,3)#创建 2 行 3 列数组
arr_b = np. arange(3)#创建 1 行 3 列数组
arr_c = arr_a + arr_b#两个数组相加
print(arr_c,'=',arr_a,'+',arr_b)
```

然后，这两个数组再按元素逐个运算，运行结果如下：

```
[[0 2 4][[0 1 2][[0 1 2]
[3 5 7]] =[3 4 5]] +[0 1 2]]
```

三、数组和标量之间的运算

在 NumPy 中，数组的运算称为矢量化。大小相等的数组之间的任何算术运算都将应用

到元素级。标量是只有大小没有方向的数据，数组和标量之间的算术运算就是将这个标量值传播到数组的各个元素，即将数组中的每个元素都与标量进行运算。

例如，创建 2 行 3 列的数组 arr = np. arange(6). reshape(2，3)，现在计算 arr - 1，其中 1 就是标量，则 arr - 1 相当于将 arr 数组中的每个元素都减去标量值 1。

第五节　NumPy ufunc 通用函数

NumPy 中的 ufunc 对象也称为 ufunc 函数，它包含了对数组进行处理的通用函数。通用函数（ufunc）是针对 ndarray 数组对象执行元素级运算的函数，即通用函数会对数组中的每一个元素值作用后产生新的元素值，并返回新的元素值组成的数组，因此，通用函数（ufunc）都是以 NumPy 数组作为输出的。

通用函数（ufunc）的分类：

按照通用函数（ufunc）所接收的数组参数个数来划分，接收一个数组参数的称为一元通用函数，而接收两个数组参数的称为二元通用函数；

按照通用函数（ufunc）的运算功能划分，常用的通用函数（ufunc）运算有四则运算、比较运算和逻辑运算等。通用函数（ufunc）支持全部的四则运算，并且保留习惯的运算符，与数值运算使用方法相同，但要注意操作的对象是数组。

常用的一元通用函数说明如表 9 - 6 所示，常用的二元通用函数说明如表 9 - 7 所示。

表 9 - 6　　常用的一元通用函数

函数	说明
ceil( )	计算各元素的 ceiling 值，即大于等于该值的最小整数
floor	计算各元素的 floor 值，即小于等于该值的最大整数
rint( )	将各元素的值四舍五入到最接近的整数，保留 dtype
modf( )	将数组的小数和整数部分以两个独立数组的形式返回
isnan( )	返回一个" 哪些值是 NaN（Not a Numbed)" 的布尔型数组
isfinite、isinf( )	分别返回一个表不" 哪些元素是有穷的（非 inf，非 NaN)" 或“哪些元素是无穷”的布尔型数组
abs( )、fabs( )	计算整数、浮点数或复数的绝对值，对于非复数值可以使用更快的 fabs
sqrt( )	计算各元素的平方根，相当于 arr ** 0. 5
square( )	计算各元素的平方，相当于 arr ** 2
exp( )	计算各元素的指数 e^x
log( )、Ioh10( )、Icg2( )、log1p( )	分别为自然对数（底数为 e)，底数为 10，底数为 2，log（1 + x)
sing( )	计算各元素的正负号，1（正数)，0（零)，－1（负数)
arccos( )、arccosh( )、arcsin( )、arcsinh( )、arctan( )、arctanh( )	反三角函数
logical_not( )	计算各元素取反，相当于 - arr

表 9－7　　常用的二元通用函数说明

函数	等价运算符	说明
add( )	+	将数组中对应元素相加
subtract( )	-	从第一数组中减去第二数组中的元素
multiply( )	*	将数组中对应元素相乘（数量积）
dot( )		数组中对应元素相乘的累加和（矢量积）
divide( )、floor_divide( )	/、//	将数组中对应元素相除或向下整除
mod( )、remainder( )、fmod( )	%	元素级的求模计算（除法的余数）； mod 与 remainder 的功能完全一致； fmod 处理负数的方式与 remainder、mod 和% 不同，所得余数的正负由被除数决走，与除数的正负无关
maximum( )、fmax( )		元素级的最大值计算，fmax 将忽略 NaN
minimum( )、fmin( )		元素级的最小值计算，fmin 将忽略 NaN
power( )	**	对第一个数组中的元素 A，根据第二个数组中的相应元素 B，计算 A^B
copysing( )		将第二个数组中的值的符号复制给第一个数组中的值
equal( )、not_equal( )、greater( )、greater_equal( )、less( )、less_equal( )	==、! =、>、>=、<、<=	执行元素级的比较运算，最终产生布尔型数组
logical_and( )、logical_or( )、logicalxor( )	&、|、^	执行元素级的真值逻辑运算，返回布尔型值

注意：在二元通用函数中，当第二个参数为标量时，将进行广播（Broadcast）运算。例如，定义 arr 为 0～9 的一维数组，运用通用函数完成下列计算。

对 arr 数组求平方根和将 arr 数组与 2 相加；

将 arr 数组的平方根乘 3 的 arr_f 数组的浮点数分解成整数和小数部分；

求 arr_f 与 arr 的最大值；

定义一个 0～6 的 2 行 3 列数组和 0～3 的一维数组，计算这两个数组的矢量积和数量积。

示例代码 test1 如下：

```
# -*- coding:utf-8 -*-
import numpy as np
arr = np.arange(10)
arr_a = np.sqrt(arr)
print('求平方根',arr_a)
print('数组与标量相加')
print(np.add(arr,2))
print('使用 modf 函数把浮点数分解成整数和小数部分')
arr_f = arr_a * 3#统一乘 3
print(np.modf(arr_f))
```

```
print('数组比较')
print(arr_f,arr)
print(np.maximum(arr_f,arr))
#计算数组矢量积和数量积
arr_a = np.arange(6).reshape(2,3)
arr_b = np.arange(3)
print('计算数组矢量积',np.dot(arr_a,arr_b))
print('计算数组数量积',arr_a * arr_b)
```

第六节　NumPy 矩阵的创建和使用

NumPy 提供了两个基本的对象：一个多维数组（ndarray）对象和一个通用函数（ufunc）对象，其他对象都是在它们的基础上构建的。在 NumPy 中还包含两种基本的数据类型，即数组和矩阵。NumPy 中的矩阵对象为 matrix，它包含有矩阵的数据处理、矩阵计算、转置、可逆性等功能。matrix 是 ndarray 的子类，矩阵对象是继承自 NumPy 数组对象的二维数组对象，因此，矩阵会含有数组的所有数据属性和方法。但是，矩阵与数组还有一些重要的区别。

矩阵对象可以使用一个 MATLAB 风格的字符串来创建，也就是一个以空格分隔列，以分号分隔行的字符串。矩阵是维数为 2 的特殊数组。矩阵的维数是固定的，即便是加减乘除各种运算，矩阵的维数不会发生变化，而数组在运算时其维数会发生变化。总之，矩阵的维数永远是二维的。矩阵与数组之间的转化，数组转矩阵用 numpy.asmatrix 或者 numpy.matrix，矩阵转数组用 numpy.asarray 或者 matrix 的 A 属性。

数组中的很多通用函数（ufunc）运算都是元素级的，即函数是针对数组中的每个元素进行处理的，而矩阵是根据矩阵的定义进行整体处理的。矩阵默认的__array_priority__是 10.0，因而数组与矩阵对象混合的运算总是返回矩阵。

矩阵有几个特有的属性使计算更加容易，这些属性如下：

.T：返回自身的转置；

.H：返回自身的共轭转置；

.I：返回自身的逆矩阵；

.A：返回自身数据的二维数组的一个视图（没有做任何的拷贝）。

矩阵对象（matrix）也可以使用其他的 matrix 对象、字符串或者其他的可以转换为一个 ndarray 的参数来构造。下面将介绍矩阵的创建、计算及操作。

一、矩阵的创建

在 NumPy 中，使用 mat（）、matrix（）以及 bmat（）函数创建矩阵的方法如下。

（一）使用字符串创建矩阵

在 mat() 函数中输入一个 MATLAB 风格的字符串，该字符串以空格分隔列，以分号分隔行。例如，numpy.mat('1 2 3;4 5 6;7 8 9')，可创建一个 3 行 3 列矩阵，矩阵中元素为整数。

（二）使用嵌套序列创建矩阵

在 mat() 函数中输入嵌套序列，例如，numpy. mat([[2,4,6,8],[1.0,3,5,7.0]])，可创建一个 2 行 4 列的矩阵，矩阵中的元素为浮点数。

（三）使用一个数组创建矩阵

在 mat() 函数中输入数组，例如 numpy. mat(numpy. arange(9). reshape(3,3))，可创建一个 3 行 3 列的矩阵，矩阵中的元素为整数。

（四）使用 matrix() 函数创建矩阵

matrix() 函数可以将字符串、嵌套序列、数组和 matrix 转换成矩阵，其函数格式如下：

matrix(data,dtype = None,copy = True)

其中，data 是指输入的用于转换为矩阵的数据。如果 dtype 是 None，那么数据类型将由 data 的内容来决定。如果 copy 为 True，则会复制 data 中的数据，否则会使用原来的数据缓冲。如果没有找到数据的缓冲区，当然也会进行数据复制。这说明用 matrix 函数创建矩阵，如果修改矩阵的值是不会改变输入 matrix 函数的 data 数据值。

注意：用 mat() 函数创建矩阵时，若输入 matrix 或 ndarray 对象，则不会为它们创建副本。也就是说用 mat() 函数创建矩阵时，如果修改矩阵的值，同时会改变输入 mat() 函数的 matrix 或 ndarray 的值。

（五）使用 bmat() 函数创建矩阵

如果想将小矩阵组合成大矩阵，在 NumPy 中，可以使用 bmat 分块（BlockMatrix）矩阵函数实现，其函数格式如下：

bmat(obj,ldict = None,gdict = None)

其中，obj 为 matrix；ldict 和 gdict 为 None。

示例代码 example1 如下：

```
# -*- coding:utf-8 -*-
import numpy as np
#使用字符串创建矩阵
str = '123;456;789'
a = np. mat(str)
a[1,1] =11#修改 a 矩阵 1 行 1 列值，不会影响 str
print('用字符串创建矩阵:',a,str)#观察 str 输出没有变化
#使用嵌套序列创建矩阵
b = np. mat([[2,4,6,8],[1.0,3,5,7.0]])
print('用嵌套序列创建矩阵:',b)
#使用一个数组创建矩阵
arr = np. arange(9). reshape(3,3)#创建 3 行 3 列数组
c = np. mat(arr)
c[1,1] =55#修改 c 矩阵 1 行 1 列值，arr 值也跟着变化
print('数组创建矩阵:',c,arr)
```

```
#使用 matrix 函数创建矩阵
c = np.matrix(arr,dtype = np.float)#用 arr 数组创建矩阵
c[1,1] =66#修改 c 矩阵 1 行 1 列值，arr 值不变化
d = np.matrix([[2,4,6,8],[1.0,3,5,7.0]],dtype = np.int64)#用序列创建矩阵
e = np.matrix('123;456;789',dtype = np.str_)#用字符串创建矩阵
f = np.matrix(a,dtype = np.str_)#用 matrix 对象创建矩阵
print('用 matrix 函数创建矩阵',c,arr,d,e,f)
#使用 bmat 函数创建矩阵
a = np.mat('333;444')
b = np.mat('111;222')
print('用 bmat 函数创建矩阵:',np.bmat('ab;ba'))
```

二、矩阵的计算及操作

在 NumPy 中，矩阵的计算是针对整个矩阵中的每个元素进行的，不需要使用 for 循环，而且运算效率更高。在进行矩阵的加、减、除法运算时，只有相同行数和列数的矩阵才能相互进行计算，否则会抛出程序异常。

矩阵的乘法计算有计算矢量积和计算数量积两种方式，如果计算矢量积，则运算符采用星号（*），并且星号左边矩阵的列数要与星号右边矩阵的行数相等，运算结果是矩阵中对应元素相乘的累加和。例如计算两矩阵 ma * mb，则运算结果矩阵 mc 为：

mc[0,0] = ma[0,0] * mb[0,0] + ma[0,1] * mb[1,0] + ma[0,2] * mb[2,0] + … + ma[0,n] * mb[n,0]

mc[0,1] = ma[0,0] * mb[0,1] + ma[0,1] * mb[1,1] + ma[0,2] * mb[2,1]… + ma[0,n] * mb[n,1]

…

mc[i,j] = ma[i,0] * mb[0,j] + ma[i,1] * mb[1,j] + ma[i,2] * mb[2,j] + … + ma[i,n] * mb[n,j]

如果计算数量积，也称为矩阵的点乘操作，则使用 multiply 函数。该函数是 NumPy 的通用函数，执行方法是将矩阵的对应元素相乘，与矢量积运算方式不同，类似于 MATLAB 中的点乘。

矩阵常用的操作有矩阵转置、索引取值、求矩阵的行列数、排序和将列表转换成矩阵等。矩阵计算和操作示例代码 example2 如下：

```
# -*- coding:utf-8 -*-
import numpy as np
#矩阵计算
ma = np.mat([[6,4,2,8],[2.0,1,5,7.0]])#创建 2 行 4 列矩阵
mb = np.mat(np.arange(9).reshape(3,3))#创建 3 行 3 列矩阵
mc = np.mat(np.arange(8).reshape(2,4))#创建 2 行 4 列矩阵
#print('矩阵相加:',ma + mb)#不同行列数矩阵不能相加，会报错
print('矩阵相加:',ma + mc)#相同行列数矩阵能相加
```

```
print('矩阵相减:',ma - mc)
print('矩阵相除:',mc/ma)
#矩阵相乘 *, 执行计算矩阵的矢量积操作
print('矩阵相乘:',ma,mc.T,ma * mc.T)#mc.T 为转置操作
#使用函数 multiply, 执行计算矩阵数量积（点乘）操作
print('矩阵点乘:',np.multiply(ma,mc))
#矩阵操作
arr = np.array([[2,4,6,8],[1.0,3,5,7.0]])#创建数组
print('取矩阵 ma 第 1 行值',ma[0])#取矩阵第 1 行值
ma[1,1]#取矩阵第 2 行第 2 个数据
arr[1][1]#数组取值, 注意矩阵不能用 ma [1] [1] 取值, 会发生错误
ma.shape#获得 ma 矩阵的行列数
ma.shape[0]#获得 ma 矩阵的行数
ma.shape[1]#获得 ma 矩阵的列数
#索引取值
ma[0,:]#取得第 1 行的所有元素
print(ma[0,:])
ma[0,1:2]#第 1 行第 2 个元素, 注意左闭右开
print(ma[0,1:2])
ma.sort()#对每 1 行进行排序
print(ma)
#将 Python 的列表转换成 NumPy 的矩阵
list = [1,2,3,5,6]
np.mat(list)#列表转换成 NumPy 的矩阵
print(np.mat(list))
```

三、Numpy. random 模块生成随机数

在数据分析中，随机数不仅有利于数据分析，而且在机器学习方面随机数的使用也是机器学习算法配置和评估的重要部分。例如，神经网络中的权重的随机初始化和将数据分成随机的训练和测试集等。因此，生成随机数是数据分析中一项很重要的技术。

在 Python 中，可以通过 Python 中的 random 模块生成随机数，但是，其效率要远低于利用 NumPy 中的 random 模块生成随机数。numpy. random 模块提供了非常全的自动产生数据的 API，通过该模块中的函数可以很方便地生成随机数。下面介绍使用 numpy. random 模块中的函数生成随机数的常用方法。

（一）使用 rand() 函数

rand() 函数的格式如下：

numpy. random. rand(d0,d1,…,dn)

该函数的作用是生成一个（d0，d1，…，dn）维的数组，数组的元素取自［0，1）内均匀分布的随机数，但数组的元素不包括 1。若没有参数输入，则生成一个数。括号里面的

参数是指定产生数组的形状。

（二）randn( ) 函数

randn( ) 函数的格式如下：

numpy. random. randn(d0,d1,…,dn)

该函数的作用是生成一个（d0，d1，…，dn）维的数组，数组的元素是标准正态分布随机数。若没有参数输入，则生成一个数。括号里面的参数是指定产生数组的形状。

（三）randint( ) 函数

randint( ) 函数的格式如下：

numpy. random. randint(low,high,size,dtype)

该函数的作用是生成指定范围的随机数，随机数取值区间为［low，high），若没有输入参数 high 则取值区间为［0，low）。size 参数是元组，用于确定数组的形状，dtype 用于指定数组中的数据类型。

（四）random( ) 函数

random( ) 函数格式如下：

numpy. random. random(size = None)

该函数的作用是产生［0.0，1.0）之间的浮点数，但数组的元素不包括 1。size 表示生成元素个数。若没有参数输入，则生成一个数。

生成随机数的示例代码 example1 如下：

```
# -*- coding:utf-8 -*-
import numpy as np
#用 rand()生成随机数
a = np.random.rand()#生成一个数
b = np.random.rand(1)#生成 1 行 1 列数组
c = np.random.rand(2,3)#生成 2 行 3 列数组
print(a,b,c)
#用 randn()生成随机数
a = np.random.randn()#生成一个数
b = np.random.randn(1)#生成 1 行 1 列数组
c = np.random.randn(2,3)#生成 2 行 3 列数组
print(a,b,c)
#用 randint()生成随机数
a = np.random.randint(6)
b = np.random.randint(6,size = 1)
c = np.random.randint(6,size = (2,4),dtype = 'int64')
print(a,b,c)
#用 random()生成随机数
a = np.random.random(6)
b = np.random.random()
```

print(a,b)

除了上述产生随机数的函数外，random 模块还包括许多产生随机数的函数，如表 9-8 所示。

表 9-8　random 模块中其他产生随机数的函数

函数	说明
seed()	确定随机数生成器的种子
permutation()	返回一个序列的随机排列或返回一个随机排列的范围
shuffle()	对一个序列进行随机排列
binomial()	产生二项分布的随机数
normal()	产生正态（高斯）分布的随机数
beta()	产生 Beta 分布的随机数
chisquare()	产生卡方分布的随机数
gamma()	产生 Gamma 分布的随机数
uniform0	产生在［0，1］中均匀分布的随机数

第七节　使用 NumPy 读写文件

通常情况下，数据是以文件形式存储的。常用的存储文件的格式有文本文件、CSV 格式文件、二进制格式文件和多维数据文件等。其中 CSV（Comma - SeparatedValue，逗号分隔值）格式是一种常见的文件格式。通常，数据库的转存文件就是 CSV 格式的，文件中的各个字段对应于数据库表中的列。众所周知，电子表格软件（如 Microsoft Excel）可以处理 CSV 文件。

在数据分析中，经常需要从文件中读取数据或将数据写入文件，因此，学会读写文件操作是深入学习 NumPy 的基础。下面将分别介绍如何使用 NumPy 函数来读写一维或二维数组的文本文件、CSV 格式文件、二进制格式文件和多维数据文件。

一、使用 NumPy 读写文本文件

在 NumPy 中，loadtxt() 和 savetxt() 函数可以对文件后缀名为 . txt 和 . csv 的文件进行读写操作。

（一）将一维或二维数组写入 TXT 文件或 CSV 格式文件

在 NumPy 中，使用 savetxt() 函数可以将一维或二维数组写入后缀名为 . txt 或 . csv 的文件，该函数的格式如下：

numpy. savetxt(fname,array,fmt = '%. 18e',delimiter = None,newline = '\n',header = '',footer = '',comments = '#',encoding = None)

函数中参数说明如下：

（1）fname：文件、字符串或产生器，可以是 . gz 或 . bz2 的压缩文件；

（2）array：存入文件的数组（一维数组或者二维数组）；

（3） fmt：写入文件的格式，例如：%d，%.2f，%.18e，默认值是%.18e；

（4） delimiter：分割符，默认是空格；

（5） newline：换行符；

（6） header：在文件开头写入的字符串；

（7） footer：在文件末尾写入的字符串；

（8） comments：为添加到页眉和页脚的字符串标记注释符，默认值为#；

（9） encoding：设置输出文件的编码。如果编码不是 bytes 或 latin1，将无法在 NumPy1.14 以下版本中加载该文件，默认为 latin1。

其中，newline 参数是 NumPy1.5.0 版本中的新功能，header、footer、comments 参数是 NumPy1.7.0 版本中的新功能，encoding 参数是 NumPy1.14.0 版本中的新功能。这 5 个参数都是可选项。

【例 9－1】 创建一个元素范围为 0～11 的 3 行 4 列的数组，然后设置不同的参数，将该数组写入 TXT 文件和 CSV 文件。代码如下：

```
# -*- coding:utf-8 -*-
import numpy as np
arr = np.arange(12).reshape(3,4)
#fmt 默认取%.18e（浮点数），分割符默认是空格，写入文件保存在当前目录
np.savetxt('test1.txt',arr)
#写入文件的是十进制整数
np.savetxt('test2.txt',arr,fmt = '%d',delimiter = ',')
#在 test3.txt 文件头部和尾部都加#test3 注释，写入的文件是字符串
np.savetxt('test3.txt',arr,fmt = '%s',delimiter = ',',header = 'test3',footer = 'test3')
#在 test4.txt 文件头部加##test4 注释
np.savetxt('test4.txt',arr,fmt = '%d',delimiter = ',',header = 'test4',comments = '##')
#将 arr 数组保存为 CSV 文件
np.savetxt('test.csv',arr,fmt = '%d',delimiter = ',',header = 'test')
```

（二）读取 TXT 文件和 CSV 格式文件

在 NumPy 中，读取 TXT 文件和 CSV 格式文件的函数是 loadtxt()，该函数格式如下：

```
numpy.loadtxt(fname,dtype = <type'float'>,comments = '#',delimiter = None,
converters = None,skiprows = 0,usecols = None,unpack = False,ndmin = 0,encoding = 'byte')
```

函数中参数说明如下：

（1） fname：文件、字符串或产生器，可以是 .gz 或 .bz2 为扩展名的压缩文件；

（2） dtype：数据类型；

（3） delimiter：分割符，默认是空格；

（4） usecols：选取数据的列；

（5） unpack：如果 True，读入属性将分别写入不同变量；

（6） comments：注释符，默认值为#；

（7） converters：转换器，数据列和转换函数之间进行映射的字典；

（8） skiprows：跳过第一行的行数，默认值为 0；

（9）ndmin：返回的数组至少具有 ndmin 维度。值为 0（默认值）、1 或 2；

（10）encoding：用于解码输入文件的编码，默认为 bytes。

其中，除了 fname 参数外，其余参数为可选项。

【例 9－2】 利用 NumPy 函数实现读取 TXT 文件和 CSV 格式文件的操作。

（1）将上面中所创建的 test1. txt、test2. txt、test3. txt、test4. txt 和 test. csv 文件的数据读取并保存到数组中。

（2）创建学生通讯录的 CSV 文件，该文件中包含学生姓名、电话和 E－mail，并将其保存为 phone. csv 文件，然后从该文件中读取数据并保存到数组中。其中，学生通讯录 CSV 格式文件（列表形式，两值之间用逗号隔开）的数据如下：

id，name，tel，email

1，李明，13873321234，liming@163. com

2，王红，13656722231，wanghong@163. com

3，张艳，18534512367，zhangyan@sina. com

其代码如下：

```
# -*- coding:utf-8 -*-
import numpy as np
#从 test1. txt 文件中读取数据
arr1 = np. loadtxt('test1. txt')
print(arr1)
#从 test2. txt 文件中读取数据
arr2 = np. loadtxt('test2. txt',delimiter = ',')
#从 test3. txt 文件中读取数据
arr3 = np. loadtxt('test3. txt',dtype = np. int32,delimiter = ',')
#从 test4. txt 文件中读取数据
arr4 = np. loadtxt('test4. txt',delimiter = ',')
print(arr2,arr3,arr4)
#从 csv 文件中读取数据
arr5 = np. loadtxt('test. csv',delimiter = ',')
arr6 = np. loadtxt('phone. csv',dtype = np. str,delimiter = ',')
print(arr5,arr6)
```

二、使用 NumPy 读写二进制格式文件

在 NumPy 中，load( ) 和 save( ) 函数是专门用于读写二进制格式文件的，它们具有自动处理数组元素类型和形状的功能。savez( ) 函数能提供将多个数组存储至一个文件的能力，save( ) 函数保存之后后缀名为 npy，savez( ) 函数保存之后后缀名 . npz。

使用解压程序打开 npz 文件可以看到里面是若干个以“数组名称”命名的 NPY 格式的文件，数组名称默认为“arr_数字”的形式，在 savez( ) 函数中可以通过指明函数的参数名称来命名数组。

（一）使用 save( ) 或 savez( ) 函数写二进制格式文件

save( ) 或 savez( ) 函数的格式如下：

numpy. save(file,array)或 numpy. savez(file,array)

函数中参数说明如下：

（1）file：文件名，以 . npy 为扩展名，压缩扩展名为 . npz；

（2）array：数组变量。

（二）使用 load( ) 函数读取二进制格式文件

load( ) 函数的格式如下：

numpy. load(file)

其中，file 为文件名，以 . npy 为扩展名，压缩扩展名为 . npz。

load( )、save( ) 和 savez( ) 函数的示例代码 example1 如下：

```
# -*- coding:utf -8 -*-
import numpy as np
#load 和 save 函数的示例代码
arr1 = np. arange(30). reshape(3,5,2)
np. save('arr1. npy',arr1)
arr_a = np. load('arr1. npy')
print(arr_a)
#load 和 savez 函数的示例代码
arr2 = np. arange(20). reshape(4,5)
np. savez('arr2. npz',arr1,arr2)
arr_b = np. load('arr2. npz')
print(arr_b)
```

三、使用 NumPy 读写多维数据文件

在 NumPy 中，tofile( ) 和 fromfile( ) 函数可用于读写多维数据文件。

（一）使用 tofile( ) 函数写入多维数据文件

tofile( ) 函数的格式如下：

数组名 . tofile(fid,sep = '',format = '% s')

函数中的参数说明如下：

1. fid：文件、字符串；
2. sep：数据分割符，如果是空串，写入文件为二进制，即默认为空串；
3. format：写入数据的格式。

（二）使用 fromfile( ) 函数读取多维数据文件

fromfile( ) 函数的格式如下：

numpy. fromfile(file,dtype = float,count = -1,sep = '')

函数中的参数说明如下：

1. file：文件、字符串；

2. dtype：读取的数据类型。读取数据的时候都需要指定数据类型，默认为浮点型；

3. count：读入元素个数，－1 表示读入整个文件；

4. sep：数据分割符，如果是空串，写入文件为二进制形式。

tofile( ) 和 fromfile( ) 函数的示例代码 example2 如下：

```
# -*- coding:utf-8 -*-
import numpy as np
#tofile 和 fromfile 函数的示例代码
arr1 = np.arange(30).reshape(3,5,2)
arr1.tofile('arr.dat',sep = ',',format = '% d')
arr = np.fromfile('arr.dat',dtype = np.int32,sep = ',').reshape((5,3,
print(arr)
```

四、NumPy 常用的统计函数

NumPy 的统计函数可以实现对整个数组或者是沿着数组轴方向的统计计算，常用的统计函数有求最大值和最小值，求和与平均值，计算百分位数、中位数、标准差和方差等。

（一）求最大值和最小值的函数

在 NumPy 中，求数组最大值的函数是 amax( ) 和 nanmax( )，求数组最小值的函数是 amin( ) 和 nanmin( )，其中，amax( ) 和 amin( ) 函数用于返回一个数组的最大值和最小值或者是沿轴返回数组的最大值和最小值；nanmax( ) 函数和 nanmin( ) 函数用于返回忽略任何 NaN 的数组的最大值和最小值或者是沿轴返回忽略任何 NaN 的数组的最大值和最小值。

如果数组是全 NaN 切片，将会出现运行警告（Runtime Warning)，并为该切片返回 NaN。

amax( ) 函数的格式如下：

```
numpy.amax(a,[axis = None[,out = None[,keepdims = False]]])
```

函数中的参数说明如下：

1. a：输入数据；

2. axis：指定沿着某个轴来计算最大值，axis = 0 表示按列，axis = 1 表示按行，默认值 None 表示对整个数组；

3. out：替代输出数组，用于放置结果，默认值为 None；

4. keepdims：默认值为 False，输出行维度为 1，如果设置为 True，则输出列维度为 1。

amax( ) 函数除了 a 参数外，其余参数为可选项。而 amin( )、nanmax( )、nanmin( ) 与 amax( ) 的函数格式和参数相同。另外，也可以使用 max( ) 函数和 min( ) 函数求序列或数组的最大值和最小值。但是对于大型数组而言，使用 amax( ) 函数和 amin( ) 函数性能会更好。

最大值和最小值的函数的示例代码 example1 如下：

```
# -*- coding:utf-8 -*-
import numpy as np
arr = np.array([[0,3,1,5],[2,4,6,1],[2,8,9,2]])
#求 arr 数组的最大值
max1 = np.amax(arr)
#求 arr 数组垂直方向的最大值
```

```
max2 = np.amax(arr,axis = 0)
#求 arr 数组水平方向的最大值
max3 = np.amax(arr,axis = 1)
max4 = np.max(arr,axis = 1)
print(max1,max2,max3,max4)
#amin 函数与 nanmin 函数的区别
arr = np.arange(5,dtype = float)
print(arr)#[0. 1. 2. 3. 4. ]
arr[3] = np.nan
a = np.amin(arr)
print(a)#用 amin 函数输出 NaN
b = np.nanmin(arr)
print(b)#用 nanmin 函数输出 0.0
```

（二）求沿轴方向的取值范围

在 NumPy 中，使用 ptp( ) 函数能返回沿某轴（axis）方向上的最大值与最小值的差值，即 maximum - minimum 的值形成的数组。ptp( ) 函数的格式如下：

numpy.ptp(a,[axis = None[,out = None]])

函数中的参数说明如下：

1. a：输入数据；

2. axis：指定沿着某个轴来计算差值，axis = 0 表示按列，axis = 1 表示按行，默认值 None 表示对整个数组；

3. out：替代输出数组，用于放置结果，默认值为 None。

该函数除了 a 参数外，其余参数为可选项。

ptp( ) 函数的示例代码 example2 如下：

```
# -*- coding:utf-8 -*-
import numpy as np
arr = np.arange(12).reshape((3,4))
a = np.ptp(arr,axis = 0)
print(a)#[8888]差值形成的数组
b = np.ptp(arr,axis = 1)
print(b)#[333]差值形成的数组
```

（三）求百分位数

在 NumPy 中，使用 percentile( ) 和 nanpercentile( ) 函数可以沿某轴（axis）方向计算数组中第 q 数值的百分位数。percentile( ) 函数的格式如下：

percentile(a,q[,axis,out,…])

函数中的主要参数说明如下：

1. a：数组或可以转化成数组的对象；

2. q：[0，100] 范围的浮点数；

3. axis：指定沿着某个轴来计算百分位数，axis = 0 表示按列，axis = 1 表示按行，默认值 None 表示对整个数组。

percentile( ) 函数除了 a、q 参数外，其余参数为可选项。percentile( ) 函数还可以计算多维数组的任意百分比分位数。所谓百分比分位数就是位于 q% 位置处的值，称为第 q 百分位数。但要注意，数列要递增排序后再计算。

nanpercentile( ) 函数格式与 percentile( ) 函数格式相同，只是在计算百分位数时会忽略数组中的 NaN 值。

（四）求中位数

在 NumPy 中，利用 median( ) 和 nanmean( ) 函数可以沿某轴（axis）方向计算数组中的中位数。median( ) 函数格式如下：

numpy. median(a[,axis,out,overwrite_input,keepdims])

函数中的主要参数说明如下：

1. a：数组或可以转化成数组的对象；

2. axis：指定沿着某个轴来计算中位数，axis = 0 表示按列，axis = 1 表示按行，默认值 None 表示对整个数组。

median( ) 函数除了 a 参数外，其余参数为可选项。median( ) 相当于 percentile( ) 函数在参数 q = 50 时的值。

nanmedian( ) 函数是计算数组 a 在沿某轴（axis）方向上忽略 NaN 值的中位数。

求百分位数和中位数的示例代码 example3 如下：

```
# -*- coding:utf-8 -*-
import numpy as np
arr = np. arange(12). reshape((3,4))
#使用 percentile 函数求百分位数
a = np. percentile(arr,50)#相当于求中位数
b = np. percentile(arr,50,axis = 0)#输出[4. 5. 6. 7. ]
c = np. percentile(arr,60,axis = 0)#输出[4. 85. 86. 87. 8]
print(a,b,c)
#使用 median 函数求中位数
d = np. median(arr)#输出 5. 5
e = np. median(arr,axis = 0)#输出[4. 5. 6. 7. ]
f = np. median(arr,axis = 1)#输出[1. 55. 59. 5]
print(d,e,f)
```

（五）求和与加权平均值

在 NumPy 中，sum( ) 函数是沿某轴（axis）方向计算数组中相关元素之和，函数格式如下：

sum(a[,axis = None])

average( ) 函数是沿某轴（axis）方向计算数组中相关元素的加权平均值。加权平均值的数学概念是有 n 个数 X1，X2，…，Xn 的权分别是 W1，W2，…，Wn，那么，这 n 个数的加权平均值为：(X1W1 + X2W2 + … + XnWn)/(W1 + W2 + … + Wn)

当每个数对应的权重为1时，也就是计算平均数。average() 函数的格式如下：

average(a[,axis = None,weights = None])

函数中的主要参数说明如下：

1. a：输入数组；

2. axis：指定沿着某个轴来计算和或平均值，axis = 0 表示按列，axis = 1 表示按行，默认值 None 表示对整个数组；

3. weights：表示权重值。当权重值为一维数组时，其长度必须与沿指定轴方向的长度一致。另外，权重值数组也可以与a数组的形状相同。

sum() 和 average() 函数除了a参数外，其余参数为可选项。

求和与加权平均值的示例代码 example4 如下：

```
# -*- coding:utf-8 -*-
import numpy as np
arr = np.arange(12).reshape((3,4))
#计算和
a = np.sum(arr)
b = np.sum(arr,axis =0)
c = np.sum(arr,axis =1)
print(a,b,c)
#计算权重值为1时的加权平均值
a = np.average(arr)
b = np.average(arr,axis =0)
c = np.average(arr,axis =1)
print(a,b,c)
```

（六）算术平均数

算术平均数是所有元素的总和除以元素的数量。在 NumPy 中，mean() 和 nanmean() 函数可以计算数组或者轴方向的算术平均数，函数格式如下：

mean(a[,axis = None])

函数中的主要参数说明如下：

1. a：输入数组。

2. axis：指定沿着某个轴来计算算术平均数，axis = 0 表示按列，axis = 1 表示按行，默认值 None 表示对整个数组。

mean() 函数除了a参数外，其余参数为可选项。nanmean() 函数在计算算术平均数时如果遇到 NaN 值会忽略。

（七）标准差

标准差也称为标准偏差，其定义是总体中各单位标准值与其平均数离差平方的算术平均数的平方根，它反映组内个体间的离散程度。在 NumPy 中，计算标准差的函数有 std() 和 nanstd()。std() 函数的格式如下：

numpy.std(a[,axis = None])

函数中的主要参数说明如下：

1. a：输入数组；

2. axis：指定沿着某个轴来计算标准差，axis = 0 表示按列，axis = 1 表示按行，默认值 None 表示对整个数组。

std( ) 函数除了 a 参数外，其余参数为可选项。nanstd( ) 函数在计算标准差时如果遇到 NaN 值会忽略。

(八) 方差

方差是元素与元素的平均数差的平方的平均数 mean(abs(x - x.mean()) ** 2)。在 NumPy 中，计算方差的函数有 var( ) 和 nanvar( )。var( ) 函数的格式如下：

numpy.var(a[,axis = None,dtype = None])

函数中的主要参数说明如下：

1. a：输入数组。

2. axis：指定沿着某个轴来计算方差，axis = 0 表示按列，axis = 1 表示按行，默认值 None 表示对整个数组。

3. dtype：数据类型。

var( ) 函数除了 a 参数外，其余参数都为可选项。nanvar( ) 函数在计算方差时会忽略数组中的 NaN 值。

计算算术平均数、标准差与方差的示例代码 example5 如下：

```
# -*- coding:utf-8 -*-
import numpy as np
arr = np.arange(12).reshape((3,4))
#计算算术平均数
a = np.mean(arr)
b = np.mean(arr,axis = 0)
c = np.mean(arr,axis = 1)
print(a,b,c)
#计算标准差
a = np.std(arr)
b = np.std(arr,axis = 0)
c = np.std(arr,axis = 1)
print(a,b,c)
#计算方差
a = np.var(arr)
b = np.var(arr,axis = 0)
c = np.var(arr,axis = 1)
print(a,b,c)
```

五、NumPy 的排序函数

在数组的统计分析中，经常需要对数组进行排序、去重与重复、搜索和计数等操作。而这些操作是通过执行 NumPy 中的相关函数来实现的，下面先对数组的排序进行介绍。

NumPy 的排序方式主要分为直接排序和间接排序两种。直接排序是指对数值直接进行排序；间接排序是指根据一个或多个键对数据集进行排序。在 NumPy 中，直接排序常用 sort( ) 函数，而间接排序常用 argsort( ) 函数和 lexsort( ) 函数。

（一） sort( ) 函数

sort( ) 函数用于返回输入数组的排序副本，函数格式如下：

numpy. sort(arr[,axis,kind,order])

函数中主要参数说明如下：

1. arr：输入数组；

2. axis：指定沿着某个轴排序数组，axis = 0 表示按列排序，axis = 1 表示按行排序。若没有设置 axis，则按行排序；

3. kind：指定排序算法是快速排序（Quicksort）、归并排序（Mergesort）或是堆排序（Heapsort），默认值为 Quicksort；

4. order：如果数组包含字段，则用于指明排序的字段。

sort( ) 函数除了 arr 参数外，其余参数都为可选项。

sort( ) 函数示例代码 example1 如下：

```
# -*- coding:utf-8 -*-
import numpy as np
arr = np. array([[4,5,3],[8,1,7]])
print('原数组',arr)
a = np. sort(arr)#调用 sort( )函数
print('sort( )函数排序',a)
b = np. sort(arr,axis = 0)#沿轴 0 排序
print('沿轴 0 排序',b)
c = np. sort(arr,axis = 1)#沿轴 1 排序
print('沿轴 1 排序',c)
#使用 sort 函数设置排序字段
dt = np. dtype([('name',np. str,10),('age',int)])
arr = np. array([("李明",19),("王力",21),("张艳",18)],dtype = dt)
print('自定义的数组是:',arr)
print('按 name 排序:')
print(np. sort(arr,order = 'name'))
```

（二） argsort( ) 函数

argsort( ) 函数用于使输入数组沿着给定轴执行间接排序，并根据指定排序类型返回数据的索引数组。使用该索引数组可以获得排序数据。

argsort( ) 函数的格式和参数与 sort( ) 函数相同。其示例代码 example2 如下：

```
# -*- coding:utf-8 -*-
import numpy as np
```

```
arr = np.array([4,5,3,8,1,7])
print('原数组',arr)
a = np.argsort(arr)#数组排序后的索引数组
print('调用 argsort()函数:',a)
#根据索引数组重构排序数组
print('用循环输出排序数组')
for i in a:
    print(arr[a])
```

(三) lexsort() 函数

lexsort() 函数使用键序列执行间接排序，键可以看作是电子表格中的一列，最后一个键是排序的主键，该函数返回一个索引数组。使用该索引数组可以获得排序数据。lexsort() 函数格式如下：

numpy.lexsort(keys[,axis])

函数中主要参数说明如下：

1. keys：键序列。
2. axis：指定沿着某个轴排序数组，为可选项。

其示例代码 example3 如下：

```
# -*- coding:utf-8 -*-
import numpy as np
k = ('name','age','tel')
v = ('李明','21','13871234456')
ind = np.lexsort((k,v))
print('调用 lexsort()函数:',ind)
print('使用这个索引来获取排序后的数据:')
print([k[i] + "," + v[i]for i in ind])
```

六、NumPy 的去重与重复函数

在数据处理过程中，不可避免地会出现“脏”数据的情况，而重复数据就是“脏”数据的情况之一。在 NumPy 中，可以通过 unique() 函数找出数组中去重后的元素并返回已排序的数组，从而实现去除数组中重复数据的目的。

另外，在统计分析中，经常还会遇到需要将一个数据重复若干次的情况。在 NumPy 中，为了实现数据重复，可使用 tile() 函数和 repeat() 函数。下面将介绍是 NumPy 的去重与重复函数应用。

(一) unique() 函数

unique() 函数可以返回输入数组中所有不同的值（即去重后的值），并且按照从小到大的顺序排列。即 unique() 函数能够返回由输入数组中的去重后的值组成的去重数组、去重数组的索引数组、去重数组的下标和去重值的重复数量等结果。

unique() 函数格式如下：

numpy. unique(arr,return_index,return_inverse,return_counts)

函数中主要参数说明如下：

1. 参数 arr 表示输入的数组，如果不是一维数组则会展开；
2. return_index 如果为 True，返回输入数组中去重数组的索引数组；
3. return_inverse 如果为 True，返回去重数组的下标，它可以用于重构输入数组；
4. return_counts 如果为 True，返回去重数组中的元素在原数组中的出现次数。

unique( ) 函数的示例代码 example1 如下：

```
# -*- coding:UTF-8 -*-
import numpy as np
#创建数组 arr
arr = np. array([3,7,5,6,8,9,7,2,6,2,5,9,10])
print('第 1 个数组:',arr)
print('第 1 个数组的去重(去重后的值)数组:')
arr_u = np. unique(arr)
print(arr_u)
print('去重数组的索引数组:')
u_index = np. unique(arr,return_index = True)
print(u_index)
print('查看原数组中的元素相对于去重数组中的元素的索引值')
print('原数组',arr)
print('用去重数组下标标记原数组中元素:')
arr_u,u_inverse = np. unique(arr,return_inverse = True)
print(u_inverse)
print('使用去重数组下标重构原数组:')
print(arr_u[u_inverse])
print('返回去重后的值的重复数量:')
arr_u,u_inverse = np. unique(arr,return_counts = True)
print(u_inverse)
```

(二) tile( ) 函数

tile( ) 函数是模板 numpy. lib. shape_ base 中的函数。该函数的作用是将一个已有的数组重复一定的次数。该函数的格式如下：

numpy. tile(a,reps)

tile( ) 函数有 2 个参数，其中，参数 a 指定重复的数组；参数 reps 指定重复的次数。

tile( ) 函数的示例代码 example2 如下：

```
# -*- coding:UTF-8 -*-
import numpy as np
arr = np. array([10,20])
#输出[10201020]
a = np. tile(arr,2)
```

```
#输出[[10201020],[10201020],[10201020]]
b = np. tile(arr,(3,2))
#输出[[42. 42. ],[42. 42. ],[42. 42. ]]
c = np. tile(42. 0,(3,2))
print(a,'\n',b,'\n',c)
```

（三）repeat() 函数

repeat() 函数的格式如下：

numpy. repeat(a,repeats,axis = None)

repeat() 函数有 3 个参数，其中，参数 a 指定需要重复的数组元素；参数 repeats 指定重复的次数；参数 axis 指定沿着哪个轴进行重复。

repeat() 函数的示例代码 example3 如下：

```
# -*- coding:UTF -8 -*-
import numpy as np
a = np. repeat(7. ,4)#输出[7. 7. 7. 7. ]
arr = np. array([10,20])#定义数组
b = np. repeat(arr,[3,2])#输出[1010102020]
arr = np. array([[10,20],[30,40]])#定义数组
#沿轴 0 重复数据，输出[[1020],[1020],[1020],[3040],[3040]]
c = np. repeat(arr,[3,2],axis =0)
#沿轴 1 重复数据，输出 [ [1010102020], [3030304040]]
d = arr. repeat([3,2],axis =1)
print('数据重复 4 次',a,'\n 元素重复',b,'\n 沿轴 0 重复数据',
c," \n 沿轴 1 重复数据",d)
```

tile() 函数和 repeat() 函数的主要区别在于，tile() 函数是对数组进行重复操作，而 repeat() 函数是对数组中的每个元素进行重复操作。

七、NumPy 的搜索和计数函数

在 NumPy 中有一些用于在数组内搜索的函数，通过这些搜索函数可以很方便地在数组中查找到满足某些条件的元素，然后根据数据分析的需要进行相关的操作。常用的数组内搜索函数有 argmin()、nanargmin()、argmax()、nanargmax()、nonzero()、where() 和 extract() 等。

nanargmin()、nanargmax() 函数用于沿指定轴返回忽略了 NaN 的最小值和最大值的索引。其中，argmin() 函数的格式如下：

numpy. argmin(a[,axis = None])

argmin() 函数有 2 个参数。其中，参数 a 为输入数组；参数 axis 指定沿着哪个轴进行查找操作，参数 axis 为可选项。

nanargmin()、argmax() 和 nanargmax() 函数格式与 argmin() 函数格式相同。

argmin()、nanargmin()、argmax() 函数的示例代码 example1 如下：

```
# -*- coding:UTF -8 -*-
```

```
import numpy as np
arr = np.array([[3,15,2],[30,7,10]])
print('原数组是:',arr)
#调用 argmax()函数
maxindex = np.argmax(arr)
print('最大值索引',maxindex)
maxindex0 = np.argmax(arr,axis = 0)
print('沿轴 0 的最大值索引:',maxindex0)
maxindex1 = np.argmax(arr,axis = 1)
print('沿轴 1 的最大值索引:',maxindex1)
#调用 argmin()函数
minindex = np.argmin(arr)
print('最小值索引',minindex)
print('展开数组中的最小值',arr.flatten()[minindex])
minindex0 = np.argmin(arr,axis = 0)
print('沿轴 0 的最小值索引:',minindex0)
minindex1 = np.argmin(arr,axis = 1)
print('沿轴 1 的最小值索引:',minindex1)
#调用 nanargmin() 函数
arr = np.array([[3,15,2],[30,7,10]],dtype = float)
arr[0,1] = np.nan#设置数组有 nan 值
print(arr)
minindex = np.nanargmin(arr)
print('最小值索引',minindex)
print('展开数组中的最小值',arr.flatten()[minindex])#输出 2.0
```

nonzero() 函数用于返回输入数组中非零元素的索引。函数的格式如下：

numpy.nonzero(a)

nonzero() 函数中参数 a 为输入数组。

其示例代码如下：

```
# -*- coding:UTF-8 -*-
import numpy as np
#调用 nonzero() 函数
arr = np.array([[3,0,2],[0,7,1]])
#输出(array([0,0,1,1],dtype = int64),array([0,2,1,2],dtype = int64))
print(np.nonzero(arr))
```

where() 函数用于返回输入数组中满足给定条件 x 的元素的索引，或者是当给定的条件 x 为 True 时，返回 y 数据，否则返回 z 数据。函数的格式如下：

numpy.where(x[,y,z])

其中，x 为条件表达式；y 为 x 为 True 时的取值；z 为 x 为 False 时的取值。

其示例代码如下：

```
# -*- coding:UTF-8 -*-
import numpy as np
arr = np. arange(8). reshape(2,4)
x = np. where(arr >4)
print('大于 4 的元素的索引:',x)
print('用索引来获取满足条件的元素',arr[x]))
```

extract() 函数用于返回满足任何条件的元素。函数的格式如下：

numpy. extract(x,a)

其中，x 为条件表达式；a 为输入数组。

其示例代码如下：

```
# -*- coding:UTF-8 -*-
import numpy as np
arr = np. arange(8). reshape(2,4)
#定义条件
condition = np. mod(arr,2) ==0
print('按元素的条件值:',condition)
print('使用条件提取元素:')
print(np. extract(condition,arr))
```

count_nonzero() 函数可以统计 NumPy 数组中非 0 元素的个数。该函数的格式如下：

numpy. count_nonzero(a)

其中，a 为输入数组。

其示例代码如下：

```
# -*- coding:UTF-8 -*-
import numpy as np
arr = np. arange(8). reshape(2,4)
a = np. count_nonzero(arr)
print(a)
```

练习题

1. 请简述什么是花式索引。
2. 请简述什么是数组的转置。
3. 请简述什么布尔型索引。
4. 请简述什么是标量运算。
5. 请简述创建 NumPy 数组的函数有哪些？

第十章　Python pandas 教程

pandas 库是用于数据分析的著名开源 Python 库。pandas 是以 NumPy 为基础进行设计的，因此 pandas 不仅能与其他大多数模块兼容，而且还能借力 NumPy 模块强大的计算能力，因此，在数据分析中 pandas 和 NumPy 这两个模块经常是一起使用，用于数据挖掘和数据分析，同时也提供数据清洗功能。

注意：在安装 pandas 之前，先要安装 Python。

pandas 是目前所有使用 Python 语言研究和分析数据集的专业人士在做相关统计分析和决策时都需要使用的不可或缺的工具。pandas 的核心是 Series 和 DataFrame 两大数据结构，数据分析相关的所有事务都是围绕着这两种结构进行的。

Series 是一种类似于一维数组的对象，它是由一组数据（可以是 NumPy 中任意类型的数据）以及一组与之相关的数据标签组成的。

DataFrame 对象的数据结构与工作表（最常见的是 Excel 工作表）极为相似，其设计初衷是将 Series 的使用场景由一维扩展到多维。DataFrame 数据结构是由按一定顺序排列的多列数据组成的，各列的数据类型可以有所不同（数值、字符串或布尔值等）。

本章 Python pandas 的教程，它将教会你如何快速便捷的处理数据。

本章内容

1. Python pandas 简介、测试、安装与导入
2. pandas Series 对象创建及常用操作
3. pandas DataFrame 对象创建及常用操作
4. pandas 索引
5. pandas 数据结构之间的运算
6. pandas 函数
7. pandas 文件读写
8. pandas 数据库的使用
9. pandas 基本统计分析
10. pandas 数值处理
11. 矢量化的字符串函数

学习寄语

你如果做数据科学，需要做得好的话，要多了解统计学。统计学，不仅研究如何从数据

中把信息和规律提取出来，找出最优化的方案；也是研究如何把数据当中的不确定性量化出来。如果要自己设计开发算法，那么定量分析也需要涉及，数据分析对数学要求比较高。如果你捣浆糊做调参数科学家，那就不是特别需要。还有另外 BI 或者 Data engineering，纯粹的 IT 开发，逻辑重于数学。但是逻辑能力，以及对业务逻辑的理解能力很重要。还有一种是我这样的，以 BI 为辅，主要去跟进业务的，那么重要的还是逻辑能力，要通过各种手段去发现业务异常，去和管理层沟通。

第一节 Python pandas 简介

Python pandas 是一个专门用于数据分析的开源 Python 库。pandas 是目前所有使用 Python 语言研究和分析数据集做相关统计分析和决策时都需要使用的不可或缺的工具。pandas 库最初是由 Wes McKinney 一人于 2008 年开发设计的，2012 年，Wes McKinney 的同事 SienChang 加入开发工作，他们一起开发出了用于数据分析的著名开源 Python 库 pandas。

pandas 是以 NumPy 为基础进行设计的，因此 pandas 不仅能与其他大多数模块兼容，而且还能借力 NumPy 模块强大的计算能力，因此，在数据分析中 pandas 和 NumPy 这两个模块经常是一起使用的。另外，为了数据分析的需要，pandas 既不使用 Python 已有的内置数据结构，也不使用其他库的数据结构，而是专门设计了两种新型的数据结构。使用这两种数据结构管理与 SQL 关系数据库和 Excel 工作表具有类似特征的数据会非常方便。由于 pandas 最初是作为金融数据分析工具而开发出来的，因此，pandas 为时间序列分析提供了很好的支持。

根据开发 pandas 时提出的需求，pandas 的基本功能如下：

具备按轴自动或显式数据对齐功能的数据结构。这可以防止许多由于数据未对齐以及来自不同数据源（索引方式不同）的数据而导致的常见错误；

集成时间序列功能；

既能处理时间序列数据也能处理非时间序列数据的数据结构；

数学运算和约简（比如对某个轴求和）可以根据不同的元数据（轴编号）执行；

灵活处理缺失数据；

合并及其他出现在常见数据库（例如基于 SQL）中的关系型运算。

pandas 与 NumPy 安装方法相同。在安装 pandas 之前，先要安装 Python，由于 pandas 是 Python 环境中的一个独立模块，在 Python 的默认安装环境下是未安装 pandas 的。

一、测试 Python 环境中是否安装 pandas

当 Python 安装完成后，在 Windows 操作系统下，按【Windows】+【R】键，进入 cmd 命令窗口，输入“python”命令，按【Enter】键，进入 Python 命令窗口。在 Python 命令窗口中输入“from pandas import *”导入 pandas 模块，如果在命令窗口中出现“Module-NotFoundError：No module named‘pandas’”的错误提示，则需要安装 pandas 软件包，否则表明已安装了 pandas 软件包。

二、在 Windows 操作系统下安装 pandas 软件包

下载 pandas 软件包。

首先访问 https://www.lfd.uci.edu/~gohlke/pythonlibs/网址，然后，根据计算机上所安装的 Python 版本和操作系统版本来选择下载相应的 pandas 软件包。例如，在 Windows（64 位）操作系统下安装了 Python3.8，则选择下载 pandas 软件包为 pandas－0.23.4－cp38－cp38m－win_amd64.whl。

（1）将下载的软件包拷贝在 Python 安装目录的 Scripts 文件夹下，例如 Python3.8 安装目录 D:\Python，则将下载的软件包拷贝到 D:\Python\Scripts 目录下。

（2）按【Windows】+【R】键，进入 cmd 命令窗口。

（3）在 cmd 命令窗口中输入"pip install D:\Python\Scripts\pandas－0.23.4－cp36－cp36m－win_amd64.whl"命令，按【Enter】键，进入 pandas 模块安装，安装界面如图 10－1 所示：

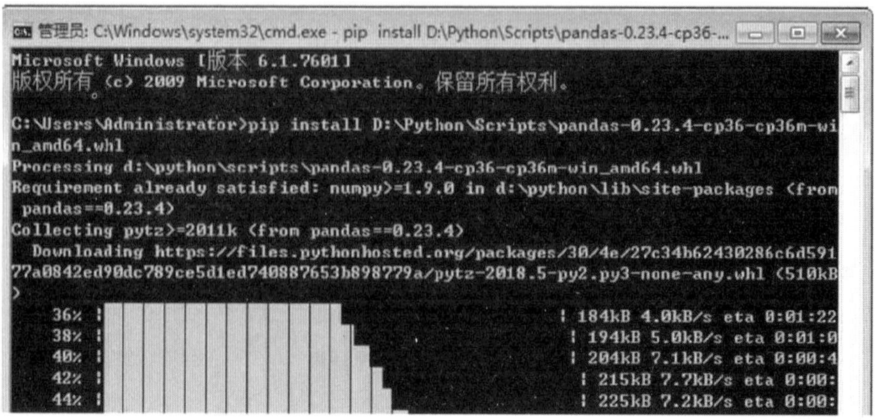

图 10－1 安装 pandas 软件包

（4）安装成功就会提示"Successfully installed pandas－0.23.4pytz－2018.5"。

三、PyCharm 安装 pandas 方法

在 pandas 软件包安装成功后，打开 PyCharm，选择"File－>settings－>project 当前项目名－>Project Interpreter"，单击【Project Interpreter】栏下拉列表按钮右边的设置按钮，将会弹出上下文菜单，选择"Add Local"菜单，则弹出创建虚拟环境对话框。

在该对话框中选择"Existing Environment"项，单击【Interpreter】栏的下拉列表，选择 D:/python/python.exe（即 Python 安装路径），单击【OK】按钮，加入安装好的 pandas 软件包，单击【Apply】按钮，最后单击【OK】按钮即可。

pandas 的导入方法。pandas 安装测试成功后，在编写代码时，首先需要导入 pandas 库，导入方法是使用 Python 语句中的导入模块语句。例如：

```
import pandas as pd
```

或者

```
from pandas import *
```

第二节 pandas Series 对象创建及常用操作

pandas 的核心是 Series 和 DataFrame 两大数据结构，在日常生活中与数据分析相关的所有事务都是围绕着这两种结构进行的。其中 Series 数据结构用于存储一个序列的一维数组，而 DataFrame 数据结构则用于存储复杂数据的二维数据结构。虽然这些数据结构不能解决所有的问题，但它们为大多数应用提供了有效且强大的工具，就简洁性而言，理解和使用它们都很简单。此外，很多更为复杂的数据结构都可以追溯到这两种结构。现在对这两种结构中的 Series 重点介绍。

Series 是一种类似于一维数组的对象，它是由一组数据（可以是 NumPy 中任意类型的数据）以及一组与之相关的数据标签组成的。Series 对象的内部结构是由两个相互关联的数组组成的，其中用于存放数据（即值）的是 value 主数组，主数组的每个元素都有一个与之相关联的标签（即索引），这些标签存储在另外一个叫 Index 的数组中。

Series 的表现形式为：索引在左边，值在右边。例如，Series 对象［2，4，－3，7］的内部结构如图 10－2 所示：

Series	
index	value
0	2
1	4
2	-3
3	7

图 10－2 Series 内部结构

一、创建 Series 对象

（一）通过 Series( ) 构造函数创建

创建 Series 对象的 Series( ) 构造函数如下：

```
pandas. Series(data[ ,index])
```

函数中的参数说明如下：

data：是输入给 Series 构造器的数据，它可以是 NumPy 中任意类型的数据；

index：是 Series 对象中数据的标签（即索引）。

创建过程：调用 Series( ) 构造函数，把要存放在 Series 对象中的数据以数组形式传入，就能创建一个 Series 对象。例如，在 Jupyter Notebook 下输入下列代码：

```
In[1]:import pandas as pd
In[2]:se1 = pd. Series([2,4, -3,7])
```

此代码声明了一个 Series 对象 se1，输出 se1，可见左边是标签，右边是标签对应的元素。

```
In[3]:se1
Out[3]:0 2
```

```
1 4
2 -3
3 7
dtype:int64
```

声明 Series 时，若不指定标签，pandas 默认使用从 0 开始依次递增的数值作为标签，此时，标签与 Series 对象中元素的索引（在数组中的位置）是一致的。但是，如果想对各个数据使用有特定意义的标记（标签），就必须在调用 Series（）构造函数时，指定 index 选项，把存放有标签的数组赋值给 index。例如，设置标签的 Series 声明如下：

```
In[4]:se2 = pd.Series([2,4,-3,7],index = ['b','c','a','d'])
In[5]:se2
Out[5]:b 2
c 4
a -3
d 7
dtype:int64
```

（二）用 NumPy 数组或其他 Series 对象定义新的 Series 对象

用 NumPy 数组定义新的 Series 对象代码如下：

```
In[6]:import numpy as np
In[7]:arr = np.array([2,3,4,5])
In[8]:se3 = pd.Series(arr)
In[9]:se3
Out[9]:0 2
1 3
2 4
3 5
dtype:int32
```

用其他 Series 对象定义新的 Series 对象命令如下：

```
In[10]:se4 = pd.Series(se2)
In[11]:se4
Out[11]:b 2
c 4
a -3
d 7
dtype:int64
```

注意：利用这两种方法创建的新 Series 对象中的元素不是原 NumPy 数组或 Series 对象元素的副本，而是对它们的引用。也就是说，这些对象是动态插入到新 Series 对象中的。如改变原有对象元素的值，新 Series 对象中这些元素也会发生变化。

（三）将字典转换为 Series 对象

如果数据存放在字典中，字典中的一个键与值的映射关系，可以被看成是 Series 对象中的索引值到数据值的一个映射，因此，可以将字典直接转换为 Series 对象。

In[12]:s_data = {'s_number':20171010,'Normal':86,'exam':90}

In[13]:se5 = pd. Series(s_data)

In[14]:se5

Out[14]:s_number 20171010

Norma l86

exam 90

dtype:int64

注意：将字典直接转换为 Series 对象，当字典中值发生变化时，转换为 Series 对象中的元素不会变化。同样，也可以将 Series 对象转换成字典。

（四）查看 Series 值和标签

通过 Series 的属性 values 和 index 可查看值和标签。

例如：se2. values 查看值和 se2. index 查看标签。

（五）选择内部元素

Series 索引的工作方式类似于 NumPy 数组的索引，只不过 Series 的索引值不只是整数。

1. 选择单个元素。若想获取 Series 对象的内部元素，把它看成普通的 NumPy 数组，指定索引即可。例如，se1[2]获取元素是 -3。

或者指定位于索引位置处的标签。例如，se2['a']获取的元素也是 -3。

2. 选择多个元素。通过 Series 索引的切片来选择多个元素时，切片“[起始值：终止值：步长]”所指定的元素是不包含终止值的元素，如没有指定终止值，则终止值是包含 Series 最后索引的元素。

In[15]:se1[0:2]

Out[15]:0 2

1 4

dtype:int64

或者可以使用元素对应的标签，只不过要把标签放在数组中。

In[16]:se2[['a','d']]

Out[16]:a -3

d 7

dtype:int64

如利用标签的切片来选择多个元素时，切片“[起始标签：终止标签]”所指定的元素是包含终止标签的元素，如果没有指定终止标签，则终止标签是包含 Series 最后标签的元素。

In[17]:se6 = pd. Series([1,2,3,4],index = ['a','b','c','d'])

In[18]:se6['b':'c']

Out[18]:b 2

c 3

dtype:int64

（六）给元素赋值

通过索引或标签选取元素后直接进行赋值。例如，se1[1]=1 或 se2['a']=0。

二、Series 对象的简单运算

pandas 库开发是以 NumPy 库为基础的，从数据结构而言，NumPy 数组中的许多操作都会保留到 Series 对象中，如根据条件筛选数据。还有适用于 NumPy 数组的算术运算符（+、-、*、/）和其他数学函数等，也适用于 Series 对象。

（一）筛选元素

筛选元素就是根据条件筛选数据结构中的元素。例如，筛选 se1 中大于 3 的元素。

```
In[19]:se1[se1>3]
Out[19]:1 4
3 7
dtype:int64
```

（二）算术运算和数学函数

例如：se1*2、np.exp(se1)。

在 Series 对象之间进行运算时，Series 能够通过识别标签对齐不一致的数据。这就是 Series 运算时的自动对齐功能。例如，将 se1 与 se1[se1>3]相加，其结果如下：

```
In[20]:se1 + =se1[se1>3]
In[21]:se1
Out[21]:0 NaN
1 8.0
2 NaN
3 14.0
dtype:float64
```

通过上述计算得到了一个新 Series 对象，其中只对标签相同的元素求和，其他只属于各自的 Series 对象的标签也被添加到新对象中，只不过它们的值为 NaN。

（三）NaN

一般来讲，NaN 表示数据有问题，必须对其进行处理，尤其是在数据分析时。从某些数据源抽取数据时遇到了问题，甚至是数据源缺失数据时，往往会产生这类数据。另外，在执行计算和函数运算时也会遇到这类数据。有关 NaN 数据的处理方法以后我们将进行介绍。尽管 NaN 值是在数据有问题时产生的，但在 pandas 中是可以定义这种类型的数据的，并将它添加到 Series 等数据结构中。在创建数据结构时，可以为数组中元素缺失的项输入 np.NaN。

三、统计 Series 对象的组成元素

Series 对象往往包含重复元素，因此，统计元素重复出现的次数和判断元素是否存在 Series 对象中是常用的操作。

（一）统计元素重复出现的次数

统计 Series 对象包含多少个不同的元素，可使用 unique( ) 函数返回一个由 Series 去重后的元素所组成的数组，但是数组中元素的顺序不会自动排序。

```
In[22]:se = pd.Series([5,1,4,1,2,2])
In[23]:se.unique()
Out[23]:array([5,1,4,2],dtype = int64)
```

另外，还有一个 value_counts( ) 函数，它不仅能返回各个不同的元素，而且还能计算每个元素在 Series 中的出现次数。运行结果中左边是元素，右边是元素出现的次数。

```
In[24]:se.value_counts()
Out[24]:2 2
1 2
5 1
4 1
dtype:int64
```

（二）判断元素是否存在

使用 isin( ) 函数可以判断给定的一列元素是否包含在 Series 数据结构中，如果给定的元素包含在数据结构中，isin( ) 函数返回是 True，否则返回是 False。利用此函数可以筛选 Series 或 DataFrame 列中的数据。

```
In[25]:se.isin([0,2])
Out[25]:0 False
1 False
2 False
3 False
4 True
5 True
dtype:bool
```

第三节　pandas DataFrame 对象创建及常用操作

DataFrame 对象的数据结构与工作表（最常见的是 Excel 工作表）极为相似，其设计初衷是将 Series 的使用场景由一维扩展到多维。DataFrame 数据结构是由按一定顺序排列的多列数据组成的，各列的数据类型可以有所不同（数值、字符串或布尔值等）。

DataFrame 的数据结构特点如下：

1. DataFrame 由共用相同索引的一组列组成；
2. DataFrame 是一个表格型的数据结构，每列值类型可以不同；
3. DataFrame 常用于表达二维数据，也可表达多维数据；
4. DataFrame 既有行索引（index），也有列索引（columns），其中行索引的数组与行相关，它与 Series 的索引数组相似，每个标签与标签所在行的所有元素相关联。而列索引包含一系列列标签，每个标签与一列数据相关联。

例如用于表示姓名、性别和年龄的 DataFrame 数据结构，如图 10－3 所示。

行索引	列索引（columns）		
index	name	sex	age
0	张艳	False	18
1	李明	True	20
2	王勇	True	19

图 10－3　DataFrame 数据结构

DataFrame 还可以理解为一个由 Series 组成的字典，其中每一列的名称为字典的键，形成 DataFrame 列的 Series 作为字典的值。进一步来说，每个 Series 的所有元素映射到叫作 index 的标签数组。

一、创建 DataFrame 对象

使用 DataFrame( ) 构造函数可创建 DataFrame 对象，DataFrame( ) 构造函数的格式如下：

pandas. DataFrame(data[,index[,columns]])

函数中的参数说明如下：data 是输入给 DataFrame 构造器的数据，见表 10－1。

表 10－1　　输入给 DataFrame 构造器的数据

类型	说明
二维 ndarray	数据矩阵，还可以传入行标和列标
由数组、列表或元组组成的字典	每个序列会变成 DataFrame 的一列，所有序列的长度必须相同
NumPy 的结构化/记录数组	类似于“由数组组成的字典”
由 Series 组成的字典	每个 Series 会组成一列，如果没有显示指定索引：则各 Series 的索引会被合并成结果的行索引
由字典组成的字典	各内层字典会成为一列。键会被合并成结果的行索引，与“由 Series 组成的字典”的情况一样
字典或 Series 的列表	各项将会成为 DataFrame 的一行。字典键或 Series 索引的并集将会成为 DataFrame 的列标
由列表或元组组成的列表	类似于“二维 ndarray”
另一个 DataFrame	该 DataFrame 的索引将会被沿用，除非显示指定了其他索引
NumPy 的 MaskedArray	类似于“二维 ndarray”的情况，只是掩码值在结果 DataFeme 会变成 NA/缺失

index 是 DataFrame 对象中行索引的标签。columns 是 DataFrame 对象中列索引的标签。

（一）用字典生成 DataFrame 对象

新建 DataFrame 对象最常用的方法是传递一个字典对象给 DataFrame( ) 构造函数。字典对象以每一列的名称作为键，每个键都有一个数组或列表或元组作为值。

例如，创建一个包含学生姓名、性别和年龄的 DataFrame 对象。首先创建一个字典对

象，然后将字典对象传入给 DataFrame( ) 构造函数。在 Jupyter Notebook 下输入下列代码：

```
In[1]:import pandas as pd
In[2]:dt = {'name':['张艳','李明','王勇'],'sex':['False','True','True'],'age':[18,20,19]}
In[3]:df = pd. DataFrame(dt)
In[4]:df
Out[4]:
name sex age
0 张艳 False 18
1 李明 True 20
2 王勇 True 19
```

如果只需要用字典对象中部分列来创建 DataFrame 对象，可通过 columns 参数指定字典对象列名，其示例代码如下：

```
In[5]:df = pd. DataFrame(dt,columns = ['name','age'])
In[6]:df
Out[6]:
name age
0 张艳 18
1 李明 20
2 王勇 19
```

DataFrame 对象与 Series 相同，如果 index 数组没有明确指定标签，pandas 也会自动为其添加一列从 0 开始的数值作为索引。如果想用标签作为 DataFrame 的索引，则要将标签放到数组中，赋值给 index 选项，其示例代码如下：

```
In[7]:df = pd. DataFrame(dt,index = ['a','b','c'],columns = ['name','age'])
In[8]:df
Out[8]:
name age
a 张艳 18
b 李明 20
c 王勇 19
```

（二）嵌套字典生成 DataFrame 对象

嵌套字典是 Python 广泛使用的数据结构，例如用嵌套字典表示学生姓名和年龄。

```
dt = {'name':{'a':'张艳','b':'李明','c':'王勇'},'age':{'a':18,'b':20}}
```

如果将这种数据结构直接作为参数传递给 DataFrame( ) 构造函数，pandas 就会将外部的键解释成列名称，将内部的键解释为用作索引的标签。解释嵌套结构时，可能并非所有的位置都有相应的元素存在，pandas 会用 NaN 填补缺失的元素，其示例代码如下：

```
In[9]:dt = {'name':{'a':'张艳','b':'李明','c':'王勇'},'age':{'a':18,'b':20}}
In[10]:df = pd. DataFrame(dt)
Out[10]:df
name age
```

a 张艳 18.0

b 李明 20.0

c 王勇 NaN

（三）用二维数组生成 DataFrame 对象

利用 numpy. arange(8) . reshape(2, 4) 创建 2 行 4 列的二维数组，然后将其传递给 DataFrame( ) 构造函数，可创建一个新 DataFrame 对象，其示例代码如下：

```
In[11]:import numpy as np
In[12]:df = pd. DataFrame( np. arange(8). reshape(2,4))
In[13]:df
Out[13]:
0123
00223
14567
```

（四）用由 Series 组成的字典生成 DataFrame 对象

将由 Series 组成的字典传递给 DataFrame( ) 构造函数，也可创建一个新的 DataFrame 对象，例如，创建一个产品价格表的 DataFrame 对象，其示例代码如下：

```
In[14]:dt = {'product': pd. Series(['电视机','空调','洗衣机','电脑']),'price': pd. Series
([2300,1980,780])}
In[15]:df = pd. DataFrame(dt)
In[16]:df
Out[16]:
product price
0 电视机 2300.0
1 空调 1980.0
2 洗衣机 780.0
3 电脑 NaN
```

从运行结果可见，DataFrame 的每个列是由各个 Series 组成，DataFrame 的行索引是由各个 Series 的索引合并组成的。与用嵌套字典生成 DataFrame 对象相同，在解释 Series 数据结构时，可能并非所有的位置都有相应的元素存在，pandas 会用 NaN 填补缺失的元素。

二、利用 DataFrame 属性选择元素

（一）选择所有列的名称和索引列表

DataFrame 属性有 index 和 columns，调用 columns 属性可获取 DataFrame 对象所有列的名称，而要获取 DataFrame 的索引列表，则调用 index 属性即可，其示例代码如下：

```
In[17]:df. columns
Out[17]:Index(['product','price'],dtype = 'object')
In[18]:df. index
Out[18]:RangeIndex(start =0,stop =4,step =1)
```

（二）选择所有的元素

如果想获取存储在数据结构中的元素，可使用 values 属性获取所有的元素。其示例代码如下：

```
In[19]:df.values
Out[19]:array([['电视机',2300.0],
['空调',1980.0],
['洗衣机',780.0],
['电脑',NaN]],dtype=object)
```

（三）选择一列元素

如果想选择一列的内容，可把这一列的名称作为索引，或者用列名称作为 DataFrame 实例的属性，其示例代码如下：

```
In[20]:df['price']
Out[20]:0 2300.0
1 1980.0
2 780.0
3 NaN
Name:price,dtype:float64
In[21]:df.price
```

df.price 和 df['price']的输出结果相同，返回值为 Series 对象的 price 列的内容。

（四）选择一行元素

如果想选择一行的内容，利用 iloc 属性和行的索引值就能获取到。例如，获取产品价格表第 2 行数据，其示例代码如下：

```
In[22]:df.iloc[1]
Out[22]:product 空调
price1980
Name:1,dtype:object
```

返回值同样是一个 Series 对象，其中列的名称已经变为索引数组的标签，而列中的元素变为 Series 数据部分。

（五）选择多行元素

利用 iloc 属性和一个数组的切片来指定 DataFrame 实例的索引列表的取值范围，从而可选取多行元素。

例如，选择产品价格表的 DataFrame 实例中第 1 行和第 3 行元素，其示例代码如下：

```
In[23]:df.iloc[0:4:2]
Out[23]:
product price
0 电视机 2300.0
2 洗衣机 780.0
```

其中，iloc[0：4：2] 属性中数组切片 0：4：2，表示起始值是 0，终止值是 4（不包含

4)，步长是 2，所取行数是 0 和 2。

（六）选择 DataFrame 实例中的一个元素或一个范围内的元素

如果想获取存储在 DataFrame 实例中的一个元素，需要依次指定元素所在的列名称、行的索引值或标签。例如，用 df['product'][1]可选择产品价格表中产品名称为“空调”的元素。如果想获取存储在 DataFrame 实例中某个范围内的元素，可用切片方式指定元素所在的列名称的范围和行的索引值或标签的范围。例如，用 df['product'][1:3]可选择产品价格表中产品名称为“空调”和“洗衣机”的元素。

三、给 DataFrame 赋值

（一）指定行索引和列索引标签

通过 index 属性指定 DataFrame 结构中的索引数组，用 columns 属性指定包含列名称的行，而使用 name 属性，通过对一个 DataFrame 实例进行 df 设置 df.index.name 和 df.columns.name 就可以为 DataFrame 结构指定行索引标签和列索引标签。

例如，对产品价格表指定行索引标签和列索引标签，其示例代码如下：

```
In[24]:df.index.name = 'id'
In[25]:df.columns.name = 'item'
In[26]:df
Out[26]:
item product price
id
0 电视机 2300.0
1 空调 1980.0
2 洗衣机 780.0
3 电脑 NaN
```

（二）添加一列元素

为 DataFrame 实例添加一列元素的方法就是指定 DataFrame 实例新列的名称，并为其赋值即可。例如，为产品价格增加一个折扣率列，其示例代码如下：

```
In[27]:df['discount'] = [0.9,0.85,0.95,1]
In[28]:df
Out[28]:
item product price discount
id
0 电视机 2300.0 0.90
1 空调 1980.0 0.85
2 洗衣机 780.0 0.95
3 电脑 NaN 1.00
```

或者用 insert() 函数在指定位置添加一列元素。例如，在折扣率列后面，添加一列价格（“price”）乘以折扣率（“discount”）的实际价格（“Actual_price”）列，其示例代码如下：

```
In[29]:df. insert(3,'Actual_price',df['price'] * df['discount'])
In[30]:df
Out[30]:
item product price discount Actual_price
id
0 电视机 2300.0 0.90 2070.0
1 空调 1980.0 0.85 1683.0
2 洗衣机 780.0 0.95 741.0
3 电脑 NaN 1.00 NaN
```

（三）添加一行元素

为 DataFrame 实例添加一行元素的方法就是使用 loc 属性为 DataFrame 实例新添加一行，并为此行赋值即可。例如，为产品价格增加一个手机产品的价格行，其示例代码如下：

```
In[31]:df. loc['add_row'] = ['手机',1900,1,1900]
In[32]:df
Out[32]:
item product price discount Actual_price
id
0 电视机 2300.0 0.90 2070.0
1 空调 1980.0 0.85 1683.0
2 洗衣机 780.0 0.95 741.0
3 电脑 NaN 1.00 NaN
add_row 手机 1900.0 1.00 1900.0
```

（四）修改一行元素

修改 DataFrame 对象中的一行元素，只需要使用 loc 属性指定 DataFrame 实例中行索引，并为此行赋值即可。例如，修改产品价格中电脑一行的数据，其示例代码如下：

```
In[33]:df. loc[3] = ['电脑',4500,1,4500]
In[34]:df
Out[34]:
item product price iscount Actual_price
id
0 电视机 2300.0 0.90 2070.0
1 空调 1980.0 0.85 1683.0
2 洗衣机 780.0 0.95 741.0
3 电脑 4500.0 1.00 4500.0
add_row 手机 1900.0 1.00 1900.0
```

（五）修改一列元素或一个元素

修改 DataFrame 实例中的一列元素，只要指定 DataFrame 实例中列名称，将要更新的一列元素存放到数组中，然后将此数组赋值给这一列即可。

例如，修改产品价格中的价格为新价格［3000，2300，560，5600］，其示例代码如下：

```
In[35]:df['price'] = [3000,2300,560,5600,1880]
In[36]:df
Out[36]:
item product price discount Actual_price
id
0 电视机 3000 0.90 2070.0
1 空调 2300 0.85 1683.0
2 洗衣机 560 0.95 741.0
3 电脑 5600 1.00 4500.0
add_row 手机 1880 1.00 1900.0
```

修改一个元素，只需要选择该元素，直接给其赋值即可。例如 df ['discount'][1] =0.96。

四、删除元素

（一）使用 del 命令删除一列元素

如果要删除一整列的所有数据，使用 del 命令。例如，删除产品价格中的实际价格列，其示例代码如下：

```
In[37]:del df['Actual_price']
In[38]:df
Out[38]:
Item product price discout
id
0 电视机 30000.90
1 空调 2300 0.85
2 洗衣机 560 0.95
3 电脑 5600 1.00
add_row 手机 1880 1.00
```

（二）使用 pop() 函数删除一列元素

pop() 函数可以将所选列从原数据块中删除，原数据块不再保留该列。例如，使用 pop() 函数删除折扣率列，其示例代码如下：

```
In[39]:df.pop('discount')
Out[39]:id
00.90
10.85
20.9531.00
add_row1.00
Name:discount,dtype:float64
```

（三）使用 drop() 函数删除一列元素或删除一行元素

在 drop() 函数中有两个参数，一个参数是 axis，当参数 axis =1 时，则删除列元素；当

axis = 0 时，则删除行元素。还有一个参数是 inplace，当 inplace 为 True 时，drop( ) 函数执行内部删除，不返回任何值，原数据发生改变；当 inplace 为 False 时，原数据不会发生改变，只是输出新变量删除。

例如，先添加 1 列折扣率列，然后再用 drop( ) 函数设置参数 axis = 1 和 inplace = True 删除折扣率的列元素，其示例代码如下：

```
In[40]:df['discount'] =0.94
In[41]:df.drop(['discount'],axis =1,inplace = True)
```

如果要删除一行，则设置 axis = 0，并指定删除的行索引或行标签。例如，删除行标签为 add_row 的一行元素，其示例代码如下：

```
In[42]:df.drop(['add_row'],axis =0,inplace = True)
```

如果要删除多行，除了设置 axis = 0 外，还要指定删除的行索引或行标签，例如，删除第 1 行和第 3 行元素，其示例代码如下：

```
In[43]:df.drop([0,2],axis =0,inplace = True)
```

五、筛选元素

对于 DataFrame 对象，也可以通过指定条件来筛选元素。例如，筛选出产品价格中价格大于 2000 元的产品信息，其示例代码如下：

```
In[44]:df[df['price'] >2000]
Out[44]:
Item product price
id
0   电视机   3000
1   空调     2300
3   电脑     5600
```

例如，筛选出产品价格中所有元素都小于 2000 元的产品信息，其示例代码如下：

```
In[45]:df[df <2000]
Out[45]:
Item product price
id
0   电视机   NaN
1   空调     NaN
2   洗衣机   560
3   电脑     NaN
```

返回的 DataFrame 对象中只包含满足条件的数字，各元素的位置保持不变，其他不符合条件的元素替换成 NaN。

六、判断元素是否存在

使用 isin( ) 函数可以判断给定的一列元素是否包含在 DataFrame 结构中，如果给定的元素包含在数据结构中，isin( ) 函数返回是 True，否则返回是 False。利用此函数可以筛选

DataFrame 列中的数据。

例如判断产品价格中是否存在“电脑”和 2300 这两个元素，并返回满足条件的元素，其示例代码如下：

```
In[46]:df[df.isin(['电脑',2300])]
Out[46]:
item product price
id
0   NaN     NaN
1   NaN     2300.0
2   NaN     NaN
3   电脑    NaN
```

七、DataFrame 转置

DataFrame 数据结构类似于表格数据结构，在处理表格数据时，常常会用到转置操作，即将列变成行，行变成列。pandas 提供了一种简单的转置方法，就是通过调用 T 属性获得 DataFrame 对象的转置形式。

例如将产品价格数据结构进行转置操作，其示例代码如下：

```
In[47]:df.T
Out[47]:
id 0 1 2 3
item
product 电视机  空调  洗衣机  电脑
price   3000    2300  560     5600
```

第四节 pandas index 索引对象

pandas 的两种数据结构 Series 和 DataFrame 都是具备索引的。在创建 pandas 的两种数据结构时，可以通过选项参数 index 指定标签或行索引。本节就来介绍 pandas 索引。

一、Index 索引对象

pandas 的索引对象负责管理轴标签和其他元数据（如轴名称等）。在创建 Series 或 DataFrame 的时候，所用到的任何数组或其他序列的标签都会被转换成一个 Index 对象。

与 pandas 数据结构（Series 和 DataFrame）中其他元素不同的是，Index 对象是不可修改的（Immutable），一旦声明，它就不能改变。当不同数据结构共用 Index 对象时，该特性能够保证它的安全。

pandas 中主要的 Index 对象见表 10 -2。

表 10 - 2　主要的 Index 对象

类型	说明
Index	最泛化的 Index 对象，轴标签是一个由 Python 对象组成的 NumPy 数组
Int64Index	针对整数的特殊 Index
MultiIndex	“层次化”索引对象，表示单个轴上的多层索引，可以看作由元组组成的数组
DatetimeIndex	存储纳秒级时间戳（用 NumPy 的 datatime64 类型表示）
PeriodIndex	针对 Period 数据（时间间隔）的特殊 Index

二、Index 对象的属性和方法

每个索引对象都有一些属性和方法，这些属性和方法可用于设置逻辑并回答有关该索引所包含的数据的常见问题。

（一）获取 Index 对象

利用 Index 属性可以获取 Index 对象。例如，获取产品价格的 DataFrame 数据结构转置后的 Index 对象，其示例代码如下：

```
In[48]:index = df. T. pndex
In[49]:index
Out[49]:Index(['product','price'],dtype = 'object',name = 'item')
```

（二）索引切片

对索引的切片与 Python 对列表的切片操作是相同的，即：

Index［起始值:终止值:步长］。

（三）判断索引是否属于 Index 对象

in( ) 函数可用于判断索引是否属于 Index 对象。例如，首先创建一个 Index 对象，再创建 Series 对象，该对象中 index 参数引用 Index 对象，然后利用 in（）函数判断'a'索引是否属于 Index 对象，其示例代码如下：

```
In[1]:#创建一个 Index 对象
In[2]:import pandas as pd
In[3]:index = pd. Index(['a','b','c'])
In[4]:se1 = pd. Series([0,1,2],index = index)
In[5]:'a' in index
Out[5]:True
```

（四）连接两个 Index 对象

利用 append( ) 函数连接另一个 Index 对象，可产生一个新的 Index 对象。例如创建 2 个 Index 对象 index1 和 index2，然后将它们连接成一个新的 Index 对象，其示例代码如下：

```
In[6]:#创建 2 个 Index 对象
In[7]:index1 = pd. Index(['a','b','c'])
In[8]:index2 = pd. Index(['c','d','b','e'])
In[9]:#连接两个 Index 对象
```

```
In[9]:index3 = index1.append(index2)
In[10]:index3
Out[10]:Index(['a','b','c','c','d','b','e'],dtype = 'object')
```

(五) 计算差集

利用 difference() 函数可实现计算差集的操作，其示例代码如下：

```
In[11]:#计算两个 Index 对象的差集
In[12]:index3 = index1.difference(index2)
In[13]:index3
Out[13]:Index(['a'],dtype = 'object')
```

(六) 计算交集

利用 intersection() 函数可实现计算交集的操作，其示例代码如下：

```
In[14]:#计算两个 Index 对象的交集
In[15]:index3 = index1.intersection(index2)
In[16]:index3
Out[16]:Index(['b','c'],dtype = 'object')
```

(七) 计算并集

利用 union() 函数可实现计算并集的操作，其示例代码如下：

```
In[17]:#计算两个 Index 对象的并集
In[18]:index3 = index1.union(index2)
In[19]:index3
Out[19]:Index(['a','b','c','d','e'],dtype = 'object')
```

(八) 判断索引是否存在

利用 isin() 函数可实现判断一个索引对象是否在另一个索引对象中，返回一个 bool 类型的数组的操作，其示例代码如下：

```
In[20]:index3 = index1.isin(index2)
In[21]:index3
Out[21]:array([False,True,True])
```

(九) 删除索引

利用 delete() 函数可以删除指定位置索引，返回一个新的索引对象，其示例代码如下：

```
In[22]:index1 = pd.Index(['a','b','c','d','e','f','g'])
In[23]:index = index1.delete([0,3,6])
In[24]:index
Out[24]:Index(['b','c','e','f'],dtype = 'object')
```

(十) 插入元素

利用 insert() 函数将元素插入到指定下标位置，返回一个新索引对象，其示例代码如下：

```
In[25]:index = index1.insert(1,'h')
```

```
In[26]:index
Out[26]:Index(['a','h','b','c','d','e','f','g'],dtype='object')
```

（十一）判断索引对象中是否存在重复值

利用 is_unique() 函数可判断索引对象中是否存在重复值，包含重复值返回 False，不包含返回 True，其示例代码如下：

```
In[27]:index1 = pd.Index(['a','b','c','a'])
In[28]:index1.is_unique
Out[28]:False
In[29]:index2 = pd.Index(['a','b','c'])
In[30]:index2.is_unique
Out[30]:True
```

（十二）筛选出 Index 对象去重后的元素

利用 unique() 函数可以筛选出 index 对象去重后的元素，组成一个新的 Index 对象，其示例代码如下：

```
In[31]:index1 = pd.Index(['a','b','a'])
In[32]:index1.unique()
Out[32]:Index(['a','b'],dtype='object')
```

（十三）判断递增或递减

利用 is_monotonic 或 is_monotonic_increasing() 函数可以判断 Index 对象中的元素是否是递增的，而利用 is_monotonic_decreasing() 函数则可判断 Index 对象中的元素是否是递减的，其示例代码如下：

```
In[33]:index1 = pd.Index(['a','b','c'])
In[34]:index1.is_monotonic_increasing
Out[34]:True
In[35]:index2 = pd.Index(['c','b','a'])
In[36]:index2.is_monotonic_decreasing
Out[36]:True
```

第五节　pandas reindex 重新索引

reindex 是 pandas 对象的一个重要方法，其作用是创建一个适应新索引的新对象。

例如：定义一个 Series 对象为 se1 = pd.Series([1,4,-1,2],index=['a','e','d','c'])，现在调用 Series 对象的重新索引 se1.reindex(['a','b','c','d','e'])，此时，se1 中的元素将会根据新索引进行重排，如果某个索引值当前不存在，就引入缺失值 NaN，其示例代码如下：

```
In[37]:se1 = pd.Series([1,4,-1,2],index=['a','e','d','c'])
In[38]:se1.reindex(['a','b','c','d','e'])
Out[38]:a 1.0
```

```
b NaN
c 2.0
d -1.0
e 4.0
dtype:float64
```

如果是类似于时间序列的有序数据，重新索引时可能需要做一些插值处理。在 reindex()函数中，参数 method 就是说明插值填充方式的。reindex() 函数的格式如下：

obj.reindex(index[,method[,columns[,fill_value[,limit[,level[,copy]]]]]])

函数中的参数说明如下：

1. obj：pandas 对象名称。

2. index：用作索引的新序列。既可以是 Index 实例，也可以是其他序列型的 Python 数据结构。Index 会被完全使用，就像没有任何复制一样。

3. method：插值填充方式，ffill 或 .pad 表示向前填充（或搬运）值，bfill 或 backfill 表示向后填充（或搬运）值。

4. fill_value：在重新索引过程中，需要引入缺失值时使用的替代值。

5. limit：向前或向后填充时的最大填充量。

6. level：在 MultiIndex 的指定级别上匹配简单索引，否则选取其子集。

7. copy：默认为 True，表示无论如何都复制。如果为 False，则表示新旧相等就不复制。

【例 10-1】 利用 reindex() 函数重新定义 Series 和 DataFrame 的索引及顺序。其程序代码 test1.py 如下。

```
# -*- coding:utf-8 -*-
import numpy as np
from pandas import DataFrame, Series
print('重新指定索引及顺序')
se1 = Series([2.1,4.3,-1.6],index = ['c','e','a'])
print(se1)
#指定不存在元素的默认值为0
print(se1.reindex(['a','b','c','d','e'],fill_value = 0))
print('重新指定索引,并指定填充元素的方法')
se2 = Series(['20170101','20170102','20170104'],index = [0,2,4])
print(se2.reindex(range(6),method = 'ffill'))
print('对 DataFrame 重新指定索引')
df1 = DataFrame(np.arange(12).reshape(3,4),index = ['a','c','d'],
columns = ['item1','item2','item3','item4'])
print(df1)
#指定不存在元素的默认值为0
df2 = df1.reindex(['a','b','c','d'],fill_value = 0)
print(df2)
print('重新指定 column')
```

```
states = [ 'col1', 'item2', 'item3' ]
print( df1. reindex( columns = states) )
print( '对 DataFrame 重新指定索引,并指定填充元素的方法')
print( df1. reindex( index = [ 'a', 'b', 'c', 'd'] ,method = 'ffill',
columns = states) )
```

pandas 层级索引。pandas 有 Series 和 DataFrame 两种数据结构，它们分别用于处理一维数据和二维数据。但是在实际应用中经常会遇到多维数据的情况，为了处理多维数据，可使用层级索引，将高维数据转化为类似一维 Series 和二维 DataFrame 对象的形式。层级索引就是对索引进行层次化分类，该索引既可以是行索引，也可以是列索引。层级索引是 pandas 的一项重要功能，它能在一个轴上拥有多个（两个以上）索引级别。利用层级索引可实现以低维度形式处理高维度数据。

一、创建层级索引

1. 创建 Series 的层级索引。常用的方法就是给 Series( ) 构造函数的 index 参数传递两个数组。例如，创建一个由整数与文字组成的层级索引，其示例代码如下：

```
In[1]:import pandas as pd
In[2]:se = pd. Series( [ '电视机',2300,'空调',1980] ,index = [ [ 1,1,2,2] ,[ 'product','price',
'product','price'] ] )
In[3]:se
Out[3]: 1 product 电视机
price 2300
2 product 空调
price 1980
dtype:object
```

2. 创建 DataFrame 的层级索引。

（1）隐式构造层级索引。常用的方法就是给构造函数 DataFrame( ) 的 index 或 columns 参数传递两个或两个以上的数组。例如，创建一个包含品牌、产品类型、价格和折扣率的产品信息 DataFrame 对象，该 DataFrame 的行索引中就包含品牌与产品类型的层级索引，其示例代码如下：

```
In[4]:import numpy as np
In[5]:from pandas import DataFrame,Series
In[6]:data = np. array( [ [ 2300,1. 00] ,[ 1980,1. 00] ,[ 3600,0. 96] ,[ 2100,0. 98] ] )
In[7]:df = DataFrame( data,columns = [ '价格','折扣率'] ,index = [ [ '格力','格力','TCL','TCL'] ,
[ '电视机','空调','电视机','空调'] ] )
In[8]:df
out[8]:价格 折扣率
格力电视机 2300. 0   1. 00
空调 1980. 0   1. 00
TCL 电视机 3600. 0   0. 96
```

空调 2100.0　0.98

层级索引（MultiIndex）继承于 Index，是多级索引的对象。MultiIndex 有 levels 和 labels 两个信息。levels 表示每个层级中分别有哪些标签，labels 是每个标签的下标。利用 levels 属性可获取索引中每一级的标签，而用 labels 属性可获取标签的下标。还可以使用 get_loc() 和 get_indexer() 来获取单个和多个标签的下标。

以产品信息 DataFrame 实例 df 为例，获取 df 标签的下标，其示例代码如下：

```
In[9]:mindex = df.index #MultiIndex 对象
In[10]:mindex[0:4]
Out[10]:MultiIndex(levels = [['TCL','格力'],['电视机','空调']],labels = [[1,1,0,0],[0,1,0,1]])
In[11]:mindex.levels[0]
Out[11]:Index(['TCL','格力'],dtype = 'object')
In[12]:mindex.labels[0]
Out[12]:FrozenNDArray([1,1,0,0],dtype = 'int8')
In[13]:mindex.get_loc(('格力','电视机'))
Out[13]:0
In[14]:mindex.get_indexer([('格力','电视机'),('TCL','空调'),'nothing'])
Out[14]:array([0,3, -1],dtype = int64)
```

（2）显式构造 pd.MultiIndex。显式构造 pd.MultiIndex 就是使用以 from_ 开头的 MultiIndex 类方法，从特定的数据结构创建 MultiIndex 对象。以创建产品信息的层级索引为例，其示例代码如下：

使用 from_ arrays() 方法，从多个数组创建 MultiIndex 对象。

```
df_arrays = DataFrame(
data,columns = ['价格','折扣率'],
index = pd.MultiIndex.from_arrays([
['格力','格力','TCL','TCL'],
['电视机','空调','电视机','空调']]))
```

使用 from_tuples()方法，从多个元组创建 MultiIndex 对象。

```
df_tuples = DataFrame(
data,columns = ['价格','折扣率'],
index = pd.MultiIndex.from_tuples([
('格力','电视机'),('格力','空调'),('TCL','电视机'),('TCL','空调')]))
```

使用 from_product()方法，利用多个集合的笛卡尔积创建 MultiIndex 对象。

```
df_product = DataFrame(
data,columns = ['价格','折扣率'],
index = pd.MultiIndex.from_product([
['格力','TCL'],['电视机','空调']]))
```

二、层级索引对象的元素选择

1. Series 的元素选择。通过中括号（“[ ]”）的索引和切片操作可获取单个或多个元素，或使用 loc 与 iloc 同样也能获取单个或多个元素，其示例代码如下：

```
In[15]:se[[2,'price']]
Out[15]:2product 空调
price1980
dtype:object
In[16]:se[2]['price']
Out[16]:1980
In[17]:se. iloc[1:2]
Out[17]:1 price 2300
dtype:object
```

2. DataFrame 的元素选择。直接使用列名称选择 1 列元素，例如 df['价格']，表示选择“价格”这 1 列元素。使用中括号（“[ ]”）或 iloc() 函数的切片操作可选择 1 行或多行元素。如 df[0:1]与 df. iloc[0:1]选择是行索引为“0”的这 1 行元素，而 df[0:3]与 df. iloc[0:3]选择的是行索引为“0”“1”“2”的这 3 行元素。使用行索引切片和列名称组合可选择某个范围的元素，如 df[0:2]['价格']。

其示例代码如下：

```
In[18]:df['价格']
Out[18]:格力电视机 2300. 0
空调 1980. 0
TCL 电视机 3600. 0
空调 2100. 0
Name:价格,dtype:float64
In[19]:df[0:1]
Out[19]:
价格 折扣率
格力 电视机 2300. 0 1. 0
In[20]:df[0:2]['价格']
Out[20]:格力 电视机 2300. 0
空调          1980. 0
Name:价格,dtype:float64
```

三、调整层级索引间的顺序

首先指定层级索引中每一层索引的名称，然后再使用 swaplevel（）函数来调整层级索引间的顺序，其示例代码如下：

```
In[21]:df. index. names = ['key1','key2']
In[22]:df. swaplevel('key1','key2')
```

Out[22]:
价格折扣率
key2 key1
电视机 格力 2300.0 1.00
空调 格力 1980.0 1.00
电视机 TCL 3600.0 0.96
空调 TCL 2100.0 0.98

四、对某级别索引排序

使用 sort_index(level) 函数来实现对某级别索引的排序，其示例代码如下：

In[23]:df.sort_index(level=1)
Out[23]:
价格 折扣率
key1 key2
TCL 电视机 3600.0 0.96
格力 电视机 2300.0 1.00
TCL 空调 2100.0 0.98
格力 空调 1980.0 1.00

五、根据某级别索引进行汇总

使用 sum(level, axis) 函数可根据某级别索引进行汇总，其示例代码如下：

In[24]:df.sum(level=1,axis=0)
Out[24]:
价格 折扣率
key 2
电视机 5900.0 1.96
空调 4080.0 1.98

六、指定 DataFrame 的列为索引或还原索引列

使用 set_index() 函数可指定 DataFrame 的列为索引，而使用 reset_index() 函数可还原索引列，其示例代码如下：

In[25]:df.reset_index()
Out[25]:
key1 key2 价格 折扣率
0 格力 电视机 2300.0 1.00
1 格力 空调 1980.0 1.00
2 TCL 电视机 3600.0 0.96
3 TCL 空调 2100.0 0.98
In[26]:df.set_index('价格')

```
Out[26]:
价格 折扣率
2300.0 1.00
1980.0 1.00
3600.0 0.96
2100.0 0.98
```

第六节　pandas 数据结构之间的运算

pandas 数据结构 Series 和 DataFrame 对象都支持 NumPy 的接口，因此，这两种数据结构都可以使用 NumPy 提供的 ufunc 函数。pandas 还提供了一些运算方法，如 mean()、std() 和 max() 等，这些函数与 NumPy 类似。此外，pandas 还提供了二元运算符对应的函数，如 add()、sub()、mul()、div() 和 mod() 等。在算术运算中，pandas 还具备按轴自动或显式数据对齐的功能。

一、算术和数据对齐

pandas 具有将两个数据结构索引自动对齐的功能。当参与运算的两个数据结构其索引项的顺序不一致，或者有的索引只存在于一个数据结构中时，也能实现这两个数据结构之间的运算，这称之为 pandas 的数据对齐。

【例 10-2】 定义两个 Series 对象，分别指定两个不完全一致的标签数组，并将这两个 Series 对象进行加、减、乘、除算术运算。

其程序代码 test1.py 如下：

```
# -*- coding:utf-8 -*-
import numpy as np
from pandas import DataFrame, Series
print('定义两个 Series 对象')
se1 = Series([2.1,4.3,-1.6],index = ['c','d','a'])
se2 = Series(np.arange(4),index = ['a','b','c','d'])
print(se1,se2)
#将两个 Series 对象进行加、减、乘、除算术运算
se = se1 + se2
print('两个 Series 对象相加',se)
print('两个 Series 对象相减',se1 - se2)
print('两个 Series 对象相乘',se1 * se2)
print('两个 Series 对象相除',se1/se2)
```

两个 Series 对象相加的结果如下：

```
a -1.6
b NaN
```

```
c 4.1
d 7.3
dtype:float64
```

观察输出结果可知，两个 Series 对象相加就是将两个 Series 对象中标签相同的元素相加，并输出这些标签和相加后的值。对于只有一个 Series 对象有的标签，也会出现在输出结果中，但其值为 NaN。

【例 10-3】 定义两个 DataFrame 对象，分别指定它们的行索引和列索引不完全一致，并将这两个 DataFrame 对象进行加、减、乘、除算术运算。

其程序代码 test2.py 如下：

```
# -*- coding:utf-8 -*-
import numpy as np
from pandas import DataFrame, Series
print('定义两个 DataFrame')
df1 = DataFrame(np.arange(6).reshape(2,3),columns = ['a','b','c'])
df2 = DataFrame(np.arange(12).reshape(3,4),columns = ['a','b','c','d'])
print('df1',df1,'\n','df2',df2)
#将两个 DataFrame 对象进行加、减、乘、除运算
df = df1 + df2
print('两个 DataFrame 对象相加','\n',df)
print('两个 DataFrame 对象相减','\n',df1 - df2)
print('两个 DataFrame 对象相乘','\n',df1 * df2)
print('两个 DataFrame 对象相除','\n',df1/df2)
```

两个 DataFrame 对象相加的结果如下：

```
定义两个 DataFrame
df1   a  b  c
 0   0  1  2
 1   3  4  5
df2   a  b  c  d
 0   0  1  2  3
 1   4  5  6  7
 2   8  9  10  11
两个 DataFrame 对象相加
     a     b     c     d
0   0.0   2.0   4.0   NaN
1   7.0   9.0   11.0  NaN
2   NaN   NaN   NaN   NaN
两个 DataFrame 对象相减
     a     b     c     d
0   0.0   0.0   0.0   NaN
```

```
1  -1.0  -1.0  -1.0  NaN
2   NaN   NaN   NaN  NaN
两个 DataFrame 对象相乘
      a     b     c    d
0   0.0   1.0   4.0  NaN
1  12.0  20.0  30.0  NaN
2   NaN   NaN   NaN  NaN
两个 DataFrame 对象相除
      a    b         c    d
0   NaN  1.0  1.000000  NaN
1  0.75  0.8  0.833333  NaN
2   NaN  NaN       NaN  NaN
```

观察输出结果可知，两个 DataFrame 对象相加就是将两个 DataFrame 对象中行索引和列标签都相同的元素相加，并输出索引和相加后的值。对于只有一个 DataFrame 对象有的行索引和列标签，也会出现在输出结果中，但其值为 NaN。

二、算术运算方法

pandas 数据结构之间可以使用运算符运算，也可以使用算术运算方法来完成。pandas 提供的算术运算方法有 add( )、sub( )、mul( )、div( ) 和 mod( ) 等函数。这些函数分别可完成加、减、乘、除和求余数的运算，函数的调用方法如下：

obj1. add(obj2)

其中，obj1 和 obj2 是 Series 或 DataFrame 对象；sub( )、mul( )、div( ) 和 mod( ) 等函数的调用方法与 add( ) 相同。

【例 10 -4】 定义两个 DataFrame 对象，分别指定它们的行索引和列索引不完全一致，并用 add( )、sub( )、mul( )、div( ) 和 mod( ) 等函数对这两个 DataFrame 对象进行加、减、乘、除和求余数运算。

其程序代码 test3. py 如下。

```
# -*- coding:utf-8 -*-
import numpy as np
from pandas import DataFrame, Series
print('定义两个 DataFrame')
df1 = DataFrame(np.arange(6).reshape(2,3),columns=['a','b','c'])
df2 = DataFrame(np.arange(12).reshape(3,4),columns=['a','b','c','d']
print('df1',df1,'\n','df2',df2)
#将两个 DataFrame 对象进行加、减、乘、除、求余数运算
df = df1.add(df2)
print('两个 DataFrame 对象相加',df)
print('两个 DataFrame 对象相减',df1.sub(df2))
print('两个 DataFrame 对象相乘',df1.mul(df2))
```

```
print('两个 DataFrame 对象相除',df1.div(df2))
print('两个 DataFrame 对象求余',df1.mod(df2))
```

输出结果：

```
定义两个 DataFrame
df1  a  b  c
 0  0  1  2
 1  3  4  5
df2  a  b  c  d
 0  0  1  2  3
 1  4  5  6  7
 2  8  9  10  11
两个 DataFrame 对象相加
a    b    c    d
0   0.0   2.0   4.0   NaN
1   7.0   9.0   11.0   NaN
2   NaN   NaN   NaN   NaN
两个 DataFrame 对象相减
a    b    c    d
0   0.0   0.0   0.0   NaN
1  -1.0  -1.0  -1.0  NaN
2   NaN   NaN   NaN   NaN
两个 DataFrame 对象相乘
a    b    c    d
0   0.0   1.0   4.0   NaN
1  12.0  20.0  30.0  NaN
2   NaN   NaN   NaN   NaN
两个 DataFrame 对象相除
      a      b         c       d
0   NaN    1.0   1.000000    NaN
1   0.75   0.8   0.833333    NaN
2   NaN    NaN       NaN     NaN
两个 DataFrame 对象求余
      a      b     c     d
0   NaN   0.0   0.0   NaN
1   3.0   4.0   5.0   NaN
2   NaN  NaN   NaN  NaN
```

观察该程序的输出结果，可见其运算结果与用算术运算符运算的结果是相同的。

三、DataFrame 与 Series 对象之间的运算

pandas 不仅可以实现相同数据结构之间的运算，而且还可以实现不同数据结构之间的运

算。例如，DataFrame 与 Series 对象之间运算。

【例 10－5】 定义一个 Series 对象 se = Series(np. arange(4))，再定义一个 DataFrame 对象 df = DataFrame(np. arange(6). reshape(2,3)，编写一个程序实现这两种不同数据结构之间的运算。

其程序代码 test4. py 如下：

```
# -*- coding:utf-8 -*-
import numpy as np
from pandas import DataFrame, Series
print('定义 Series 对象')
se1 = Series( np. arange(4) ,index = ['a','b','c','d'])
print('定义 DataFrame 对象')
df1 = DataFrame( np. arange(6). reshape(2,3) ,columns = ['a','b','c'])
print('se1',se1,'\n','df1',df1)
#将 Series 与 DataFrame 对象进行加、减、乘、除运算
df = df1 + se1
print('相加',df)
print('相减',df1 - se1)
print('相乘',df1 * se1)
print('相除',df1/se1)
```

Series 与 DataFrame 对象进行加法运算的结果如下。

```
se1    a    0
b    1
c    2
d    3
dtype: int32
df1   a  b  c
0  0  1  2
1  3  4  5
相加    a  b  c   d
0  0  2  4  NaN
1  3  5  7  NaN
相减    a  b  c   d
0  0  0  0  NaN
1  3  3  3  NaN
相乘    a  b   c    d
0  0  1   4  NaN
1  0  4  10  NaN
相除      a     b     c    d
0  NaN  1.0  1.0  NaN
```

1 inf 4.0 2.5 NaN

观察程序输出结果可知，Series 与 DataFrame 对象之间的运算就是将 DataFrame 对象中的所有行同时与 Series 对象进行运算，运算时是将 Series 对象的索引和 DataFrame 对象的列名称相同的元素进行运算。而 Series 对象的索引和 DataFrame 对象的列名称不匹配的索引，也会出现在输出结果中，但其值为 NaN。

因此，要实现 Series 与 DataFrame 对象之间的运算，Series 对象的索引和 DataFrame 对象的列名称一定要有相同部分，否则输出结果会全部为 NaN。

第七节 pandas 数据筛选与数据统计函数汇总

pandas 库提供了很多的函数，而且这些函数的应用在数据分析时是非常有用的。在前面的教程中已介绍过了一些 pandas 的函数，本节将主要对 pandas 库中的数据筛选和数据统计函数进行归纳总结。

一、数据筛选

数据筛选是 pandas 数据结构中最常用的数据操作之一。除了在前面教程中介绍过的一些数据筛选函数外，pandas 还提供一些数据筛选函数，现将常用的数据筛选函数进行归纳总结，具体见表 10－3。

表 10－3 常用的数据筛选函数

函数	功能
df. columns 列名	返回 Index 类型的列的集合
obj. index 索引名	返回 Index 类型的索引的集合
obj. values	返回 obj 的值，以 numpy. ndarray 对象返回
obj. head(n)	返回前 n 行
obj. tail(n)	返回最后 n 行
obj. shape	返回元组（tuple），表示行数和列数
df. info()	返回 DataFrame 索引、数据类型和内存信息
obj[m:n]	切片，选取 m～n－1 行
obj[obj 条件表达式]	选取满足条件的元素
df. loc[m:n]	获取从 m～n 行（推荐）
df. iloc[m:n]	获取从 m～n－1 行
df. loc[m:n,'col1':'coln']	获取从 m～n 行的 col1～coln 列
s. iloc[n]	按位置 n 选取数据
s. loc['index_one']	按索引选取数据

注：obj 为 Series 或 DataFrame 对象，df 为 DataFrame 对象，s 为 Series 对象。

二、数据统计函数

数组的大多数统计函数对 DataFrame 对象依旧有效，pandas 常用的统计函数见表 10－4。

表 10－4　　常用的统计函数

函数	功能
df. count( )	求非 NA 值的数量
df. max( )	求最大值
df. min( )	求最小值
df. sum(axis =0)	按各列求和
df. mean( )	按各列求平均值
df. median( )	求中位数
df. describe( )	按各列返回基本统计量和分位数
df. var( )	求方差
df. std( )	求标准差
df. mad( )	根据平均值计算平均绝对利差
df. cumsum( )	求累计和

注：df 为 DataFrame 对象。

三、Pandas apply( ) 与 DataFrame( ) 函数

pandas 提供了大量能使我们快速便捷地处理数据的函数和方法。本节教程主要对 pandas 库中的 apply( ) 函数和 DataFrame 格式化函数进行介绍。

（一）apply( ) 函数

apply( ) 函数是 pandas 所有函数中自由度最高的函数。它分为以下两种情况。

1. Series. apply( )。该函数的功能是在序列的每一个元素上应用自定义函数，函数的格式如下：

Series. apply(func ,convert_dtype = True ,args = ( ) , ** kwds)

函数中的参数说明如下：

（1） Series：Series 对象名称；

（2） func：要应用到序列上每一个元素的函数；

（3） convert_dtype：布尔数据类型，默认为 True，表示寻找到最合适的结果类型；

（4） args = ( )：元组数据类型，表示传入 func 函数的参数；

（5） ** kwds：表示传入 func 函数的参数。

2. DataFrame. apply( )。该函数的功能是在 DataFrame 对象指定的轴方向应用自定义函数，函数的格式如下：

DataFrame. apply(func ,axis ,broadcast ,row ,reduce ,args = ( ) , ** kwds)

函数中的参数说明如下：

（1） DataFrame：DataFrame 对象名称。

（2） func：要应用在 DataFrame 对象的行或列的函数。

（3） axis：用于控制是将 DataFrame 对象的行数据，还是列数据传入 func 函数。如果 axis = 1 则将 DataFrame 对象的行数据作为 Series 的数据结构传入 func 函数。它的默认值是 0。

（4） broadcast：布尔数据类型，默认为 False。对于聚合函数，返回具有传播值的相同大小的对象。

（5） row：布尔数据类型，默认为 False。其作用是将每行或每列转换为一个系列。如果 row = True，则传递的函数将接收 ndarray 对象。

（6） reduce：默认为 None，表示尽量减少应用程序。

（7） args = ( )：元组数据类型，表示传入 func 函数的参数。

（8） ** kwds：表示传入 func 函数的参数。

3. apply( ) 函数应用。

（1） 查看序列中元素的类型。

其示例代码如下：

```
In[1]:import pandas as pd
In[2]:se = pd.Series(['a',2,True])
In[3]:se.apply(type)#使用 type()函数
Out[3]:0 <class'str'>
1 <class'int'>
2 <class'bool'>
dtype:object
```

（2） DataFrame 的多列运算。

其示例代码如下：

```
In[4]:import numpy as np
In[5]:#创建匿名函数,实现两列数据运算
In[6]:f = lambda x:x['item1'] +2 * x['item2']
In[7]:df = pd.DataFrame(np.arange(6).reshape(3,2),columns = ['item1','item2'])
In[8]:#应用 apply()，并创建运算结果列
In[9]:df['item3'] = df.apply(f,axis = 1)
In[10]:df
Out[10]:
item1 item2 item3
0 0 1 2
1 2 3 8
2 4 5 14
```

apply( ) 函数可以返回一个标量，也可以返回 Series 对象。如果创建一个自定义函数，该自定义函数可返回两个或两个以上的结果，那么，调用 apply( ) 函数应用该自定义函数时，返回的结果是 DataFrame 对象。

（二）DataFrame 格式化函数

1. applymap 函数。使用 applymap 函数可以格式化 DataFrame，其示例代码如下：

```
In[11]:df = pd. DataFrame(np. arange(6). reshape(3,2),columns = ['item1','item2'])
In[12]:#将 DataFrame 中的元素格式化为 2 位小数
In[13]:format = lambda x:"%.2f" % x
In[14]:df. applymap(format)
Out[14]:
item1 item2
0 0.00 1.00
1 2.00 3.00
2 4.00 5.00
```

2. map() 函数。使用 map() 函数可格式化 DataFrame 指定行或列，其示例代码如下：

```
In[15]:df = pd. DataFrame(np. arange(6). reshape(3,2),columns = ['item1','item2'])
In[16]:df['item1']. map(format)
Out[16]:
i tem1
0 0.00
1 2.00
2 4.00
```

四、pandas Series 和 DataFrame 的排序与排名

排序和排名是数据处理和分析中常用的方法，那么如何使用 pandas 进行数据的排序和排名呢，本节就来详细介绍。

（一）排序

在数据分析时，对数据排序是常用的一种操作，因此，pandas 提供了根据索引的大小或者值的大小对 Series 和 DataFrame 对象进行排序的函数，见表 10－5。

表 10－5　排序函数

函数	功能
obj. sort_index(aixs,ascending)	将 obj 按行或列的索引进行排序。参数：axis 可以赋值为 0 或 1，默认为 0，表示指定对行或列的索引排序；ascending 可以赋值 True 或 False，默认为 True，表示是升序排序，还是降序排序
obj. sort_values(by,aixs)	将 obj 按指定行或列的值进行排序。参数：by 指定行或列，axis 可以赋值为 0 或 1，表示指定对行或列的索引排序

注意：obj 为 Series 或 DataFrame 对象。

【例 10－6】定义一个 Series 对象 se 和一个 DataFrame 对象 df，编写一个程序分别实现对 se 和 df 的按索引排序和按值排序。

其代码 test1. py 如下：

```
# -*- coding:utf-8 -*-
import numpy as np
from pandas import DataFrame, Series
#Series 按索引排序
se = Series([1,np.nan,5,7,0],index = ['a','c','e','b','d'])
#对 Series 的索引进行排序，默认是升序
print(se.sort_index())
#对索引进行降序排序
print(se.sort_index(ascending = False))
#对 Series 的值进行排序，默认是按值的升序进行排序
print(se.sort_values())
#对 Seires 的值进行降序排序
print(se.sort_values(ascending = False))

#对 DataFrame 按索引排序
a = np.array([[2,5,7],[1,0,3]])
df = DataFrame(a,index = ['0','1'],columns = ['b','c','a'])
#按行的索引升序进行排序，默认为升序
print(df.sort_index())
#按行的索引降序进行排序
print(df.sort_index(ascending = False))
#按列的索引升序进行排序
print(df.sort_index(axis = 1))
#按列的索引降序进行排序
print(df.sort_index(axis = 1,ascending = False))
#按指定列的值进行排序
print(df.sort_values(by = ['c','a']))
#按指定行的值进行排序
print(df.sort_values(by = '1',axis = 1))
```

（二）排名

排名和排序有些类似，排名会为序列的每个元素安排一个初始值为 1，依次加 1 的位次，位次越靠前，所使用的数据越小，通过 rank() 函数可计算排名的位次。

1. Series 的排名。使用 rank() 函数计算排名的位次。rank() 函数表示序列中的每个元素在原来的 Series 中排第几位（初始值为 1，依次加 1），若有相同的数，默认情况下取其排名的平均值。

默认情况下排名，其示例代码如下：

```
In[17]:se = pd.Series([1,-1,0,1,2])
In[18]:se.rank()
Out[18]:0 3.5
```

```
1 1.0
2 2.0
3 3.5
4 5.0
dtype:float64
```

rank() 函数中有一个 method 参数，method 参数的选项见表 10－6。

表 10－6　　method 参数的选项

参数	说明
average	默认值，即在相等分组中，为各值分配平均排名
min	使用整个分组的最小排名
max	使用整个分组的最大排名
first	按值在原始数据中出现的顺序分配排名
dense	与 min 类似，但是排名每次只会增加 1，即并列的数据只占一个名次

按降序进行排名，其示例代码如下：

```
In[19]:se = pd.Series([1,3,2,1,2])
In[20]:se.rank(ascending = False,method = 'max')
Out[20]:0 5.0
1 1.0
2 3.0
3 5.0
4 3.0
dtype:float64
```

2. DataFrame 的排名。若对 DataFrame 进行排名，则可根据 axis 指定的轴进行排名，axis = 0 按行排名，axis = 1 按列排名，其示例代码如下：

```
In[21]:df = pd.DataFrame({'x':[4,6, -1],'y':[1,0,2],'z':[5,7, -1]})
In[22]:df.rank(axis = 0)
Out[22]:
x y z
0 2.0 2.0 2.0
1 3.0 1.0 3.0
2 1.0 3.0 1.0
```

第八节　pandas 文件读写简介

通过学习前面几节 pandas 数据分析基础知识，了解了 pandas 库中的 Series 和 DataFrame 两种核心数据结构及它们的常用操作，明确了 Python 的数据处理、数据计算和数据分析都是围绕着这两种数据结构展开的。在现实世界中，数据的存储形式常分为文件和数据库两大类，具体见表 10－7。因此，为了实现数据处理，首先需要解决的问题是如何从文件或数据库中读取数据，并将其存储为 DataFrame 对象，或将处理后的 DataFrame 中的数据存储到文件或数据库中。

表 10－7　　数据的存储形式

存储	存储形式	说明
文件	CSV	用“,”分割列的文件，又称为字符分隔文件
	Excel	微软办公软件 Excel 文件
	TXT	纯文本文件
	JSON	一种轻量级的数据交换格式文件
数据库	MySQL	开源的数据库
	Access	微软办公软件 Access 文件
	SQLServer	微软企业级数据库
	…	其他数据库

pandas 库为实现文件的读取与写入提供了专门的工具——I/O API 函数，这些函数可分为完全对称的两大类——读取函数和写入函数。常用的读/写数据源主要有文本文件、Excel 文件、数据库文件和 JSON 文件，下面将分别介绍读/写这四类数据文件的操作。

一、pandas 文本文件的读写

文本文件是一种由若干行字符构成的计算机文件，它是一种典型的顺序文件。CSV 是一种用分隔符分隔的文件格式，因为其分隔符不一定是逗号，因此，又被称为字符分隔文件。

CSV 文件是以纯文件形式存储表格数据（数字和文本）的，它最广泛的应用是在程序之间转移表格数据，而这些程序本身是在不兼容的格式上进行操作的（往往是私有的、无规范的格式）。因为大量程序都支持 CSV 或者其变体，因此可以作为大多数程序的输入和输出格式。

（一）文本文件读取

pandas 在处理千万行级别的数据时有很高的实用价值，通过将文本数据读取加载到内存中，再利用 pandas 进行数据处理运算，效率非常高。常用的文本文件有 CSV 文件和 TXT 文本文件，pandas 提供了一些用于将表格型文本数据读取为 DataFrame 对象的函数，常用的有 read_csv( ) 和 read_table( ) 函数。

1. read_csv( ) 函数：从文件、URL、文件型对象中加载带分隔符的数据。默认分隔符为逗号（“,”）。

2. read_table( ) 函数：从文件、URL、文件型对象中加载带分隔符的数据。默认分隔符为制表符（“\t”）。

read_csv( ) 函数的语法格式如下：

```
pandas.read_csv(file,sep=',',header='infer',names=None,index_col=0,
dtype=None,encoding=utf-8,engine=None,nrows=None)
```

read_table( ) 函数的语法格式如下：

pandas. read_table(file, sep = '\t', header = 'infer', index_col = None, dtype = None, encoding = utf - 8, engine = None, nrows = None)

read_csv() 和 read_table() 函数的大多数参数相同，函数中常用参数说明如下：

（1）file：接收 string，表示 CSV 或 TXT 的文件名和路径；

（2）sep：接收 string，表示分隔符，read_csv() 默认为逗号，read_table() 默认为制表符；

（3）header：接收 int 或 sequence，表示将某行数据作为列名，默认为 infer，表示自动识别；

（4）names：接收 array，表示列名，默认为 None；

（5）index_col：接收 int、sequence 或 False，表示索引列的位置，取值为 sequence 则代表多重索引，默认为 None；

（6）dtype：接收 dict，代表写入的数据类型（列名为 key，数据格式为 values，默认为 None）；

（7）engine：接收 C 或 Python，表示数据解析引擎，默认为 C；

（8）nrows：接收 int。表示读取前 n 行，默认为 None；

（9）encoding：表示文件的编码方式。常用的编码方式有 UTF - 8、UTF - 16、GBK、GB2312、GB18030 等。

以员工月工资收入信息为例，用 read_csv() 和 read_table() 函数分别读取 salary. csv 文件和 salary. txt 文件。

【例 10 - 7】 现有一个包含有员工姓名、性别、年龄和月工资收入的 salary. csv 文件，文件前 3 条数据内容如下：

name，sex，age，salary
李明，男，24，3600
王小红，女，28，4000
杨勇，男，30，4500

其中第一行数据 name，sex，age，salary 是列名，每列数据用逗号隔开。并将 salary. csv 文件另存为 salary. txt 文件，再分别读取 salary. csv 和 salary. txt 文件。

示例代码 test1. py 如下：

```
# -*- coding:utf-8 -*-
import pandas as pd
print('数据文件保存在 d 盘的 data 目录下')
df = pd.read_csv('d:\data\salary.csv',encoding = 'GBK')
print('输出 df:','\n',df)
df1 = pd.read_table('d:\data\salary.txt',encoding = 'GBK',sep = '\t')
print('输出 df1:','\n',df1)
```

在读取文本文件时，要注意设置文件的编码方式（encoding）和分隔符（sep）等参数。

（二）文本文件存储

文本文件的存储与其读取类似，对于结构化的数据，可以通过 pandas 中的 to_csv() 函数实现以 CSV 文件格式存储。to_csv() 函数的语法格式如下：

DataFrame. to_csv(path_or_buf = None, sep = ',', na_rep = '', columns = None, header = True, index = True, index_label = None, mode = 'w', encoding = None)

函数中的参数说明如下：

（1） path_or_buf：接收 string，表示保存的文件名和路径；

（2） sep：接收 string，表示分隔符，默认为逗号；

（3） na_rep：接收 string，表示缺失值，默认为""；

（4） columns：接收 list，表示写出的列名；

（5） header：接收 boolean，表示是否将列名写出，默认为 True；

（6） index：接收 boolean，表示是否将行名（索引）写出，默认为 True；

（7） index_label：接收 sequence，表示索引名，默认为 None；

（8） mode：接收特定的 string，表示数据写入的模式，默认为"w"；

（9） encoding：接收特定的 string，表示存储文件的编码格式。

【例 10－8】 以【例 10－1】读取的员工月工资收入信息为例，在读取 salary. csv 文件后，在 DataFrame 对象中增加一个员工工资收入信息为（周斌，男，35，5000），然后将增加后的数据重新存储到 salaryadd. csv 文件中。

示例代码 test2. py 如下。

```
# -*- coding:utf-8 -*-
import pandas as pd
print('数据文件保存在 d 盘的 data 目录下')
df = pd. read_csv('d:\data\salary. csv', encoding = 'GBK')
print('输出 df:', '\n', df)
df. loc['add_row'] = ['周斌', '男', 35, 5000]
print('输出 df:', '\n', df)
df. to_csv('D:\data\salaryadd. csv', encoding = 'GBK')
```

代码运行后，可到 data 目录下查看是否有 salaryadd. csv 文件。

二、pandas Excel 文件的读写

Excel 是微软公司办公软件 Microsoft Office 的组件之一。使用 Excel 可以进行各种数据处理和统计分析，因而被广泛应用于管理、统计财经、金融等众多领域。Microsoft Office Excel 软件有不同的版本，Microsoft Office Excel2007 之前的版本的文件扩展名为 . xls，而 Microsoft Office Excel2007 及其以后版本的文件扩展名为 . xlsx。

（一）Excel 文件读取

pandas 提供了 read_excel() 函数来读取 Excel 文件，其函数的语法格式如下：

pandas. read_excel(io, sheet_name = 0, header = 0, index_col = None, names = None, dtype = None)

函数中的参数说明如下：

（1） io：接收 string，表示文件名和路径；

（2） sheet_name：接收 string、int，表示 Excel 表内数据的分表位置，默认为 0；

（3） header：接收 int 或 sequence，表示将某行数据作为列名，取值为 int 时代表将该列

作为列名，取值为 sequence 时则代表多重列索引，默认为 infer，表示自动识别；

（4） names：接收 array，表示列名，默认为 None；

（5） index_col：接收 int、sequence 或 False，表示索引列的位置。取值为 sequence 代表多重索引，默认为 None；

（6） dtype：接收 dict，代表写入的数据类型（列名为 key，数据格式为 values），默认为 None。

注意：在执行 pandas 读取 Excel 的操作时，需要安装 xlrd 库，并且在当前代码中导入 xlrd 库。安装 xlrd 库的方法为：进入 cmd 状态，输入“pip install xlrd”命令即可。

【例 10-9】 将员工月工资收入信息 salary. csv 文件打开，另存为 salary. xls 文件，然后将 salary. xls 文件中的数据读取为 DataFrame 对象。

示例代码 test1. py 如下：

```
# -*- coding:utf-8 -*-
import pandas as pd
import xlrd
print('数据文件保存在 d 盘的 data 目录下')
df = pd.read_excel('d:\data\salary.xls',sheet_name = 'salary')
print('输出 df:','\n',df)
```

（二） Excel 文件存储

将 DataFrame 数据保存为 Excel 文件，可使用 to_excel()函数，函数的语法格式如下：

DataFrame. to_excel(excel_writer = None,sheet_name = 'None',na_rep = '',header = True,index = True,index_label = None,mode = 'w',encoding = None)

函数中的参数说明如下：

（1） excel_writer：接收 string，表示保存的文件名和路径；

（2） sheet_name：接收 string，表示保存到 Excel 表内数据的分表名称，默认为 None；

（3） na_rep：接收 string，表示缺失值，默认为""；

（4） header：接收 boolean，表示是否将列名写出，默认为 True；

（5） index：接收 boolean，表示是否将行名（索引）写出，默认为 True；

（6） index_label：接收 sequence，表示索引名，默认为 None；

（7） mode：接收特定的 string，表示数据写入的模式，默认为“w”；

（8） encoding：接收特定的 string，表示存储文件的编码格式。

注意：在执行 pandas 写入 Excel 的操作时，需要安装 xlwt 库，并且在当前代码中导入 xlwt 库。安装 xlwt 库方法为：进入 cmd 状态，输入“pip install xlwt”命令即可。

【例 10-10】 以【例 10-9】读取的员工月工资收入信息为例，在读取 salary. xls 文件后，在 DataFrame 对象中增加一个员工工资收入信息为（李丽，女，25，3000），然后将增加后的数据重新存储到 salaryadd. xls 文件中。

示例代码修改后的 test2. py 如下：

```
# -*- coding:utf-8 -*-
import pandas as pd
```

```
import xlrd
import xlwt
print('数据文件保存在 d 盘的 data 目录下')
df = pd. read_excel('d:\data\salary. xls', sheet_name = 'salary')
print('输出 df:','\n',df)
df. loc['add_row'] = ['李丽','女',25,3000]
print('输出 df:','\n',df)
df. to_excel('D:\data\salaryadd. xls',encoding = 'GBK')
```

代码运行后，可到 data 目录下查看是否有 salaryadd. xls 文件。

三、pandas 数据库的使用

在实际工作中，大多数的数据都是存储在数据库中的。pandas 提供了读取与存储关系型数据库数据的函数。除了 pandas 库外，还需要使用 SQL Alchemy 库建立对应的数据库连接。SQL Alchemy 配合相应数据库的 Python 连接工具（例如，MySQL 数据库需要安装 mysql client 或者 pymysql 库，Oracle 数据库需要安装 cx_oracle 库）。

可使用 create_engine 函数建立一个数据库连接。pandas 支持 MySQL、PostgreSQL、Oracle、SQLServer 和 SQLite 等主流数据库。下面以 MySQL 数据库为例，介绍 pandas 的读/写数据库文件的操作。

1. ORM 介绍。

ORM（Object Relational Mapping，对象关系映射）可将数据库中的表与面向对象语言中的类建立一种对应关系。当操作数据库时，数据库中的表或者表中的一条记录就可以直接通过操作类或者类实例来完成，ORM 相当于把数据库也给实例化了。

ORM 的优点如下：①隐藏了数据访问细节，使数据库的交互变得简单易行，并且完全不用考虑 SQL 语句；②ORM 使构造固化数据结构变得简单易行。

SQLAlchemy 安装。SQLAlchemy 是 Python 社区最知名的 ORM 工具之一，使用它可以实现高效和高性能的数据库访问。在 Windows 下安装 SQLAlchemy 方法，进入 cmd 状态，输入以下命令：

```
Pip install SQLAlchemy
Pip install pymysql
```

注意：由于 MySQL 数据库不支持 Python3 版本，所以要用 pymysql 与 SQLAlchemy 交互。

2. 创建 MySQL 数据库。

创建一个 MySQL 数据库，数据库名为 salary。在该数据库下创建一个员工月工资收入表（salary），表的结构包括姓名、性别、年龄和月工资，然后再输入 10 条员工月工资收入的记录，记录的内容可自拟。

（1）连接数据库。编写连接数据库的程序代码 db_link. py 如下：

```
# -*- coding:utf-8 -*-
from sqlalchemy import create_engine
#创建实例，并连接 salary 库
engine = create_engine('mysql + pymysql://root:@ localhost:3306/salary? charset = gb2312')
```

print (engine)

运行该程序，如果输出下面信息，即表明数据库连接成功。

Engine(mysql + pymysql://root: *** @ localhost:3306/salary? charset = gb2312)

在连接数据库的程序中，create_engine 中输入的是一个连接字符串。在使用 Python 的 SQLAlchemy 时，MySQL 和 Oracle 数据库连接字符串的格式如下：

数据库产品名 + 连接工具名：//用户名：密码@ 数据库 IP 地址：数据库端口号/数据库名称？ charset = 数据库数据编码

（2） 读取数据库文件。

pandas 提供了 3 个读取数据库文件的函数，它们的作用如下：

①read_sql() 函数：既可读取数据库中的某个表，又可实现查询操作；

②read_sql_table() 函数：只能读取数据库的某一个表格，不能实现查询操作；

③read_sql_query() 函数：可实现查询操作，但不能直接读取数据库中的某个表。

read_sql() 函数的语法格式如下：

pandas. read_sql(sql, con, index_col = None, coerce_float = True, columns = None)

read_sql_table() 函数的语法格式如下：

pandas. read_sql_table(table_name, con, schema = None, index_col = None, coerce_float = True, columns = None)

read_sql_query() 函数的语法格式如下：

pandas. read_sql_query(sql, con, index_col = None, coerce_float = True)

函数中的参数说明如下：

①sql：接收 string，表示读取数据库的表名或者 SQL 语句，无默认值；

②table_name：接收 string，表示读取数据库的表名，无默认值；

③con：接收数据库连接。表示接收数据库连接信息，无默认值；

④index_col：接收 int、sequence 或 False，表示设定的列作为行名。如果是一个数列，则是多重索引，默认为 None；

⑤coerce_float：接收 boolean。将数据库中的 decimal 类型的数据转换为 pandas 中的 float64 类型的数据，默认为 True；

⑥columns：接收 int，表示读取数据的列名，默认为 None。

【例 10-11】 以员工月工资收入信息为例，分别运用 read_sql()、read_sql_table() 和 read_sql_query() 函数读取 MySQL 数据库文件 salary，并观察这 3 个函数的特点。

示例代码 test1. py 如下：

```
# -*- coding:utf-8 -*-
import pandas as pd
from sqlalchemy import create_engine
#创建实例，并连接 salary 库
engine = create_engine('mysql + pymysql://root:@ localhost:3306/salary? charset = gb2312')
print(engine)
#使用 read_sql_query()查看数据表的数目
tables = pd. read_sql_query('show tables', con = engine)
```

```
print('salary 数据库数据表的清单:','\n',tables)
#使用 read_sql_table()读取 salary 数据表的数据
dftable = pd. read_sql_table('salary',con = engine)
print('salary 数据表的数据:','\n',dftable)
#使用 read_sql()读取 salary 数据表的数据
dftable = pd. read_sql('SELECT * FROMsalary',con = engine)
print('salary 数据表的数据:','\n',dftable)
```

（3）存储为数据库数据。将 DataFrame 写入数据库中，同样也要依赖 SQLAlchemy 库的 create_engine 函数创建数据库连接。将数据存储到数据库的函数是 to_sql()，其函数的语法格式如下：

DataFrame. to_sql(name, con, schema = None, if_exists = 'fail', index = True, index_label = None, dtype = None)

函数中的参数说明如下：

（1）name：接收 string，表示数据库的表名，无默认值；

（2）con：接收数据库连接，表示接收数据库连接信息，无默认值；

（3）if_exists：接收 fail、replace 和 append。fail 表示如果表名存在，则不执行写入操作；replace 表示如果存在，则将原数据库表删除，再重新创建；append 则表示在原数据库表的基础上追加数据，默认为 fail；

（4）index：接收 boolean，表示是否将行索引作为数据传入数据库，默认为 True；

（5）index_label：接收 string 或者 sequence，代表是否引用索引的名称，如果 index 参数为 True，此参数为 None，则使用默认名称。如果为多重索引，则必须使用 sequence，默认为 None；

（6）dtype：接收 dict，代表写入的数据类型（列名为 key，数据格式为 values），默认为 None。

【例 10－12】 以员工月工资收入信息为例，首先读取 salary. csv 文件，然后将读取的数据存储到 salary 数据库的 salary 数据表中。

示例代码 test2. py 如下：

```
# -*- coding:utf-8 -*-
import pandas as pd
from sqlalchemy import create_engine
#创建实例，并连接 salary 库
engine = create_engine('mysql + pymysql://root:@ localhost:3306/salary? charset = gb2312')
print('数据文件保存在 d 盘的 data 目录下,读取 csv 文件')
df = pd. read_csv('d:\data\salary. csv',encoding = 'GBK')
print('将读取 csv 文件中数据存储到 salary 数据表中')
df. to_sql('salary',con = engine,if_exists = 'replace')
```

四、Python JSON 文件读写

JSON 采用完全独立于语言的文本格式，但是也使用了类似于 C 语言家族的习惯（包括

C，C + + ，C#，Java，JavaScript，Perl，Python 等）。这些特性使 JSON 成为理想的数据交换语言。

JSON（Java Script Object Notation）是一种轻量级的数据交换格式。简单地说，JSON 可以将 JavaScript 对象中表示的一组数据转换为字符串，然后可以在函数之间轻松地传递这个字符串，或者在异步应用程序中将字符串从 Web 客户机传递给服务器端程序。JSON 具有良好的可读性和便于快速编写的特性，适合于服务器与 JavaScript 客户端的交互，是目前网络中主流的数据传输格式之一，应用十分广泛。

1. JSON 基本语法。

JSON 数据以一种 key - value（键值对）的方式存在。JSON 值可以是：数字（整数或浮点数）、字符串（在双引号中）、逻辑值（True 或 False）、数组（在方括号中）、对象（在花括号中）、null（空值）等。

JSON 的语法规则如下：

（1）并列的数据之间用逗号（“,”）分隔。

（2）映射用冒号（“:”）表示。

（3）并列数据的集合（数组）用方括号（“[]”）表示。

（4）映射的集合（对象）用大括号（“{}”）表示。

JSON 的 Object（对象类型）：用 {} 包含一系列无序的 key - value 键值对表示，其中 key 和 value 之间用冒号分割，每个 key - value 之间用逗号分割。访问其中的数据，通过 obj. key 来获取对应的 value，例如：json = {"name":"小芳","age":16}。

JSON 的 Array（数组类型）：使用 [] 包含所有元素，每个元素用逗号分隔，元素可以是任意的值。访问其中的元素，使用索引号从 0 开始。例如：json = ["唱歌","编程","打球"]。

JSON 的复杂数据形式为 Object 或数组中的值还可以是另一个 Object 或者数组，例如：json = {"name":"小芳","hobby":["唱歌","编程","打球"]}。

2. Python 读取 JSON 文件。

在 Python 中若要进行 JSON 文件的读写，需要添加 JSON 模块。在 Python 中读取 JSON 文件是通过调用 json. load() 函数来实现的，json. load() 函数的语法格式如下：

json. load(file,encoding = "utf - 8")

函数中的参数 file 表示 JSON 文件名，encoding 表示编码方式。

3. Python 存储 JSON 文件。

存储 JSON 文件需要调用 json. dump() 函数，该函数的语法格式如下：

json. dump(data,file,sort_keys = False,indent = 4,separators = (',',':'),encoding = "utf - 8",ensure_ascii = False)

函数中的参数说明如下：

data：表示存储的 JSON 数据。

file：表示存储的 JSON 文件名。

sort_keys：表示是否排序，默认为 False，不排序。

indent：指定每个变量的缩进量，一般填 4，缩进 4 格。

separators：消除多余的空格，以减小文件大小。

encoding：编码方式，默认为“utf-8”。

其示例代码 example1. py 如下：

```
# -*- coding:utf-8 -*-
import json
#写文件
data = [{'a':'apple','b':'banana','c':[1,2,3]},11,'test',True]
file = open('d:/data/jsontest1. txt','w')
json. dump(data,file)
file. close()
#读文件
file = open('d:/data/jsontest1. txt')
data = json. load(file,encoding = "utf-8")
print(data)
```

第九节 pandas 基本统计分析

基本统计分析又称为描述性统计分析，一般统计某个变量的个数、均值、标准差、最小值、25% 分位值、50% 分位值、75% 分位值，以及最大值。常用的统计分析指标有计数、求和、求均值、方差、标准差等。

描述性统计分析的功能是按各列返回基本统计量和分位数，函数的语法格式如下：

DataFrame. describe() 或 DataFrame. columns. describe()

下面通过分析学生成绩的案例来说明描述性统计分析的应用。

【例 10-13】 在 grade. xls 文件中包含有学号（stu_id）、平时成绩（normal）和期末考试成绩（exam）这 3 列数据，要求对该文件中的期末考试成绩（exam）列的数据进行描述性统计分析，并进行计数、求最大值和均值的计算。

其示例代码 test1 如下：

```
# -*- coding:utf-8 -*-
import numpy as np
import pandas as pd
from pandas import DataFrame, Series
df = pd. read_excel('d:\data\grade. xls',sheet_name = 'grade')
print('exam 列描述性统计分析',df. exam. describe())
print('exam 列个数',df. exam. size)
print('exam 列的最大值',df. exam. max())
print('exam 列的均值',df. exam. mean())
```

运行输出结果如下。

```
exam 列描述性统计分析
count 38. 000000
```

```
mean 68.368421
std1 4.695874
min 32.000000
25% 60.000000
50% 68.000000
75% 81.000000
max 91.000000
Name:exam,dtype:float64
exam 列个数 38
exam 列的最大值 91
exam 列的均值 68.36842105263158
```

分析运行结果可知，使用 describe( ) 函数统计计算的结果与单独用统计函数计算的结果是一致的。

一、pandas 分组分析

分组分析是指根据分组字段，将分析对象划分成不同的部分，以对比分析各组之间差异性的分析方法。分组分析常用的统计指标是计数、求和、平均值。

分组统计函数的语法格式如下：

```
groupby(by = [分组列 1,分组列 2,…])
[统计列 1,统计列 2,…]
.agg({统计列别名 1:统计函数 1,统计列别名 2:统计函数 2,…})
```

函数中的参数说明如下：

(1) by：用于分组的列；

(2) 中括号 [ ]：用于统计的列；

(3) agg：统计别名用于显示统计值的名称，统计函数用于统计数据，常用的统计函数有计数（size）、求和（sum）和均值（mean）。

【例 10-14】 在 Employee_income.xls 文件中包含有职工号（emp_id）、性别（sex）、年龄（age）、学历（education）、参加工作时间（firstjob）、工作地区（region）、行业（industry）、职业（occupation）、月薪（salary）和月补贴（subsidy）等 10 列数据，要求分别按年龄、学历分组统计人数，并求月薪的均值、最大值和最小值。

其示例代码 test1 如下：

```
# -*- coding:utf-8 -*-
import numpy as np
from pandas import DataFrame;
import pandas as pd
df = pd.read_excel('d:\data\emp_income\Employee_income.xls',sheet_name = 'emp_income')
age_result = df.groupby(by = ['age'])['salary'].agg({
'人数':np.size,
```

```
'平均月薪':np.mean,
'最高月薪':np.max,
'最低月薪':np.min
})
print(age_result)
edu_result = df.groupby(by = ['education'])['salary'].agg({
'人数':np.size,
'平均月薪':np.mean,
'最高月薪':np.max,
'最低月薪':np.min
})
print(edu_result)
```

运行输出结果如下：

education	人数	平均月薪	最高月薪	最低月薪
大专	4	3700.000000	4500	3000
本科	5	4700.000000	5000	4500
研究生	2	7099.500000	7699	6500
高中	7	2685.714286	3500	2000

二、pandas 分布分析

分布分析是指根据分析的目的，将定量数据进行等距或者不等距的分组，从而研究各组分布规律的一种分析方法。如学生成绩分布、用户年龄分布、收入状况分布等。

分布分析 cut() 函数的语法格式如下：

pandas.cut(x,bins,right = True,labels = None,retbins = False,precision = 3,include_lowest = False)

函数中的参数说明如下：

(1) x：进行划分的一维数组；

(2) bins：取整数值，表示将 x 划分为多少个等距的区间。取序列值，表示将 x 划分在指定序列中，若不在该序列中，则是 NaN；

(3) right：分组时是否包含右端点，默认为 True（包含）；

(4) labels：分组时是否用自定义标签来代替返回的 bins，可选项，默认为 NULL；

(5) precision：表示精度，默认为 3；

(6) include_lowest：分组时是否包含左端点，默认为 False（不包含）。

在分布分析时，首先用 cut() 函数确定分布分析中的分层，然后再用 groupby() 函数实现分组分析。

【例 10－15】 在 Employee_income.xls 文件中包含有职工号（emp_id）、性别（sex）、年龄（age）、学历（education）、参加工作时间（firstjob）、工作地区（region）、行业（industry）、职业（occupation）、月薪（salary）和月补贴（subsidy）等 10 列数据，要求按年龄分布状况，分组统计人数、平均月薪、最高月薪和最低月薪。

其示例代码 test1 如下：

```
# -*- coding:utf-8 -*-
import numpy as np
import pandas as pd
df = pd.read_excel('d:\data\emp_income\Employee_income.xls',sheet_name = 'emp_income')
#年龄分布状况
age_bins = [20,30,40,50,60]
age_labels = ['20-30岁','31-40岁','41-50岁','51-60岁']
df['年龄分层'] = pd.cut(df.age,age_bins,labels = age_labels)
#分组统计人数、平均月薪、最高月薪和最低月薪
aggResult = df.groupby(by = ['年龄分层'])['salary'].agg({
'人数':np.size,
'平均月薪':np.mean,
'最高月薪':np.max,
'最低月薪':np.min
})
print(aggResult)
```

运行输出结果如下：

```
年龄分层    人数     平均月薪      最高月薪    最低月薪
20-30岁    8.0    3287.500000   5000.0     2000.0
31-40岁    9.0    4144.444444   6500.0     2500.0
41-50岁    1.0    7699.000000   7699.0     7699.0
51-60岁    NaN    NaN           NaN        NaN
```

三、pandas 交叉分析

交叉分析通常用于分析两个或两个以上分组变量之间的关系，以交叉表形式进行变量间关系的对比分析；从数据的不同维度，综合进行分组细分，进一步了解数据的构成、分布特征。

1. 透视表。交叉分析有数据透视表和交叉表两种，其中，pivot_table() 函数返回值是数据透视表的结果，该函数相当于 Excel 中的数据透视表功能。

pivot_table() 函数的语法格式如下：

pandas.pivot_table(data,values,index,columns,aggfunc,fill_value,margins)

或

dataframe.pivot_table(values,index,columns,aggfunc,fill_value,margins)

函数中的参数说明如下：

(1) data：要应用透视表的数据框；

(2) values：待聚合的列的名称，默认聚合所有数值列；

(3) index：用于分组的列名或其他分组键，出现在结果透视表的行；

(4) columns：用于分组的列名或其他分组键，出现在结果透视表的列；

（5） aggfunc：聚合函数或函数列表，默认为'mean'，可以是任何对 groupby 有效的函数；

（6） fill_value：用于替换结果表中的缺失值；

（7） margins：添加行/列小计和总计，默认为 False。

在交叉分析时，可先用 cut（） 函数确定交叉分析中的分层，然后再利用 pivot_table( )函数实现交叉分析。

【例 10－16】 对 Employee_income. xls 文件中的数据进行下列交叉分析。

（1） 对年龄（age）和性别（sex）数据列进行交叉分析，求解不同年龄段中不同性别的人数。

（2） 对年龄（age）和学历（education）数据列进行交叉分析，求解不同年龄段中不同学历员工的平均月薪。

其示例代码 test1 如下：

```
# -*- coding:utf-8 -*-
import numpy as np
import pandas as pd
df = pd.read_excel('d:\data\emp_income\Employee_income.xls',
sheet_name = 'emp_income')
#年龄分布状况
age_bins = [20,30,40,50,60,70]
age_labels = ['20-29岁','30-39岁','40-49岁','50-59岁','60-69岁']
df['年龄分层'] = pd.cut(df.age,age_bins,right = False,labels = age_labels)
#求不同年龄段中不同性别的人数年龄分布状况
ptResult1 = df.pivot_table(
values = ['age'],
index = ['年龄分层'],
columns = ['sex'],
aggfunc = [np.size]
)
print(ptResult1)
#求不同年龄段中不同学历的平均月薪
ptResult2 = df.pivot_table(
values = ['salary'],
index = ['年龄分层'],
columns = ['education'],
aggfunc = [np.mean]
)
print(ptResult2)
```

运行输出结果如下：

```
sex 女 男
```

```
年龄分层
20 - 29 岁 3.0   3.0
30 - 39 岁 5.0   6.0
40 - 49 岁 NaN   1.0
mean
salary
education 大专 本科    研究生    高中
年龄分层
20 - 29 岁 3400.0   NaN      NaN       2500.000000
30 - 39 岁 4000.0   4700.0   6500.0    2933.333333
40 - 49 岁 NaN      NaN      7699.0    NaN
```

2. 交叉表。

交叉表（Cross - Tabulation，简称 crosstab）是一种用于计算分组频率的特殊透视表。

交叉表 crosstab( ) 函数的语法格式如下：

pandas. crosstab(index, columns, values = None, rownames = None, colnames = None, aggfunc = None, margins = False, margins_name = 'All', dropna = True, normalize = False)

函数中的参数说明如下：

(1) index：接收 array、Series 或数组列表，表示要在行中分组的值；

(2) columns：接收 array、Series 或数组列表，表示要在列中分组的值；

(3) values：接收 array，可选。根据因素聚合的值数组。需要指定“aggfunc”；

(4) rownames：接收 sequence，默认为 None。如果传递，则必须匹配传递的行数组；

(5) colnames：接收 sequence，默认为 None。如果传递，则必须匹配传递的列数组；

(6) aggfunc：聚合函数或函数列表；

(7) margins：添加行/列小计和总计，默认为 False；

(8) margins_name：接收 string，默认为'All'，表示包含总计的行/列的名称。

【例 10 - 17】 利用交叉表分析 Employee_income. xls 文件中的不同性别的学历人数。

其示例代码 test2 如下：

```
# -*- coding:utf-8 -*-
import numpy as np
import pandas as pd
df = pd.read_excel('d:\data\emp_income\Employee_income.xls',sheet_name = 'emp_income')
#按性别（sex）分组，统计各个分组中学历的频数
ctResult = pd.crosstab(df['sex'],df['education'],margins = True)
print(ctResult)
```

运行输出结果如下：

```
education 大专 本科 研究生 高中 All
sex
女        3    2    0     3    8
男        1    3    2     4    10
```

All 4 5 2 7 18

总而言之，在交叉分析中，透视表 pivot_table( ) 是一种进行分组统计的函数，参数 aggfunc 决定统计类型；而交叉表 crosstab( ) 是一种特殊的 pivot_table( )，专门用于计算分组的频率。

四、pandas 结构分析

结构分析是在分组和交叉的基础上，计算各组成部分所占的比例，进而分析总体的内部特征的一种分析方法。结构分析中的分组主要是指定性分组，定性分组一般应看结构，重点在于了解各部分占总体的比例。例如，求公司中不同学历员工所占的比例，产品在市场的占有率、股权结构等。

在结构分析时，先利用 pivot_table( ) 函数进行数据透视表分析，然后，通过指定 axis 参数对数据透视表按行或列进行计算（当 axis = 0 时按列计算，axis = 1 时按行计算）。其中，数据框的外运算函数见表 10 - 8，而数据框的内运算函数见表 10 - 9。

表 10 - 8　　数据框的外运算函数

运算	说明
add	加
sub	减
multiply	乘
div	除

表 10 - 9　　数据框的内运算函数

运算	说明
sum	求和
mean	均值
var	方差
sd	标准差

【例 10 - 18】 对 Employee_income. xls 文件中的年龄（age）和学历（education）数据列进行结构分析，求不同年龄分层下各种学历的占比。

其示例代码 test1 如下：

```
# -*- coding:utf-8 -*-
import numpy as np
import pandas as pd
df = pd. read_excel( 'd:\data\emp_income\Employee_income. xls',
sheet_name = 'emp_income')
age_bins = [20,30,40,50,60,70]#年龄分布状况
age_labels = ['20 - 29 岁','30 - 39 岁','40 - 49 岁','50 - 59 岁','60 - 69 岁']
```

```
df['年龄分层'] = pd.cut(df.age,age_bins,right = False,labels = age_labels)
ptResult = df.pivot_table(
values = ['age'],
index = ['年龄分层'],
columns = ['education'],
aggfunc = [np.size])
)
print(ptResult)
print(ptResult.sum())
print(ptResult.div(ptResult.sum(axis =0),axis =1))
#div 的第一个参数是除法的分母，意思是按行把数据除以该列的总和
#即得到某一个年龄分层下的学历占比。
```

运行输出结果如下：

```
size
age
education     大专   本科   研究生   高中
年龄分层
20 -29 岁     2.0    NaN    NaN      4.0
30 -39 岁     2.0    5.0    1.0      3.0
40 -49 岁     NaN    NaN    1.0      NaN
education
size  age 大专    4.0
本科    5.0
研究生 2.0
高中    7.0
dtype:float64
size
age
education     大专   本科   研究生     高中
年龄分层
20 -29 岁     0.5    NaN    NaN      0.571429
30 -39 岁     0.5    1.0    0.5      0.428571
40 -49 岁     NaN    NaN    0.5      NaN
```

五、pandas 相关分析

相关分析（Correlation Analysis）用于研究现象之间是否存在某种依存关系，并探讨具有依存关系的现象的相关方向以及相关程度，是研究随机变量之间相关关系的一种统计方法。

线性相关关系主要采用皮尔逊（Pearson）相关系数 r 来度量连续变量之间线性相关强

度；r>0，线性正相关；r<0，线性负相关；r=0，表示两个变量之间不存在线性关系，但并不代表两个变量之间不存在任何关系。其相关系数见表10-10。

表10-10 **相关系数**

相关系数|r|取值范围	相关程度
0≤|r|<0.3	低度相关
0.3≤|r|<0.8	中度相关
0.8≤|r|≤1	高度相关

相关分析函数包括 DataFrame.corr() 和 Series.corr（other）。

函数说明如下：

（1）如果由数据框调用 corr() 函数，那么将会计算列与列之间的相似度；

（2）如果由序列调用 corr() 方法，那么只是该序列与传入的序列之间的相关度。

函数返回值如下：

（1）DataFrame 调用：返回 DataFrame；

（2）Series 调用：返回一个数值型数据，大小为相关度。

【例10-19】 分别计算 Employee_income.xls 文件中的年龄（age）与月薪（salary）的相关系数，年龄（age）与月薪（salary）、补贴（subsidy）的相关系数，以及所有数据的相关系数矩阵。

其示例代码 test1 如下：

```
# -*- coding:utf-8 -*-
import pandas as pd


df = pd.read_excel('d:\data\emp_income\Employee_income.xls',
sheet_name = 'emp_income')
#计算 age 和 salary 的相关系数
corrResult1 = df.age.corr(df.salary)
print('age 和 salary 的相关系数',corrResult1)
#计算 age 和 salary、subsidy 的相关系数
corrResult2 = df.loc[:,['age','salary','subsidy']].corr()
print('age 和 salary、subsidy 的相关系数\n',corrResult2)
#返回一个相关系数矩阵
print('返回一个相关系数矩阵\n',df.corr())
```

运行输出结果如下：

```
age 和 salary 的相关系数 0.6781676305144909
age 和 salary、subsidy 的相关系数
age          salary      subsidy
age     1.000000   0.678168   0.062137
salary   0.678168   1.000000   0.067629
subsidy 0.062137   0.067629   1.000000
```

返回一个相关系数矩阵

	emp_id	age	salary	subsidy
emp_id	1.000000	-0.029849	-0.143666	0.043537
age	-0.029849	1.000000	0.678168	0.062137
salary	-0.143666	0.678168	1.000000	0.067629
subsidy	0.043537	0.062137	0.067629	1.000000

注意：计算相关系数的 corr（）函数只会对数据框中的数据列进行计算。

第十节　pandas 数据处理

在数据分析前，首先要进行数据采集。通常，采集到的原始数据大多数是不完整和不一致的“脏”数据，无法直接进行数据挖掘。为了提高数据挖掘的质量，产生了数据预处理技术。数据预处理包括数据清理、数据集成、数据变换、数据归约等。数据清洗是发现并纠正数据文件中可识别的错误，如移除重复数据，处理缺失值和空格值，检测和过滤异常值，并检查数据一致性等。通过数据清洗不仅要使通过清洗后的数据变得可用，而且还要使数据变得更加适合进行后续的数据分析工作。本节教程就来介绍数据重复值的处理。

原始数据集中往往会存在着许多重复数据。所谓重复数据是指在数据结构中所有列的内容都相同，即行重复。而处理重复数据是数据分析中经常要面对的问题之一。pandas 提供了 duplicated( ) 和 drop_duplicates( ) 函数用于标记和删除重复数据。

一、duplicated( ) 函数

duplicated( ) 函数用于标记 Series 中的值、DataFrame 中的记录行是否重复，重复为 True，不重复为 False。该函数语法格式如下：

pandas. DataFrame. duplicated(subset = None, keep = 'first')

或

pandas. Series. duplicated(keep = 'first')

函数中的参数说明如下：

（1）subset：接收 string 或 sequence，用于识别重复的列标签或列标签序列，默认为列标签，默认值为 None；

（2）keep：接收特定 string，first 表示除了第一次出现外，其余相同的重复项标记为 True；last 表示除了最后一次出现外，其余相同的重复项标记为 True；False 表示将所有重复项标记为 True，默认为 first。

drop_duplicates( ) 函数用于删除 Series、DataFrame 中重复记录，并返回删除重复后的结果。该函数语法格式如下：

pandas. DataFrame. drop_duplicates(subset = None, keep = 'first', inplace = False)

或

pandas. Series. drop_duplicates(keep = 'first', inplace = False)

函数中的参数说明如下：

（1） subset：接收 string 或 sequence，仅考虑用于标识重复项的某些列，默认情况下使用所有列，默认值为 None；

（2） keep：接收特定 string，first 表示删除重复项并保留第一次出现的项；last 表示除了最后一项外，删除重复项；False 表示删除所有重复项；默认为 first；

（3） inplace：接收 boolean，True 表示直接修改原对象，False 表示创建一个副本，修改副本，原对象不变，默认为 False。

【例 10－20】 有一个手机评论数据 Mobile. csv 文件，该文件的数据列包括手机品牌、价格和评分。现在要求完成去除该文件中的重复值。

其示例代码 test1. py 如下：

```
# -*- coding:utf-8 -*-
import pandas as pd
df = pd.read_csv('Mobile.csv',encoding = 'GBK')
#取 df 中 0-4 列数据
df1 = df.iloc[:,0:4]
print(df1)
#标识重复项
data = df1.duplicated(keep = 'first')
print(data)
#删除重复项
data1 = df1.drop_duplicates(keep = 'first')
print(data1)
```

二、pandas 缺失值的处理

在大多数的数据分析应用中，经常会遇到缺失值，常见的缺失值处理方式有过滤和填充。在 Python 中，pandas 使用浮点值 NaN 表示浮点数和非浮点数组中的缺失值，同时 Python 内置 None 值也会被当作缺失值。在处理缺失值之前，首先要判断缺失值是否存在，然后再对缺失值进行删除、填充或者不处理的操作。

（一）判断缺失值的函数

在 pandas 中判断缺失值的函数如下。

1. isnull() 函数。isnull() 函数语法格式：isnull(obj)。其中，参数 obj 表示接收标量或数组，用于检查空值或缺失值的对象；如果有空值或缺失值则返回 True，否则返回 False。

2. notnull() 函数。notnull() 函数语法格式：notnull(obj)。其中，参数 obj 接收 ndarray 或对象值，用于检查不为空值或缺失值的对象；如果有空值或缺失值则返回 False，否则返回 True。

通过 isnull() 函数和 sum() 函数可以获得 Series 和 DataFrame 中缺失值的数量。

（二）处理缺失值的方法

数据缺失值的处理方法有以下三种：

（1） 删除含有缺失值的记录。

（2）进行数据插补。

（3）不处理空值或缺失值。

1. 删除含有缺失值的记录。在数据分析中，如果数据集的样本很大，并且在删除含有缺失值的记录后，不会影响分析结果的客观性和准确性时，一般使用 dropna( ) 函数直接将空值或缺失值的数据删除。

dropna( ) 函数的语法格式如下。

DataFrame. dropna(axis = 0, how = 'any', thresh = None, subset = None, inplace = False)

函数中的参数说明如下：

（1）axis：指定删除方向，当 axis = 0 按行删除，axis = 1 按列删除，默认为 0；

（2）how：取值为“all”表示这一行或列中的元素全部缺失（为 NaN）才删除这一行或列；取值为“any”表示这一行或列中只要有缺失值，就删除这一行或列；

（3）thresh：一行或一列中至少出现了 thresh 个才删除；

（4）subset：在某些列的子集中选择出现了缺失值的列删除，不在子集中的含有缺失值的列或行不会被删除；

（5）inplace：筛选缺失值后，获得的新数据是存为副本还是直接在原数据上进行修改。

【例 10 - 21】 导入 Excel 成绩表 grade. xls 中的 grade1 表，完成各种不同情况下删除缺失值的操作。

其示例代码 test1. py 如下：

```
# -*- coding:utf-8 -*-
import pandas as pd
#导入成绩数据
df = pd.read_excel('d:\data\grade.xls',sheet_name = 'grade1')
#所有值全为缺失值才删除
df1 = df.dropna(how = 'all')
#输出 df1 的前 5 行
print(df1.head())
#删除至少出现过两个缺失值的行
df1 = df.dropna(thresh = 2,axis = 0)
#输出 df1 的前 10 行
print(df1.head(10))
#删除 subset 中指定的列含有缺失值的行
df1 = df.dropna(subset = ['exam'])
#输出 df1 的前 5 行
print(df1.head())
#删除含有缺失值的列
print(df.dropna(axis = 1))
#只要有缺失值就删除，并且直接在原数据上进行修改
df1 = df.dropna(how = 'any',inplace = True)
print(df)
```

2. 数据插补法。在数据分析中，如果数据集的样本比较少或者由于删除含有缺失值的记录，会影响到数据分析结果的客观性和准确性，就需要根据数据插补的方法来选择填充值，然后再使用 fillna( ) 函数对空值或缺失值进行填充。

fillna( ) 函数的语法格式如下。

```
DataFrame. fillna(value = None,method = None,axis = None,
inplace = False,limit = None,downcast = None, ** kwargs)
```

函数中的参数说明如下：

（1）value：接收常数、dict、Series 或 DataFrame，表示填充缺失值的值。

（2）method：表示填充缺失值的方法，method 的取值为 {'pad', 'ffill', 'backfill', 'bfill', None}。pad/ffill：用前一个非缺失值去填充该缺失值。backfill/bfill：用下一个非缺失值去填充该缺失值。None：指定一个值去替换缺失值（缺省默认这种方式）。

（3）axis：指定填充方向，当 axis =1 按列填充，axis =0 按行填充。

（4）inplace：接收 True 或 False。True 表示直接修改原对象，False 表示创建一个副本，修改副本，原对象不变，默认为 False。

（5）limit：表示限制填充的个数，如果 limit =2，则只填充两个缺失值。

（6）downcast：默认为 None，如果需要将填充的值向下转换为适当的相等数据类型的数值，如将 float64 数据类型转换为 int64 数据类型时，则此参数的值为'infer'。

注意：method 参数不能与 value 参数同时出现。

在选取填补缺失值的数据时，除了选择常量 0 或者通过指定 method 方式来选择填充缺失值的数据外，还可以根据数据插补方法来选择填充值。常用数据插补方法见表 10 - 11。

表 10 - 11　数据插补方法

插补方法	描述
均值/中位数/众数插补	根据属性值的类型，用该属性取值的均值/中位数/众数进行插补
使用固定值	将缺失值属性使用一个常量值替换
最近临插补	在记录中找到与缺失样本最接近的样本的该属性值插补
回归方法	对带有缺失值的变量，根据已有的数据和与其有关的其他变量（因变量）的数据建立拟合模型来预测缺失的属性值
插值法	插值法是利用已知点建立常用的插值函数 f(x)，未知值由对应点 x 求出的函数值 f(x) 近似替代

【例 10 - 22】 导入 Excel 成绩表 grade. xls 中的 grade1 表，完成以下操作：

（1）查看该表前 5 行的缺失值，分别用常数 0 和字典填充缺失值，但不修改原数据；

（2）分别指定不同的 method 参数，观察填充缺失值情况；

（3）将 Normal 属性的缺失值用中位数替换，exam 属性的缺失值用均值替换；

（4）用常数 0 填充缺失值，并修改原数据。

其示例代码 test2. py 如下：

```
# -*- coding:utf-8 -*-
import pandas as pd
#导入成绩数据
```

```
df = pd.read_excel('d:\data\grade.xls',sheet_name = 'grade1')
#1. 查看前面 5 行
print(df.head())
#2. 查看缺失值的数量
print(df.isnull().sum())
#3. 用常量 0 填充
df1 = df.fillna(0)
print(df1.head())
#4. 用字典填充
df2 = df.fillna({'Normal':60,'exam':40})
print(df2.head())#修改副本
#观察原来数据 df 没有改变
print(df.head())
#5. 指定 method = 'ffill'/'pad':用前一个非缺失值去填充该缺失值
df2 = df.fillna(method = 'ffill')
print(df2.head())
#指定 method = 'bfill'/'backfill':用下一个非缺失值填充该缺失值
df2 = df.fillna(method = 'bfill')
print(df2.head())
#6. 将 exam 列的缺失值用均值替换
exa_mea = df['exam'].fillna(df['exam'].mean())
print(exa_mea.head())
#将 Normal 列的缺失值用中位数替换
Nor_med = df['Normal'].fillna(df['Normal'].median())
print(Nor_med.head())
#7. 指定 inplace 参数为 True
print(df.fillna(0,inplace = True))
#观察原来数据 df 发生改变
print(df.head())
```

三、pandas 异常值的处理

在数据分析中，除了常见的重复值和缺失值外，还会遇到一类非正常的数据，即异常值。所谓异常值，就是在数据集中存在不合理的值，又称离群点。例如，年龄为负数，成绩大于 100 或小于 0，商品评分超出 5 分或商品日销售量远远超过年销售量等，都属于异常值。从集合角度来看，异常值即离群点。因此，为了处理异常值，首先是判别数据集中是否存在离群点，然后再对离群点的数据进行处理。

（一）判别数据集中异常值的方法

1. 散点图分析。通过绘制数据集中某些属性值的散点图，可观察这些属性值中的数据是否存在超出正常范围的离群点，从而发现数据集中的异常值。

2. 简单统计分析。对数据集中的属性值进行描述性的统计，从中可发现哪些数据是不合理的。例如，年龄属性值的区间规定为［0:150］，如果数据集样本中的年龄值不在该区间范围内，则表示该样本的年龄属性属于异常值。

3. 3σ 原则。3σ 原则是指当数据服从正态分布时，根据正态分布的定义可知，距离平均值 3σ 之外的概率为 $P(|X-\mu|>3\sigma)\leqslant 0.003$，这属于极小概率事件，在默认情况下，可以认定距离超过平均值 3σ 的样本是不存在的。因此，当样本距离平均值大于 3σ 时，则认定该样本为异常值。

4. 箱线图分析。箱线图提供了一个识别异常值的标准，即大于或小于箱线图设定的上下界的数值即为异常值。箱线图上节已经学过。

在箱线图上定义了上四分位和下四分位，上四分位设置为 U，表示所有样本中只有 1/4 的数值大于 U；同理，下四分位设置为 L，表示所有样本中只有 1/4 的数值小于 L。同时，设置上四分位与下四分位的插值为 IQR，即 IQR = U - L，那么，上界为 U + 1.5IQR，下界为 L - 1.5IQR。箱线图在选取异常值方面比较客观，在识别异常值方面有一定的优越性。

（二）异常值的处理方法

常用的异常值处理方法有以下四种：

（1）删除含有异常值的记录。

（2）将异常值视为缺失值，按照缺失值的处理方法来处理。

（3）用平均值来修正异常值。

（4）对异常值不处理。

在异常值处理时，有些异常值可能含有有用信息，因此，如何判定和处理异常值，需视情况而定。在数据量较多时，可用散点图和描述性的统计来查看数据基本情况，发现异常值，并借助箱线图进行监测。

【例 10-23】 现有一个餐厅销售数据表 sale.xls，在该数据表中有日期和销量两列数据，要求分析该数据表中销量数据的异常值，并将异常值用销量数据的中位数替换。

数据分析思路：首先读取 sale.xls 文件中的数据，并对销量数据进行描述性的统计分析。通过描述性的统计分析发现异常值，然后，运用散点图寻找异常值，最后，将异常值用销量数据的中位数替换。

其示例代码 test1.py 如下：

```
# -*- coding:utf-8 -*-
import numpy as np
import pandas as pd
import matplotlib.pyplot as plt
#导入数据
data = pd.read_excel('d:/data/sale.xls')
#通过描述性的统计发现异常值
print(data.describe())
#通过散点图发现 6 个异常值
data1 = data.T
#得到日期数据
```

```
date = data1. values[0]
#得到销量数据
sale = data1. values[1]
#绘制散点图
plt. plot(date,sale,'o')
plt. show()
#将异常值用中位数替换
data['销量'][(data['销量'] < 400) | (data['销量'] > 5000)] = 2655. 85
```

通过销售数据散点图寻找异常值，其散点图如图 10 - 4 所示。

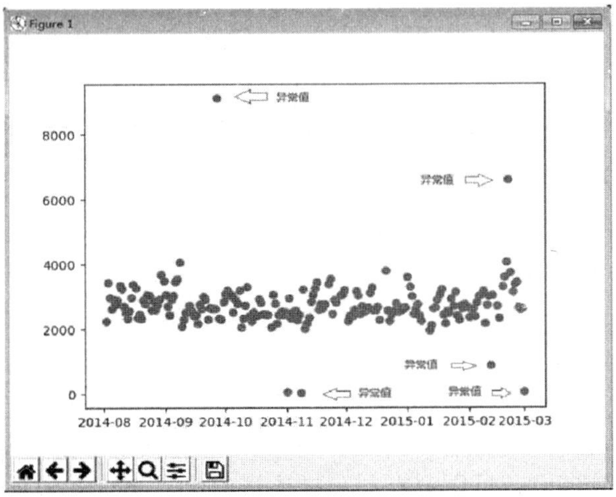

图 10 - 4　销售数据散点图

第十一节　pandas 连接数据

在数据采集时，往往会将数据分散存储于不同的数据集中。而在数据分析时，常常又需要通过一个或多个键将两个数据集的行连接起来，或者沿着一条轴将多个数据堆叠到一起，以实现数据合并操作。数据合并操作类似于数据库中运用 SQL 语句的 JOIN 连接来实现多表查询。通过数据合并，可以将多个数据集整合到一个数据集中。在 pandas 中，常用的数据合并函数有 merge()、join()、concat()、append() 和 combine_ first()。

一、merge() 函数

在 pandas 中，通过两个数据集中一个或多个键来合并数据时，可使用 merge() 函数，该函数的语法格式如下：

```
pandas. merge(left,right,how = 'inner',on = None,left_on = None,right_on = None,
left_index = False,right_index = False,sort = False,suffixes = ('_x','_y'),
copy = True,indicator = False)
```

函数中的参数说明如下：

（1） left：参与合并的左侧 DataFrame；

（2） right：参与合并的右侧 DataFrame；

（3） how：表示连接方式，取值 {inner，outer，left，right}：

（4） 默认为 inner 内连接，其结果是取两个数据集中键值交集的数据；

（5） outer 外连接，其结果是取两个数据集中键值并集的数据，对不匹配的键所对应的数据用 NaN 填充；

（6） left 左连接，取左侧全部数据，右侧取与左侧相匹配的键所对应的数据，不匹配的键所对应的数据用 NaN 填充；

（7） right 右连接，取右侧全部数据，左侧取与右侧相匹配的键所对应的数据，不匹配的键所对应的数据用 NaN 填充。

（8） on：表示用于连接的列名，必须同时存在于左右两个 DataFrame 对象中，如果未传递且 left_index 和 right_index 为 False，则 DataFrame 中列的交集将作为连接键；

（9） left_on：表示左侧 DataFarme 中用作连接键的列，可以是列名、索引级名称，也可以是长度等于 DataFrame 长度的数组；

（10） right_on：表示右侧 DataFarme 中用作连接键的列，可以是列名、索引级名称，也可以是长度等于 DataFrame 长度的数组；

（11） left_index：如果为 True，则使用左侧 DataFrame 中的索引（行标签）作为其连接键；

（12） right_index：如果为 True，则使用右侧 DataFrame 中的索引（行标签）作为其连接键；

（13） sort：如果为 True，则将合并的数据进行排序，默认为 False，在大多数情况下设置为 False 可以提高性能；

（14） suffixes：字符串值组成的元组，用于指定当左右 DataFrame 存在相同列名时，在列名后面附加的后缀名称，默认为（'_x'，'_y'），例如，左右两个 DataFrame 对象都有'data'，则结果中就会出现'data_x'和'data_y'；

（15） copy：默认为 True，表示总是将数据复制到数据结构中，大多数情况下设置为 False 可以提高性能；

（16） indicator：默认为 False，如果设置为 True，将显示合并数据中每行来源的信息添加到名为_merge 的列中输出，例如，只来自左边（left_only）、两者（both）、只来自右边（right_only）。

【例 10－24】 创建产品信息（info）和产品销售（sale）数据集，并完成下列对产品信息和产品销售数据集的数据合并操作：

（1） 使用默认连接方式连接产品信息和产品销售数据集；

（2） 按照指定“产品编号”列名合并产品信息和产品销售数据集；

（3） 分别用 left、right、outer 连接方式连接数据集；

（4） 根据“产品编号”和“品牌”多个键进行连接；

（5） 对重复的列名处理；

（6） 将索引作为连接的键。

其示例代码 test1. py 如下：

```
# -*- coding:utf-8 -*-
import pandas as pd
#创建产品信息（info）和产品销售（sale）数据集
info = pd.DataFrame({'产品编号':list('ABCD'),'类型名称':['电视机',
'手机','电脑','空调'],'品牌':['格力','康佳',
'海信','TCL']},index = range(1001,1005))
info.columns.name = '产品信息'
info.index.name = '编号'
print(info)
sale = pd.DataFrame({'产品编号':list('ABECDF'),'品牌':['格力',
'康佳','海信','TCL','康佳','格力'],'价格'
:[3600,1500,4500,2000,2300,3500]},index =
range(1001,1007))
sale.columns.name = '产品销售'
sale.index.name = '编号'
print(sale)
#1. 使用默认连接方式连接产品信息和产品销售数据集
print(pd.merge(info,sale))
#2. 按照指定"产品编号" 列名合并产品信息和产品销售数据集
print(pd.merge(info,sale,on = '产品编号'))
#3. 分别用 left、right、outer 连接方式连接数据集
print(pd.merge(info,sale,how = 'left'))
print(pd.merge(info,sale,how = 'right'))
print(pd.merge(info,sale,how = 'outer'))
#4. 根据"产品编号"和"品牌"多个键进行连接
print(pd.merge(info,sale,on = ['产品编号','品牌']))
#5. 对重复的列名进行处理
print(pd.merge(info,sale,on = '产品编号',suffixes = ('_1','_2')))
#6. 将索引作为连接的键
print(pd.merge(info,sale,on = ['产品编号','品牌],left_index = True,
right_index = True))
```

二、join() 函数

除了 merge() 函数外，还可以使用 join() 函数来实现根据特定的列和索引进行合并数据的操作。join() 函数默认是通过 index 进行连接的，也可以通过设置参数“on”来指定连接的列。

join() 函数的语法格式如下：

left.join(right,on = 'keys')

函数功能：将 left 的'keys'列和 right 的索引作为关键字进行比较，相同的进行合并。其等效于 pandas.merge(left,right,left_on = 'key',right_index = True,how = 'left')。

示例代码 example2. py 如下：

```
# -*- coding:utf-8 -*-
import numpy as np
import pandas as pd
left = pd. DataFrame( {'one':np. arange(4) ,'two':list('abcd') ,
'key':['K0','K1','K0','K1']} )
right = pd. DataFrame( {'three':[4,5] ,'four':['e','f']} ,
index = ['K0','K1'])
result = left. join(right,on = 'key')
print(left,'\n',right,'\n',result)
```

运行输出结果如下。

```
   One  two  key
0    0    a   K0
1    1    b   K1
2    2    c   K0
3    3    d   K1
     Three   four
K0     4       e
K1     5       f
   One  two  key   three   four
0    0    a   K0     4       e
1    1    b   K1     5       f
2    2    c   K0     4       e
3    3    d   K1     5       f
```

三、pandas 沿轴连接数据（concat( ) 和 append( )）

有时候我们想要的数据合并结果是数据的轴向连接，在 pandas 中这可以通过 concat( ) 函数或 append( ) 函数来实现。

（一）concat( ) 函数

在 pandas 中，利用 concat( ) 函数可以沿轴对数据进行简单的连接。concat 方法相当于数据库中的全连接（Union All），可以指定按某个轴进行连接，也可以指定 join 连接的方式（只有 outer、inner 两种）。

与数据库不同的是 concat 方法不能去重，如要实现去重的效果，可以使用 drop_duplicates 方法。轴向连接数据就是单纯地将两个表拼接，这个过程也被称作连接（concatenation）、绑定（binding）或堆叠（stacking）。

concat( ) 函数的语法格式如下：

```
pandas. concat(objs,axis = 0,join = 'outer',join_axes = None,ignore_index = False,
keys = None,levels = None,names = None,verify_integrity = False,copy = True,sort = False)
```

函数中的参数说明如下：

（1）objs：需要连接的对象集合，一般是 Series、DataFrame、list 或 dict；

（2）axis：表示数据合并的轴方向，默认为 0，axis = 0 表示纵向，axis = 1 表示横向；

（3）join：表示连接方式，取值 {outer，inner}，默认为 outer 外连接，其结果是取所连接的数据集中键值并集的数据，取值为 inner 内连接，其结果是取所连接的数据集中键值交集的数据；

（4）join_axes：接收列表，表示自定义索引对象的列表；

（5）ignore_index：接收 boolean 值，默认为 False，如果为 True，请不要使用串联轴上的索引值，生成的轴将被标记为 0，…，n - 1；

（6）keys：接收序列，默认值为 None，使用传递的键作为最外层构建层次索引，如果为多索引，应使用元组；

（7）levels：接收列表的序列，默认为 None，用于构建 MultiIndex（层次索引）的特定级别；

（8）names：接收列表，默认为 None，表示 MultiIndex（层次索引）的级别的名称；

（9）verify_integrity：接收 boolean 值，默认为 False，检查新连接的轴是否包含重复项；

（10）copy：接收 boolean 值，默认为 True，如果为 False，表示不复制数据；

（11）sort：如果为 True，则将合并的数据进行排序，默认为 False，但在横向外连接或者 ignore_index = True 时要设置此参数。

【例 10 - 25】 使用 concat() 函数，通过选择不同的参数，观察实现多个数据集的沿轴连接的效果。

其示例代码 test1. py 如下：

```
# -*- coding:utf-8 -*-
import numpy as np
import pandas as pd
#定义 3 个 Series
s1 = pd.Series([0,1,2],index = ['a','b','c'])
s2 = pd.Series([3,4,5,6],index = ['d','e','f','g'])
s3 = pd.Series([7,8,9],index = ['h','i','j'])
print('将 s1,s2,s3 纵向外连接')
result = pd.concat([s1,s2,s3])
print(result)
print('将 s1,s2,s3 横向外连接')
result = pd.concat([s1,s2,s3],axis = 1,sort = False)
print(result)
print('将 s1 * 2,s3 纵向外连接')
s4 = pd.concat([s1 * 2,s3])
print(s4)
print('将 s1,s4 横向外连接')
result = pd.concat([s1,s4],axis = 1,sort = False)
print(result)
```

```
print('将 s1,s4 横向内连接')
result = pd.concat([s1,s4],axis = 1,join = 'inner')
print(result)
print('将 s1,s4 横向外连接,自定义索引')
result = pd.concat([s1,s4],axis = 1,join_axes = [['a','c','b','e']],
sort = False)
print(result)
print('将 s1,s2,s3 纵向外连接,设置层次索引')
result = pd.concat([s1,s1,s3],keys = ['one','two','three'])
print(result)
print('将 s1,s2,s3 横向外连接,设置层次索引')
result = pd.concat([s1,s2,s3],axis = 1,keys = ['one','two','three'],
sort = False)
print(result)
#定义 2 个 DataFrame
df1 = pd.DataFrame(np.arange(6).reshape(3,2),index = ['a','b','c'],
columns = ['one','two'])
df2 = pd.DataFrame(5 + np.arange(4).reshape(2,2),index = ['a','c'],
columns = ['three','four'])
print('将 df1,df2 横向外连接, 设置层次索引')
result = pd.concat([df1,df2],axis = 1,keys = ['level1','level2'],
sort = False)
print(result)
print('使用字典设置层次索引, 横向外连接')
result = pd.concat({'level1':df1,'level2':df2},axis = 1,sort = False)
print(result)
print('将 df1,df2 横向外连接, 设置层次索引和设置层次索引的级别名称')
result = pd.concat([df1,df2],axis = 1,keys = ['level1','level2'],
names = ['upper','lower'],sort = False)
print(result)
#将两个不相同的列的数据框合并
df1 = pd.DataFrame(np.random.randn(3,4),columns = ['a','b','c','d'])
df2 = pd.DataFrame(np.random.randn(2,3),columns = ['b','d','a'])
print('df1,df2 纵向外连接, 忽略原 index, 重建索引')
print(pd.concat([df1,df2],ignore_index = True,sort = False)
```

总结出 concat() 函数具有以下特点：

（1）当 concat() 函数作用于 Series 时，如果 axis =0，类似于 union（数据联合）；如果 axis =1，则组成一个 DataFrame，索引是 union 后的结果，列是类似 join 后的结果；

（2）通过参数 join_axes = [ ]指定自定义索引；

（3）通过参数 keys = [ ]创建层次化索引。利用 keys 参数可以为合并后的数据集增加一个键，通过该键指明合并数据集中不同的数据来源；

（4）通过参数 ignore_index = True 可重建索引。利用该参数可以实现将两个不同的列的 DataFrame 合并，其中无效的值用 NaN 表示。

（二）append( ) 函数

append( ) 函数是 concat( ) 函数的简略形式，但是 append( ) 函数只能在 axis = 0 上进行数据合并。append( ) 函数的语法格式如下。

left. append(right)或 left. append(right, ignore_index = True)

该函数的功能为：将 left 指定数据集与 right 指定数据集进行纵向合并。其中，DataFrame 与 Series 进行合并时，需要使用参数 ignore_index = True。

其示例代码 example2. py 如下：

```
# -*- coding:utf-8 -*-
import numpy as np
import pandas as pd
left = pd. DataFrame( {'one':np. arange(4),'two':list('abcd')})
right = pd. DataFrame( {'three':[4,5],'four':['e','f']})
s1 = pd. Series([0,1,2],index = ['a','b','c'])
result = left. append(right,sort = False)
result1 = left. append( s1,ignore_index = True)
print('左边数据:','\n',left,'\n','右边数据:','\n',
right,'\n','合并数据:','\n',result)
print('左边数据:','\n',left,'\n','右边数据:','\n',
s1,'\n','合并数据:','\n',result1)
```

最后一条输出语句的输出结果如下：

```
左边数据:
One   two
00    a
11    b
22    c
33    d
右边数据:
a  0
b  1
c  2
dtype: int64
合并数据:
    One    two   a     b     c
0   0.0    a     NaN   NaN   NaN
1   1.0    b     NaN   NaN   NaN
```

```
2   2.0   c   NaN   NaN   NaN
3   3.0   d   NaN   NaN   NaN
4   NaN   NaN 0.0   1.0   2.0
```

四、pandas 合并重叠数据

前面介绍了按列或者按行连接数据的方法，但在数据合并处理中，还有一种数据组合的处理方法，那就是合并重叠数据。合并重叠数据使用 combine_first( ) 函数，该函数的语法格式如下：

obj1. combine_first(obj2)

其中，obj1 为函数调用对象的数据集；obj2 为函数参数对象的数据集。

该函数的作用是用函数参数对象中的数据为函数调用对象的缺失数据"打补丁"，即填充函数调用对象中的数据缺失值。其示例代码 example1. py 如下：

```
# -*- coding:utf-8 -*-
import numpy as np
import pandas as pd
s1 = pd.Series([2,np.nan,4.2,np.nan,5.5,np.nan],
index = ['a','b','c','d','e','f'])
s2 = pd.Series(np.arange(len(s1),dtype = np.float64),
index = ['a','b','c','d','e','f'])
result = s2[:-3].combine_first(s1[3:])
print(s1,'\n',s2,'\n',result)
df1 = pd.DataFrame({'a':[np.nan,2.,4.,np.nan],
'b':[1.,np.nan,3.,np.nan],
'c':range(2,18,4)})
df2 = pd.DataFrame({'a':[3.,np.nan,5.,7.,9.],
'b':[np.nan,2.,4.,6.,8.]})
result1 = df1.combine_first(df2)
print(df1,'\n',df2,'\n',result1)
```

最后一条输出语句的输出结果如下：

```
     a    b    c
0  NaN  1.0    2
1  2.0  NaN    6
2  4.0  3.0   10
3  NaN  NaN   14
     a    b
0  3.0  NaN
1  NaN  2.0
2  5.0  4.0
3  7.0  6.0
4  9.0  8.0
```

```
     a    b    c
0  3.0  1.0  2.0
1  2.0  2.0  6.0
2  4.0  3.0 10.0
3  7.0  6.0 14.0
4  9.0  8.0  NaN
```

第十二节　pandas 数据的字段抽取与拆分

数据抽取，也称为数据拆分，它是通过保留、抽取源数据表中的某些字段、记录的部分信息来形成一些新字段和新记录。例如，在手机号码里包含运营商、地区和号码段等信息，通过数据抽取获得相应的字段后，就可以对相应的数据进行分析。

一、字段抽取

字段抽取是根据已知列数据的开始和结束位置，抽取出新的列。字段抽取采用 slice（）函数，该函数的语法格式如下：

Series. str. slice(start = None, stop = None)

函数中的参数说明如下：

（1）start：表示字段抽取的开始位置；

（2）stop：表示字段抽取的结束位置。

例如，手机号码 1857332XXXX 中前 3 位 185 表示运营商，中间 4 位 7332 表示地区，后面 4 位 XXXX 是号码段。

二、字段拆分

字段拆分是按照固定的字符，拆分已有的字符串。字符分割函数有正序分割列 split( ) 函数和逆序分割列 rsplit( ) 函数，其中，split( ) 函数的语法格式如下：

Series. str. split(sep = None, n = -1, expand = False)

函数中的参数说明如下：

（1）sep：表示用于分割字符的字符串，默认使用空白分割；

（2）n：接收整数，默认为 -1，表示分割的列数；

（3）expand：接收布尔值，默认为 False，如果为 True，返回数据框（DataFrame）或复杂索引（MultiIndex）；如果为 False，返回序列（Series）或者索引（Index）。

例如，在“商品信息”字段中包含品牌、分类和型号等信息，为了便于数据分析，需要将“商品信息”字段拆分为“品牌”“分类”和“型号”等字段。如“Haier 冰箱 BCD -630WBGUU1”，可拆分为品牌为“Haier”，分类为“冰箱”，型号为“BCD -630WBGUU1”。

【例 10 -26】 在商品销售 . xls 文件中包含了用户 ID、商品信息、单价、数量和电话等数据字段，现要求完成下列分类统计计算：

（1）按品牌分类统计商品销售数量；

（2）按商品种类分类统计商品销售数量；

（3）按地区分类统计商品销售数量。

程序设计思路：首先导入商品销售 . xls 数据，然后，将“商品信息”字段拆分为“品牌”“分类”和“型号”3 个字段，再分别按“品牌”和“分类”字段进行分类统计计算。同时，从“电话”字段中抽取出地区号，按地区号分类统计商品销售数量。

其示例代码 test1. py 如下；

```
# -*- coding:utf-8 -*-
import numpy as np
import pandas as pd
#导入数据
data = pd. read_csv('d:\data\goods_sales. csv',encoding = 'GBK')
print(data)
#将商品信息拆分成 3 列的数据框
newData = data['商品信息']. str. split(';',3,True)
newData. columns = ['品牌','分类','型号']#设置列名
print(newData)
df = data. drop('商品信息',axis = 1). join(newData)
result = df. groupby(by = ['品牌'])['数量']. agg({
'数量':np. sum})
print(result)
result = df. groupby(by = ['分类'])['数量']. agg({
'数量':np. sum})
print(result)
#抽取电话号码地区号
telData = data['电话']. astype(str)
areas = telData. str. slice(3,7)
print(areas)
newDf = data. drop('电话',axis = 1). join(areas)
print(newDf)
result = newDf. groupby(by = ['电话'])['数量']. agg({
'数量':np. sum})
print(result)
```

三、pandas 数据的记录抽取

记录抽取是指根据一定的条件，对数据进行抽取。记录抽取函数的语法格式如下：

datafram [condition]

（一）函数中的参数说明

其中，condition 为过滤条件。函数返回值是 DataFrame。

（二）常用的条件类型

1. 比较运算：大于（>），小于（<），大于等于（>=），小于等于（<=），不等于（!=）。

2. 范围运算：between(left, right)。

3. 空值匹配：pandas.isnull(column)。

4. 字符匹配：str.contains(patten, na=False)，其中 na 参数是指空值的处理方式，如为 False，不匹配空值。例如：

df[df.title.str.contains("XX", na=False)]

5. 逻辑运算：与（&），或（|），取反（not）。

【例 10-27】 在商品销售.xls 文件中包含了用户 ID、商品信息、单价、数量和电话等数据字段，现要求完成下列记录抽取：

（1）筛选出单价在 3000~5000 的商品；

（2）筛选出商品信息为空的记录；

（3）筛选出商品信息中含有“空调”文字的记录。

其示例代码 test1.py 如下：

```
# -*- coding:utf-8 -*-
import numpy as np
import pandas as pd
#导入数据
df = pd.read_csv('d:\data\goods_sales.csv',encoding = 'GBK')
print(df[df.单价.between(3000,5000)])
print(df[pd.isnull(df.商品信息)])
print(df[df.商品信息.str.contains('空调',na = False)])
```

四、pandas 重塑层次化索引（stack() 和 unstack()）

在数据处理时，有时需要对数据的结构进行重排，也称作是重塑（Reshape）或者轴向旋转（Pivot）。而运用层次化索引可为 DataFrame 的数据重排提供良好的一致性。在 pandas 中提供了实现重塑的两个函数，即 stack() 函数和 unstack() 函数。常见的数据层次化结构有两种，一种是表格，如图 10-5 所示；另一种是“花括号”，如图 10-6 所示。

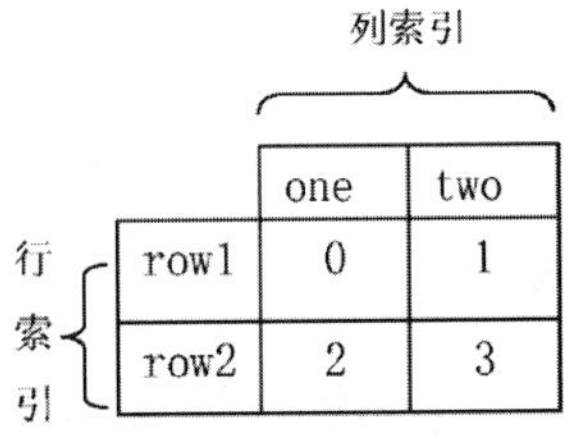

图 10-5　表格结构

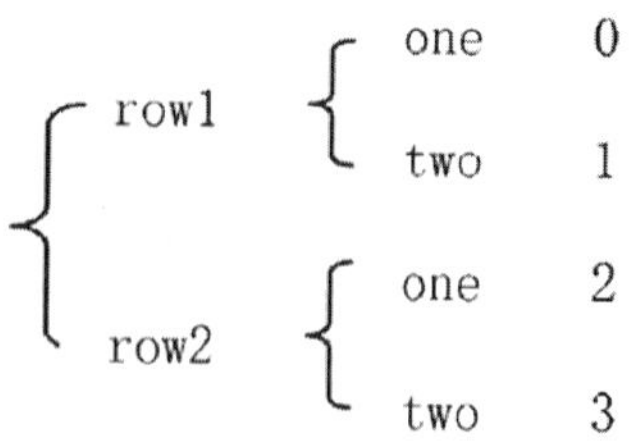

图 10－6　花括号结构

表格在行列方向上均有索引（类似于 DataFrame），花括号结构只有“列方向”上的索引（类似于层次化的 Series），结构更加偏向于堆叠（Series－stack）。stack( ) 函数会将数据从“表格结构”变成“花括号结构”，即将其行索引变成列索引，反之，unstack( ) 函数将数据从“花括号结构”变成“表格结构”，即要将其中一层的列索引变成行索引。

（一）stack( ) 函数

stack( ) 函数的语法格式如下：

DataFrame. stack(level = －1,dropna = True)

函数中的参数说明如下：

（1）level：接收 int、str、list，默认为－1，表示从列轴到索引轴堆叠的级别，定义为一个索引或标签，或者索引或标签列表；

（2）dropna：接收布尔值，默认为 True，表示是否在缺失值的结果框架/系列中删除行。将列级别堆叠到索引轴上可以创建原始数据帧中缺失的索引值和列值的组合。

函数返回值为 DataFrame 或 Series。

（二）unstack( ) 函数

unstack( ) 函数的语法格式如下：

DataFrame. unstack(level = －1,fill_value = None)

或

Series. unstack(level = －1,fill_value = None)

函数中的参数说明如下：

（1）level：接收 int、string 或其中的列表，默认为－1（最后一级），表示 unstack 索引的级别或级别名称。

（2）fill_value：如果取消堆栈，则用此值替换 NaN 缺失值，默认为 None。

函数返回值为 DataFrame 或 Series。

使用 stack( )、unstack( ) 函数的示例代码 example1. py 如下：

```
# -*- coding:utf-8 -*-
import numpy as np
import pandas as pd
#创建 DataFrame
data = pd.DataFrame(np.arange(4).reshape((2,2)),
index = pd.Index(['row1','row2'],name = 'rows'),
columns = pd.Index(['one','two'],name = 'cols'))
```

```
print(data)
#使用 stack()函数改变 data 层次化结构
result = data.stack()
print('data 改变成"花括号"结构','\n',result)
print('恢复到原来结构','\n',result.unstack())
print(result.unstack(0))
print(result.unstack('rows'))
#创建 Series
s1 = pd.Series([0,1,2,3],index = ['a','b','c','d'])
s2 = pd.Series([4,5,6],index = ['c','d','e'])
data2 = pd.concat([s1,s2],keys = ['one','two'])
print(data2)
print('将 data2 改变成表格结构','\n',data2.unstack())
#使用 stack()函数改变成"花括号"结构,并删除缺失值行
print(data2.unstack().stack())
#使用 stack()函数改变成"花括号"结构,不删除缺失值行
print(data2.unstack().stack(dropna = False))
#用字典创建 DataFrame
df = pd.DataFrame({'left':result,'right':result + 3},
columns = pd.Index(['left','right'],name = 'side'))
print(df)
#使用 unstack()、stack()函数
print(df.unstack('rows'))
print(df.unstack('rows').stack('side'))
```

五、pandas 映射与数据转换

映射就是创建一个映射关系列表，把元素和一个特定的标签或者字符串绑定起来。定义映射关系最好使用字典。例如：

map = {'label1':'value1','label2':'value2',…}

在 pandas 中提供了利用映射关系来实现某些操作的函数，具体如下：

（1） replace() 函数：替换元素；

（2） map() 函数：新建一列；

（3） rename() 函数：替换索引。

（一） 用映射替换元素

在数据处理时，经常会遇到需要将数据结构中原来的元素根据实际需求替换成新元素的情况。要想用新元素替换原来元素，就需要定义一组映射关系。在映射关系中，将旧元素作为键，新元素作为值。

例如，创建字典 fruits 用于指明水果标识和水果名称的映射关系。

fruits = {101:'orange',102:'apple',103:'banana'}

如要将用于存储水果标识、水果数量和单价的 DataFrame 对象中的水果标识替换成水果名称，就需要运用 replace( ) 函数，通过 fruits 映射关系来实现元素的替换。

replace( ) 函数的基本语法格式如下：

```
obj.replace(to_replace = None,value = None,inplace = False,limit = None,regex =
False,method = 'pad')
```

函数中的参数说明如下：

（1） obj：DataFrame 或 Series 对象；

（2） to_replace：接收 str、regex、list、dict、Series、int、float 或者 None，表示将被替换的值；

（3） value：接收标量、字典、列表、str、正则表达式，默认为 None；用于替换与 to_replace 匹配的任何值的值；对于 DataFrame，可以使用值的 dict 来指定每列使用哪个值（不在 dict 中的列将不会被填充）；还允许使用正则表达式、字符串和列表或这些对象的 dict；

（4） inplace：接收布尔值，默认为 False，如果是 True，将修改原来的数据；

（5） limit：接收 int，默认为 None，用于限制填充次数；

（6） regex：接收 bool 或与 to_replace 相同的类型，默认为 False，表示是否将 to_replace 或 value 解释为正则表达式，如果是 True，那么 to_replace 必须是一个字符串，当是正则表达式或正则表达式的列表、字典或数组时，to_replace 必须为 None；

（7） method：取值为 {'pad', 'ffill', 'bfill', 无}，表示替换时使用的方法，与缺失值填充方法类似，当 to_replace 是标量、列表或元组时，值为 None。

【例 10－28】 利用 replace( ) 函数和映射关系实现将水果数据框中水果标识替换成水果名称。

示例代码 test1.py 如下：

```
# -*- coding:utf-8 -*-
import numpy as np
import pandas as pd
#创建水果标识与水果名称的映射关系
fruits = {101:'orange',102:'apple',103:'banana'}
#创建水果数据框 DataFrame
data = pd.DataFrame({'fru_No':[101,102,103],'fru_Num':[1000,2000,3000]
,'price':[3.56,4.2,2.5]})
#用映射替换 fru_No 列的元素
newDf = data.replace(fruits)
print(newDf)
```

replace( ) 函数应用的示例代码 example1.py 如下：

```
# -*- coding:utf-8 -*-
import numpy as np
import pandas as pd
from pandas import Series, DataFrame
s = Series([-1000, -999,2,3,4,5, -2000])
```

```
#单数值替换
print(s.replace(-2000,np.nan))
#将多个数值替换
print(s.replace([-1000,-999],0))
#不同的值进行不同的替换
print(s.replace([-1000,-999],[np.nan,0]))
#用字典方式进行不同的替换
print(s.replace({-1000:np.nan,-999:0,-2000:np.nan}))
```

（二）用映射添加元素

在【例 10－28】中介绍了利用函数和映射来实现将水果标识替换成水果名称的方法。但是有时需要保留水果标识，将水果名称添加到数据集中。那么，这时可利用 map() 函数，通过构建 fruits 映射关系来实现元素的添加。

map() 函数是作用于 Series 或 DataFrame 对象的一列，它接收一个函数或表示映射关系的字典作为参数，它的基本语法格式如下：

```
Series.map(arg,na_action=None)
```

函数中的参数说明如下：

（1）arg：接收 function、dict 或 Series，表示映射通信；

（2）na_action：取值为 {无，'忽略'}，默认值为 None，如果为'忽略'，则传播 NA 值，而不将它们传递给映射对应关系。

【例 10－29】 利用 map（）函数和映射关系实现将水果名称添加到水果数据框中。

示例代码 test2. py 如下：

```
# -*- coding:utf-8 -*-
import pandas as pd
#创建水果标识与水果名称的映射关系
fruits = {101:'orange',102:'apple',103:'banana'}
#创建水果数据框 DataFrame
data = pd.DataFrame({'fru_No':[101,102,103],'fru_Num':[1000,2000,3000],'price':
[3.56,4.2,2.5]})
#用映射为 data 添加 fru_name 列元素
data['fru_name'] = data['fru_No'].map(fruits)
print(data)
```

（三）重命名轴索引

在数据处理中，有时需要使用映射关系转换轴标签。pandas 的 rename() 函数是以表示映射关系的字典对象作为参数，替换轴的索引标签。

rename() 函数的基本语法格式如下：

```
DataFrame.rename(mapper=None,index=None,columns=None,axis=None,copy=True,
inplace=False,level=None)
```

或

Series. rename(index = None, ** kwargs)

函数中的参数说明如下：

（1） mapper、index、columns：接收 dict 或 function，表示将 dict 或函数转换为应用于该轴的值，使用 mapper 参数要指定映射器；使用 columns 参数可重命名各列；

（2） axis：接收 int 或 str，可选，表示映射器定位的轴，可以是轴名称（“index”，“columns”）或数字（0，1），默认为“index”；

（3） copy：接收 boolean，默认为 True，表示是否复制数据；

（4） inplace：接收 boolean，默认为 False，如果为 True，将会修改原来的数据；

（5） level：接收 int 或 levelname，默认为 None，如果是 MultiIndex，只重命名指定级别中的标签。

rename( ) 函数返回值是 DataFrame 或 Series。

【例 10－30】 利用 rename( ) 函数和映射关系重命名水果数据框的行索引和列索引。

示例代码 test3. py 如下：

```
# -*- coding:utf-8 -*-
import pandas as pd
#创建行索引的映射关系
reindex = {0:'row1',1:'row2',2:'row3'}
#创建水果数据框 DataFrame
data = pd. DataFrame( {'fru_No':[101,102,103],'fru_Num':[1000,2000,3000],'price':
[3.56,4.2,2.5]})
#用映射重命名水果数据框的行索引，产生新 DataFrame，但原数据不改变
newDf = data. rename(reindex)
print(newDf,'\n',data)
#用映射重命名水果数据框的行索引，产生新 DataFrame，但原数据改变
newDf = data. rename(reindex,inplace = True)
print(newDf,'\n',data)
#创建列索引的映射关系
recolumns = {'fru_No':'col1','fru_Num':'col2','price':'col3'}
#用映射重命名水果数据框中的行索引和列索引
newDf = data. rename(index = reindex,columns = recolumns)
print(newDf)
#用映射重命名水果数据框的单个行索引和单个列索引
newDf = data. rename(index = {0:'row1'},columns = {'fru_No':'col1'})
print(newDf)
```

注意：rename( ) 函数返回一个经过改动的新 DataFrame 对象，但原 DataFrame 对象仍保持不变，如果要改变调用函数的对象本身，可使用 inplace 选项，并将其值设置为 True。

六、pandas 排列与随机抽样

本部分主要介绍 pandas 两个基本功能，排列与随机抽样。

（一）排列

利用 numpy. random. permutation( ) 函数，可以返回一个序列的随机排列。将此随机排列作为 take( ) 函数的参数，通过应用 take( ) 函数就可实现按此随机排列来调整 Series 对象或 DataFrame 对象各行的顺序。

其示例代码 example1. py 如下：

```
# -*- coding:utf-8 -*-
import numpy as np
import pandas as pd
#创建 DataFrame
df = pd. DataFrame( np. arange(12). reshape(4,3))
print( df)
#创建随机排列
order = np. random. permutation(4)
#通过随机排列调整 DataFrame 各行顺序
newDf = df. take( order)
print( newDf)
```

（二）随机抽样

随机抽样是指随机从数据中按照一定的行数或者比例抽取数据。随机抽样的函数如下：

numpy. random. randint （start， end， size）

函数中的参数说明如下：

（1） start：随机数的开始值；

（2） end：随机数的终止值；

（3） size：抽样个数。

通过 numpy. random. randint( ) 函数产生随机抽样的数据，通过应用 take( ) 函数就可实现随机抽取 Series 对象或 DataFrame 对象中的数据。其示例代码 example2. py 如下：

```
# -*- coding:utf-8 -*-
import numpy as np
import pandas as pd
#创建 DataFrame
df = pd. DataFrame( np. arange(12). reshape(4,3)
print( df)
#随机抽样
order = np. random. randint(0,len( df) ,size =3)
#通过随机抽样抽取 DataFrame 中的行
newDf = df. take( order)
print( newDf)
```

七、pandas 日期转换、日期格式化和日期抽取

pandas 能用很多方式处理日期和时间，日期转换、日期格式化和日期抽取就是其中 3 个

常见的功能。

（一）日期转换

日期转换是指将字符型的日期格式的数据转换成为日期型数据的过程。日期转换函数 to_datetime( ) 的语法格式如表 10 - 12 所示：

表 10 - 12 时间日期格式代码

代码	注释
% Y	4 位数的年
% y	2 位数的年
% m	2 位数的月，取值范围［01，12］
% d	2 位数的日，取值范围［01，31］
% H	小时（24 小时制），取值范围［00，23］
% M	2 位数的分钟，取值范围［00，59］
% S	2 位数的秒，取值范围［00，61］，有闰秒
% W	用整数表示的星期几，取值范围［0（星期天），6］
% F	% Y - % m - % d 简写形式，例如 2018 - 09 - 20
% D	% m/% d/% y 简写形式

```
pandas. to_datetime( dateString,format)
```

函数中的参数说明如下：

（1）dateString：表示字符型时间列；

（2）format：表示时间日期格式，格式代码见表 10 - 12。

（二）日期格式化

日期格式化是将时间日期型数据，按照指定格式，转为字符型数据。日期格式化函数如下：

```
df_dt. apply( lambdax:datetime. strftime( x,format) )
```

或

```
df_dt. dt. strftime( format)
```

函数中的参数说明如下：

（1）df_dt：表示数据框中时间列名；

（2）format：表示时间日期格式，见表 1。

（三）日期抽取

日期抽取是指从日期格式中抽取出需要的部分属性。抽取语法如下：

```
df_dt. dt. property
```

参数说明如下：

（1）df_dt：表示数据框中时间列名；

（2）property：表示时间属性，见表 10 - 13。

表 10－13　　**时间属性**

属性	注释
second	秒，取值范围［00，61］，有闰秒
minute	分钟，取值范围［00，59］
hour	小时（24 小时制），取值范围［00，23］
day	日，取值范围［01，31］
month	月，取值范围［01，12］
year	年
weekday	用整数表示星期几，取值范围［0（星期天），6］

其示例代码 example1. py 如下：

```
# -*- coding:utf-8 -*-
import pandas as pd
from datetime import datetime
#导入股票数据
df = pd. read_excel( 'd:\data\沪深股票股本变动数据 . xlsx',
sheet_name = 'sharedata')
#查看 df 中每个字段数据类型，发现 df['日期']是 int64
print( df. info( ) )
#将 int 转换成 str
df_date = df[ '日期']. apply( str)
#用 to_datetime( )函数将字符串转换成时间格式，并增加'时间'字段
df[ '时间'] = pd. to_datetime( df_date,format = '% Y/% m/% d')
print( df[ '时间'] )
#将日期格式化，并增加'格式化日期'字段
df[ '格式化日期 1'] = df. 时间 . apply( lambdax:datetime.
strftime( x,format = '% Y - % m - % d') )
df[ '格式化日期 2'] = df. 时间 . dt. strftime( '% Y - % m - % d')
print( df[ '格式化日期 1'],'\n',df[ '格式化日期 2'] )
#抽取'时间'字段中的值
df[ '时间 . 年'] = df[ '时间']. dt. year
df[ '时间 . 月'] = df[ '时间']. dt. month
df[ '时间 . 周'] = df[ '时间']. dt. weekday
df[ '时间 . 日'] = df[ '时间']. dt. day
df[ '时间 . 时'] = df[ '时间']. dt. hour
df[ '时间 . 分'] = df[ '时间']. dt. minute
df[ '时间 . 秒'] = df[ '时间']. dt. second
print( df[ '时间 . 年'],df[ '时间 . 月'],df[ '时间 . 周'],df[ '时间 . 日'])
print( df[ '时间 . 时'],df[ '时间 . 分'],df[ '时间 . 秒'])
```

第十三节　pandas 内置的字符串处理方法

Python 语言由于在处理字符串和文本方面非常方便，因而深受欢迎。大多数字符串操作使用 Python 内置函数就能轻松实现。在 pandas 字符串操作中，常用的字符串处理方法如下。

一、字符串拆分

split( ) 函数的作用是通过指定分隔符对字符串进行切片，如果参数 num 有指定值，则仅分隔 num 个子字符串，其语法格式如下：

str. split(str = " " , num = string. count(str))

该函数参数说明如下：

（1）str：表示字符串的分隔符，默认为所有的空字符，包括空格、换行“\ n”、制表符“\ t”等；

（2）num：表示分割次数。

函数返回值为分割后的字符串列表。

示例代码 example1. py 如下：

```
# -*- coding:utf-8 -*-
str = "#this is string example##"
print( str. split(' ') )
print( str. split(' ',str. count(") )
print( str. split(' ',2) )
```

二、移除字符串头尾指定的字符

strip( ) 函数可用于移除字符串头尾指定的字符（默认为空格），其语法格式如下：

str. strip(chars)

该函数中参数 chars 表示移除字符串头尾指定的字符。

函数返回值为移除字符串头尾指定的字符生成的新字符串。

示例代码 example2. py 如下：

```
# -*- coding:utf-8 -*-
str = "#this is string example##"
print( str. strip('#') )
```

三、字符串连接

join( ) 函数可以将字符串、元组、列表中的元素以指定的字符（分隔符）连接成一个新的字符串，其语法格式如下：

'sep'. join(seq)

该函数参数说明如下：

（1）sep：表示字符串的分隔符，可以为空；

（2） seq：表示要连接的元素序列、字符串、元组、字典。

函数返回值为一个以分隔符 sep 连接各个元素后生成的字符串。除了 join( ) 函数外，还可以用“ + ”号将多个字符串连接起来。

示例代码 example3. py 如下：

```
# -*- coding:utf-8 -*-
arr = ['a','b','c']
str = arr[0] + ':' + arr[1] + ':' + arr[2]
print(str)
str1 = ':'
str2 = arr
print(str1.join(str2))
```

四、判断是不是子字符串

判断是不是子字符串可以使用 in 关键字，或者使用 find( ) 函数和 index( ) 函数判断一个子字符串的位置。

find( ) 函数用于查找子字符串，若找到返回从 0 开始的下标值，若找不到返回 -1。

其语法格式如下：

str. find(chars)

该函数中参数 chars 表示要查找的子字符串。函数返回值为返回子字符串第一次出现的位置的下标值。index( ) 函数用于在字符串里查找子串第一次出现的位置，类似字符串的 find 方法，不过比 find 方法更好的是，如果查找不到子串，会抛出异常，而不是返回 -1，其语法格式如下：

str. index(chars)

该函数中参数 chars 表示要查找的子字符串。

函数返回值为返回子字符串第一次出现的位置的下标值。

示例代码 example4. py 如下：

```
# -*- coding:utf-8 -*-
str = "#this is string example##"
print(str.find('s'))
print(str.index('s'))
if 's' in str:
print(str.find('s'))
print(str.find('o'))
print(str.index('o'))
```

五、判断子字符串出现的次数

count( ) 函数可用于统计字符串里某个字符出现的次数，函数的可选参数为字符串搜索的开始与结束位置。其语法格式如下：

str. count(sub,start,end)

该函数参数说明如下：

（1） sub：表示搜索的子字符串。

（2） start：表示字符串开始搜索的位置，默认为第一个字符，第一个字符索引值为 0。

（3） end：表示字符串中结束搜索的位置，默认为字符串的最后一个位置。

函数返回值为返回子字符串在字符串中出现的次数。

示例代码 example5. py 如下：

```
# -*- coding:utf-8 -*-
str = "#this is string example##"
print(str.count('s'))
print(str.count('s',0,5))
print(str.count('s',5,len(str)))
```

六、替换子字符串

replace() 函数可将字符串中的 old（旧字符串）替换成 new（新字符串），如果指定第 3 个参数 max，则替换不超过 max 次。其语法格式如下：

```
str.replace(old,new[,max])
str.count(sub,start=0,end=len(string))
```

该函数参数说明如下：

（1） old：表示将被替换的子字符串；

（2） new：表示新字符串，用于替换 old 子字符串；

（3） max：可选项，表示替换不超过 max 次。

函数返回值为返回字符串中的 old（旧字符串）替换成 new（新字符串）后生成的新字符串，如果指定第 3 个参数 max，则替换不超过 max 次。

示例代码 example6. py 如下：

```
# -*- coding:utf-8 -*-
str = "新浪网 www.sina.com"
print(str.replace('com','cn.com'))
str = "#this is string example##"
str1 = str.replace('is','was')
str2 = str1.replace('#','! ',2)
print(str1,'\n',str2)
```

练习题

1. 请简述什么是 DataFrame。
2. 请简述 Pandas 中有哪些常见的读写操作，并说明其作用。
3. 请列举几个常用的统计计算方法，并说明它们的作用。
4. 请简述什么是 Series。
5. 请简述什么是层次化索引。

第十一章　Python 正则表达式

本章内容

正则表达式的“鼻祖”或许可一直追溯到科学家对人类神经系统工作原理的早期研究。美国新泽西州的 Warren McCulloch 和出生在美国底特律的 Walter Pitts 这两位神经生理方面的科学家，研究出了一种用数学方式来描述神经网络的新方法，他们创造性地将神经系统中的神经元描述成了小而简单的自动控制元，从而作出了一项伟大的工作革新。

学习寄语

无论你大学选择哪一门计算机语言，都没有关于正则表达式的课程给你修，在你学会正则之前，你只能看着那些正则大师们，写了一串外星文似的字符串，替代了你用一大篇幅的 if else 代码来做一些数据校验。既然喜欢，那就动手学呗，可当你百度出一一堆相关资料时，你发现无一不例外的枯燥至极，难以学习。

第一节　正则表达式概述

在 1951 年，一位名叫 Stephen Kleene 的数学科学家，他在 Warren McCulloch 和 Walter Pitts 早期工作的基础之上，发表了一篇题目是《神经网事件的表示法》的论文，利用称之为正则集合的数学符号来描述此模型，引入了正则表达式的概念。正则表达式被作为用来描述其称之为“正则集的代数”的一种表达式，因而采用了“正则表达式”这个术语。之后一段时间，人们发现可以将这一工作成果应用于其他方面。Ken Thompson 就把这一成果应用于计算搜索算法的一些早期研究，Ken Thompson 是 Unix 的主要发明人，也就是大名鼎鼎的 Unix 之父。Unix 之父将此符号系统引入编辑器 QED，然后是 Unix 上的编辑器 ed，并最终引入 grep。Jeffrey Friedl 在其著作《Mastering Regular Expressions（2nd edition）》（中文版译作：精通正则表达式，已出到第三版）中对此作了进一步阐述讲解，如果你希望更多了解正则表达式理论和历史，推荐你看看这本书。

自此以后，正则表达式被广泛地应用到各种 UNIX 或类似于 UNIX 的工具中，如大家熟知的 Perl。Perl 的正则表达式源自于 Henry Spencer 编写的 regex，之后已演化成了 pcre（Perl 兼容正则表达式 Perl Compatible Regular Expressions），pcre 是一个由 Philip Hazel 开发的、为很多现代工具所使用的库。正则表达式的第一个实用应用程序即为 Unix 中的 qed 编辑器。然后，正则表达式在各种计算机语言或各种应用领域得到了广大的应用和发展，演变成为计算机技术森林中的一只形神美丽且声音动听的百灵鸟。正则表达式（regular expression）就是用一个“字符串”来描述一个特征，然后去验证另一个“字符串”是否符合这个特征。比如表达式“ab +”描述的特征是“一个'a'和任意个'b'”，那么'ab'，'abb'，'abbbbbbbbbb'都符合这个特征。

Python 语言对于字符串匹配及其他更为复杂的字符串处理，使用正则表达或能很方便地在文中查找和匹配字符串模式。Python 自 1.5 版本开始增加了 re 模块，re 模块使 Python 语言拥有全部的正则表达式功能。单条正则表达式通常被称作 regex，它是根据正则表达式语言编写的字符串。Python 内置的 re 模块用于操作 regex 对象。只有使用 import re 语句，先导入 re 模块，才能使用正则表达式。re 模块所提供的函数分为三类：模式匹配、替换和拆分。下面将主要介绍 Python 中常用的正则表达式处理函数。

正则表达式可以用来：

（1）验证字符串是否符合指定特征，比如验证是否是合法的邮件地址。

（2）用来查找字符串，从一个长的文本中查找符合指定特征的字符串，比查找固定字符串更加灵活方便。

（3）用来替换，比普通的替换更强大。

（4）文章中的每一个举例，都可以点击进入到测试页面进行测试。闲话少说，开始。

第二节 正则表达式规则

一、普通字符

字母、数字、汉字、下划线、以及后边章节中没有特殊定义的标点符号，都是" 普通字符"。表达式中的普通字符，在匹配一个字符串的时候，匹配与之相同的一个字符。

举例1：表达式" c"，在匹配字符串" abcde" 时，匹配结果是：成功；匹配到的内容是：" c"；匹配到的位置是：开始于2，结束于3。（注：下标从0开始还是从1开始，因当前编程语言的不同而可能不同）。

举例2：表达式" bcd"，在匹配字符串" abcde" 时，匹配结果是：成功；匹配到的内容是：" bcd"；匹配到的位置是：开始于1，结束于4。

二、简单的转义字符

一些不便书写的字符，采用在前面加" \ " 的方法。这些字符其实我们都已经熟知了，如表 11 -1 所示。

表 11 -1 转义字符

表达式	可匹配
\r，\n	代表回车和换行符
\t	制表符
\\	代表"\"本身

还有其他一些在后边章节中有特殊用处的标点符号，在前面加"\"后，就代表该符号本身，如表 11－2 所示。比如：^，$ 都有特殊意义，如果要想匹配字符串中"^" 和 "$" 字符，则表达式就需要写成"\^"和"\$"。

表 11－2　　标点符号转义字符

表达式	可匹配
\^	匹配^符号本身
\$	匹配 $ 符号本身
\.	匹配小数点（.）本身

这些转义字符的匹配方法与"普通字符"是类似的。也是匹配与之相同的一个字符。

举例：表达式"\$d"，在匹配字符串"abc $ de" 时，匹配结果是：成功；匹配到的内容是："$ d"；匹配到的位置是：开始于 3，结束于 5。

三、能够与'多种字符'匹配的表达式

正则表达式中的一些表示方法，可以匹配"多种字符"其中的任意一个字符，如表 11－3 所示。比如，表达式"\d"可以匹配任意一个数字。虽然可以匹配其中任意字符，但是只能是一个，不是多个。这就好比玩扑克牌时候，大小王可以代替任意一张牌，但是只能代替一张牌。

表 11－3　　匹配多种字符转义字符

表达式	可匹配
\d	任意一个数字，0～9 中的任意一个
\w	任意一个字母或数字或下划线，也就是 A～Z，a～z，0～9，_中任意一个
\s	包括空格、制表符、换页符等空白字符的其中任意一个
.	小数点可以匹配除了换行符（\n）以外的任意一个字符

举例 1：表达式"\d\d"，在匹配"abc123"时，匹配的结果是：成功；匹配到的内容是："12"；匹配到的位置是：开始于 3，结束于 5。

举例 2：表达式"a.\d"，在匹配"aaa100"时，匹配的结果是：成功；匹配到的内容是："aa1"；匹配到的位置是：开始于 1，结束于 4。

四、自定义能够匹配'多种字符'的表达式

使用方括号 [ ] 包含一系列字符，能够匹配其中任意一个字符。用 [^] 包含一系列字符，则能够匹配其中字符之外的任意一个字符。同样的道理，虽然可以匹配其中任意一个，但是只能是一个，不是多个，如表 11－4 所示。

表 11－4 自定义匹配字符

表达式	可匹配
[ab5@]	匹配"a"或"b"或"5"或"@"
[^abc]	匹配"a","b","c"之外的任意一个字符
[f－k]	匹配"f"～"k"之间的任意一个字母
[^A－F0－3]	匹配"A"～"F","0"～"3"之外的任意一个字符

举例 1：表达式"[bcd][bcd]"匹配"abc123"时，匹配的结果是：成功；匹配到的内容是："bc"；匹配到的位置是：开始于 1，结束于 3。

举例 2：表达式"[^abc]"匹配"abc123"时，匹配的结果是：成功；匹配到的内容是："1"；匹配到的位置是：开始于 3，结束于 4。

五、修饰匹配次数的特殊符号

前面章节中讲到的表达式，无论是只能匹配一种字符的表达式，还是可以匹配多种字符其中任意一个的表达式，都只能匹配一次。如果使用表达式再加上修饰匹配次数的特殊符号，那么不用重复书写表达式就可以重复匹配。

使用方法是："次数修饰" 放在"被修饰的表达式" 后边，如表 11－5 所示。比如："[bcd] [bcd]"可以写成"[bcd] {2}"。

表 11－5 修饰匹配次数符号

表达式	作用
{n}	表达式重复 n 次，比如："\w{2}"相当于"\w\w"；"a{5}"相当于"aaaaa"
{m, n}	表达式至少重复 m 次，最多重复 n 次，比如："ba{1,3}"可以匹配"ba"或"baa"或"baaa"
{m,}	表达式至少重复 m 次，比如："\w\d{2,}"可以匹配"a12","_456"," M12344" …
?	匹配表达式 0 次或者 1 次，相当于 {0, 1}，比如："a[cd]?"可以匹配"a","ac","ad"
+	表达式至少出现 1 次，相当于 {1,}，比如："a＋b"可以匹配"ab","aab","aaab"…
*	表达式不出现或出现任意次，相当于 {0,}，比如："\^*b"可以匹配"b","^^^b"…

举例 1：表达式"\d＋\.？ \d*"在匹配"Itcosts $12.5"时，匹配的结果是：成功；匹配到的内容是："12.5"；匹配到的位置是：开始于 10，结束于 14。

举例 2：表达式"go{2,8}gle"在匹配"Adsbygoooooogle"时，匹配的结果是：成功；匹配到的内容是："goooooogle"；匹配到的位置是：开始于 7，结束于 17。

六、其他一些代表抽象意义的特殊符号

一些符号在表达式中代表抽象的特殊意义，如表 11－6 所示。进一步的文字说明仍然比较抽象，因此，举例帮助大家理解。

表 11－6 特殊符号

表达式	作用
^	与字符串开始的地方匹配，不匹配任何字符
$	与字符串结束的地方匹配，不匹配任何字符
\b	匹配一个单词边界，也就是单词和空格之间的位置，不匹配任何字符

举例 1：表达式"^aaa"在匹配"xxxaaaxxx"时，匹配结果是：失败。因为"^"要求与字符串开始的地方匹配，因此，只有当"aaa"位于字符串的开头的时候，"^aaa"才能匹配，比如："aaaxxxxxx"。

举例 2：表达式"aaa $ "在匹配"xxxaaaxxx"时，匹配结果是：失败。因为" $ "要求与字符串结束的地方匹配，因此，只有当"aaa"位于字符串的结尾的时候，"aaa $ "才能匹配，比如："xxxxxxaaa"。

举例 3：表达式". \b. "在匹配"@ @ @ abc"时，匹配结果是：成功；匹配到的内容是："@ a"；匹配到的位置是：开始于 2，结束于 4。

说明："\b"与"^"和" $ "类似，本身不匹配任何字符，但是它要求它在匹配结果中所处位置的左右两边，其中一边是"\w"范围，另一边是非"\w"的范围。

举例 4：表达式"\bend\b"在匹配"weekend，endfor，end"时，匹配结果是：成功；匹配到的内容是："end"；匹配到的位置是：开始于 15，结束于 18。

一些符号可以影响表达式内部的子表达式之间的关系，如表 11－7 所示。

表 11－7　　关系符号

表达式	作用
|	左右两边表达式之间"或"关系，匹配左边或者右边
( )	(1) 在被修饰匹配次数的时候，括号中的表达式可以作为整体被修饰 (2) 取匹配结果的时候，括号中的表达式匹配到的内容可以被单独得到

举例 5：表达式"Tom | Jack"在匹配字符串"I'mTom，heisJack"时，匹配结果是：成功；匹配到的内容是："Tom"；匹配到的位置是：开始于 4，结束于 7。匹配下一个时，匹配结果是：成功；匹配到的内容是："Jack"；匹配到的位置时：开始于 15，结束于 19。

举例 6：表达式"(go\s＊)＋"在匹配"Let'sgogogo！"时，匹配结果是：成功；匹配到内容是："gogogo"；匹配到的位置是：开始于 6，结束于 14。

举例 7：表达式"￥(\d＋\.？\d＊)"在匹配"$10.9，￥20.5"时，匹配的结果是：成功；匹配到的内容是："￥20.5"；匹配到的位置是：开始于 6，结束于 10。单独获取括号范围匹配到的内容是："20.5"。

第三节　正则表达式中的一些高级规则

一、匹配次数中的贪婪与非贪婪

在使用修饰匹配次数的特殊符号时，有几种表示方法可以使同一个表达式能够匹配不同的次数，比如："{m，n}"，"{m，}"，"？"，"＊"，"＋"，具体匹配的次数随被匹配的字符串而定。这种重复匹配不定次数的表达式在匹配过程中，总是尽可能多的匹配。比如，针对文本"dxxxdxxxd"，举例如表 11－8 所示。

表 11－8 贪婪非贪婪对比

表达式	匹配结果
(d)(\w+?)	"\w+?"将尽可能少的匹配第一个"d"之后的字符，结果是："\w+?"只匹配了一个"x"
(d)(\w+?)(d)	为了让整个表达式匹配成功，"\w+?"不得不匹配"xxx"才可以让后边的"d"匹配，从而使整个表达式匹配成功。因此，结果是："\w+?"匹配"xxx"

由此可见，"\w+"在匹配的时候，总是尽可能多的匹配符合它规则的字符。虽然第二个举例中，它没有匹配最后一个"d"，但那也是为了让整个表达式能够匹配成功。同理，带"*"和"{m，n}"的表达式都是尽可能地多匹配，带"?"的表达式在可匹配可不匹配的时候，也是尽可能的"要匹配"。这种匹配原则就叫作"贪婪"模式。

在修饰匹配次数的特殊符号后再加上一个"?"号，则可以使匹配次数不定的表达式尽可能少的匹配，使可匹配可不匹配的表达式，尽可能的"不匹配"。这种匹配原则叫作"非贪婪"模式，也叫作"勉强"模式。如果少匹配就会导致整个表达式匹配失败的时候，与贪婪模式类似，非贪婪模式会最小限度的再匹配一些，以使整个表达式匹配成功。如表 11－9 所示，针对文本"dxxxdxxxd"举例：

表 11－9 匹配次数不定的表达式尽可能少的匹配

表达式	匹配结果
(d)(\w+)	"\w+"将匹配第一个"d"之后的所有字符"xxxdxxxd"
(d)(\w+)(d)	"\w+"将匹配第一个"d"和最后一个"d"之间的所有字符"xxxdxxx"。虽然"\w+"也能够匹配上最后一个"d"，但是为了使整个表达式匹配成功，"\w+"可以"让出"它本来能够匹配的最后一个"d"

更多的情况，举例如下：

举例 1：表达式"<td>(.*)</td>"与字符串"<td><p>aa</p></td><td><p>bb</p></td>"匹配时，匹配的结果是：成功；

匹配到的内容是"<td><p>aa</p></td><td><p>bb</p></td>"整个字符串，表达式中的"</td>"将与字符串中最后一个"</td>"匹配。

举例 2：相比之下，表达式"<td>(.*?)</td>"匹配举例 1 中同样的字符串时，将只得到"<td><p>aa</p></td>"，

再次匹配下一个时，可以得到第二个"<td><p>bb</p></td>"。

二、反向引用\1，\2…

表达式在匹配时，表达式引擎会将小括号"()"包含的表达式所匹配到的字符串记录下来。在获取匹配结果的时候，小括号包含的表达式所匹配到的字符串可以单独获取。这一点，在前面的举例中，已经多次展示了。在实际应用场合中，当用某种边界来查找，而所要获取的内容又不包含边界时，必须使用小括号来指定所要的范围。比如前面的"<td>(.*?)</td>"。

其实，小括号包含的表达式所匹配到的字符串，不仅是在匹配结束后才可以使用，在匹

配过程中也可以使用。表达式后边的部分，可以引用前面括号内的子匹配已经匹配到的字符串。引用方法是"\"加上一个数字。"\1"引用第 1 对括号内匹配到的字符串，"\2"引用第 2 对括号内匹配到的字符串……以此类推，如果一对括号内包含另一对括号，则外层的括号先排序号。换句话说，哪一对的左括号"("在前，那这一对括号就先排序号。

举例如下：

举例 1：表达式"('|")(.*?)(\1)"在匹配"'Hello',"World""时，匹配结果是：成功；匹配到的内容是："'Hello'"。再次匹配下一个时，可以匹配到""World""。

举例 2：表达式"(\w)\1{4,}"在匹配"aabbbbabcdefgccccc111121111999999999"时，匹配结果是：成功；匹配到的内容是"ccccc"。再次匹配下一个时，将得到 999999999。这个表达式要求"\w"范围的字符至少重复 5 次，注意与"\w{5,}"之间的区别。

举例 3：表达式"<(\w+)\s*(\w+(=('|").*?\4)?\s*)*>.*?</\1>"在匹配"<tdid='td1'style="bgcolor:white"></td>"时，匹配结果是成功。如果"<td>"与"</td>"不配对，则会匹配失败；如果改成其他配对，也可以匹配成功。

三、预搜索，不匹配；反向预搜索，不匹配

前面讲到了几个代表抽象意义的特殊符号："^"，"$"，"\b"。它们都有一个共同点，那就是：它们本身不匹配任何字符，只是对"字符串的两头"或者"字符之间的缝隙"附加了一个条件。理解到这个概念以后，本节将继续介绍另外一种对"两头"或者"缝隙"附加条件的，更加灵活的表示方法。

正向预搜索："(?=xxxxx)"，"(?!xxxxx)"

格式："(?=xxxxx)"，在被匹配的字符串中，它对所处的"缝隙"或者"两头"附加的条件是：所在缝隙的右侧，必须能够匹配上 xxxxx 这部分的表达式。因为它只是在此作为这个缝隙上附加的条件，所以它并不影响后边的表达式去真正匹配这个缝隙之后的字符。这就类似"\b"，本身不匹配任何字符。"\b"只是将所在缝隙之前、之后的字符取来进行了一下判断，不会影响后边的表达式来真正的匹配。

举例 1：表达式"Windows(?=NT|XP)"在匹配"Windows98，WindowsNT，Windows2000"时，将只匹配"WindowsNT"中的"Windows"，其他的"Windows"字样则不被匹配。

举例 2：表达式"(\w)((?=\1\1\1)(\1))+"在匹配字符串"aaaffffff999999999"时，将可以匹配 6 个"f"的前 4 个，可以匹配 9 个"9"的前 7 个。这个表达式可以读解成：重复 4 次以上的字母数字，则匹配其剩下最后 2 位之前的部分。当然，这个表达式可以不这样写，在此的目的是作为演示之用。

格式："(?!xxxxx)"，所在缝隙的右侧，必须不能匹配 xxxxx 这部分表达式。

举例 3：表达式"((?!\bstop\b).)+"在匹配"fdjkaljfdlstopfjdslafdj"时，将从头一直匹配到"stop"之前的位置，如果字符串中没有"stop"，则匹配整个字符串。

举例 4：表达式"do(?!\w)"在匹配字符串"done，do，dog"时，只能匹配"do"。在本条举例中，"do"后边使用"(?!\w)"和使用"\b"效果是一样的。

反向预搜索："(?<=xxxxx)"，"(?<!xxxxx)"

这两种格式的概念和正向预搜索是类似的，反向预搜索要求的条件是：所在缝隙的"左侧"，两种格式分别要求必须能够匹配和必须不能够匹配指定表达式，而不是去判断右侧。

与"正向预搜索"一样的是：它们都是对所在缝隙的一种附加条件，本身都不匹配任何字符。

举例5：表达式"(? <=\d{4})\d+(? =\d{4})"在匹配"1234567890123456"时，将匹配除了前4个数字和后4个数字之外的中间8个数字。由于JScript. RegExp不支持反向预搜索，因此，本条举例不能够进行演示。很多其他的引擎可以支持反向预搜索，比如：Java1.4以上的java. util. regex包，. NET中System. Text. RegularExpressions命名空间，推荐最简单易用的DEELX正则引擎。

四、其他通用规则

还有一些在各个正则表达式引擎之间比较通用的规则，在前面的讲解过程中没有提到。

（一）可以使用"\xXX"和"\uXXXX"表示一个字符（"X"表示一个十六进制数），如下表11－10所示。

表11－10 十六进制格式

形式	字符范围
\xXX	编号在0～255范围的字符，比如：空格可以使用"\x20"表示
\uXXXX	任何字符可以使用"\u"再加上其编号的4位十六进制数表示，比如："\u4E2D"

（二）在表达式"\s"，"\d"，"\w"，"\b"表示特殊意义的同时，对应的大写字母表示相反的意义，如表11－11所示

表11－11 大小写字母含义的不同

表达式	可匹配
\S	匹配所有非空白字符（"\s"可匹配各个空白字符）
\D	匹配所有的非数字字符
\W	匹配所有的字母、数字、下划线以外的字符
\B	匹配非单词边界，即左右两边都是"\w"范围或者左右两边都不是"\w"范围时的字符缝隙

（三）在表达式中有特殊意义，需要添加"\"才能匹配该字符本身的字符汇总，如表11－12所示

表11－12 加"\"才能匹配该字符本身的字符汇总

字符	说明
^	匹配输入字符串的开始位置。要匹配"^"字符本身，请使用"\^"
$	匹配输入字符串的结尾位置。要匹配"$"字符本身，请使用"\$"
( )	标记一个子表达式的开始和结束位置。要匹配小括号，请使用"\("和"\)"
[ ]	用来自定义能够匹配'多种字符'的表达式。要匹配中括号，请使用"\["和"\]"
{}	修饰匹配次数的符号。要匹配大括号，请使用"\{"和"\}"
.	匹配除了换行符（\n）以外的任意一个字符。要匹配小数点本身，请使用"\."

续表

字符	说明
?	修饰匹配次数为 0 次或 1 次。要匹配"?"字符本身，请使用"\?"
+	修饰匹配次数为至少 1 次。要匹配" + "字符本身，请使用"\ + "
*	修饰匹配次数为 0 次或任意次。要匹配"* "字符本身，请使用"* "
|	左右两边表达式之间"或"关系。匹配"|"本身，请使用"\ | "

（四）括号"( )"内的子表达式，如果希望匹配结果不进行记录供以后使用，可以使用"(?:xxxxx)"格式

举例：表达式"(?:(\w) \1) + "匹配"abbccddefg"时，结果是"bbccdd"。括号"(?:)"范围的匹配结果不进行记录，因此"(\w)"使用"\1"来引用。

（五）常用的表达式属性设置简介，如表 11 – 13 所示：Ignorecase，Singleline，Multiline，Global

表 11 – 13　常用的表达式属性设置

表达式属性	说明
Ignorecase	默认情况下，表达式中的字母是要区分大小写的。配置为 Ignorecase 可使匹配时不区分大小写。有的表达式引擎，把"大小写"概念延伸至 UNICODE 范围的大小写。
Singleline	默认情况下，小数点". "匹配除了换行符（\ n）以外的字符。配置为 Singleline 可使小数点可匹配包括换行符在内的所有字符。
Multiline	默认情况下，表达式"^"和" $ "只匹配字符串的开始①和结尾④位置。如：①xxxxxxxxx②\ n ③xxxxxxxxx④配置为 Multiline 可以使"^"匹配①外，还可以匹配换行符之后，下一行开始前③的位置，使" $ "匹配④外，还可以匹配换行符之前，一行结束②的位置。
Global	主要在将表达式用来替换时起作用，配置为 Global 表示替换所有的匹配。

五、正则表达式常用的函数

（一）compile( ) 函数

compile( ) 函数用于编译正则表达式，生成一个正则表达式（Pattern）对象，供 match( )和 search( ) 这两个函数使用，其语法格式如下：

re. compile(pattern[,flags])

该函数参数说明如下：

（1）pattern：表示一个字符串形式的正则表达式；

（2）flags：可选，表示匹配模式，如忽略大小写、多行模式等，具体参数见正则表达式修饰符 flags 参数。

re. compile( ) 函数返回值为 RegexObject 对象。

（二）match( ) 函数

re. match( ) 函数尝试从字符串的起始位置匹配一个模式，如果不是起始位置匹配成功的话，match( ) 就返回 None。其语法格式如下：

re. match(pattern,string,flags =0)

该函数参数说明如下：

（1） pattern：表示匹配的正则表达式；

（2） string：表示要匹配的字符串；

（3） flags：标志位，用于控制正则表达式的匹配方式，例如：是否区分大小写，多行匹配等。

函数返回值为 match( ) 函数从字符串开头开始匹配，匹配成功 re. match( ) 函数返回一个匹配的对象。如果第一个字符就不匹配，它不会再搜索字符串内部。如果没能找到任何匹配的子串，将返回 None。

match( ) 函数可以使用 group(num) 或 groups( ) 匹配对象函数来获取匹配表达式。

示例代码 example1. py 如下：

```
# -*- coding:utf-8 -*-
import re
#在起始位置匹配，匹配对大小写不敏感
print(re. match(r'(w * )','WWW. baidu. com',re. I). span( ))
print(re. match(r'[ com ]','www. baidu. com'))#没有匹配
str = "#this is String example##"
pattern = re. compile(r'(. * )is(. * )')
m_Obj = re. match(pattern,str)
if m_Obj:
    print('m_Obj. group( ):',m_Obj. group( ))
    print('m_Obj. group(1):',m_Obj. group(1))
    print('m_Obj. group(2):',m_Obj. group(2))
    else:
    print('Nomatch!! ')
    str1 = "www. sina. com,www. 163. com"
    pattern = re. compile(r'( \D * \d * )')
    m_Obj = re. match(pattern,str1)
    print('m_Obj. group( ):',m_Obj. group( ))
```

（三） search( ) 函数

search( ) 函数扫描整个字符串并返回第一个成功的匹配。其语法格式如下：

re. search(pattern,string,flags =0)

该函数参数说明如下：

（1） pattern：表示匹配的正则表达式；

（2） string：表示要匹配的字符串；

（3） flags：标志位，用于控制正则表达式的匹配方式，例如：是否区分大小写，多行匹配等。

函数返回值为匹配成功 re. search( ) 函数返回一个匹配的对象，否则返回 None。

与 match( ) 函数相同，search( ) 函数也可以使用 group(num) 或 groups( ) 匹配对象函

数来获取匹配表达式。

示例代码 example2. py 如下:

```
# -*- coding:utf-8 -*-
import re
print(re.search(r'(w*)','www.baidu.com').span())#在起始位置匹配
print(re.search(r'[com]','www.baidu.com').span())#不在起始位置匹配
str1 = "www.163.com,www.51job.com"
pattern = re.compile(r'\d{3}|\d{2}')
m_Obj = re.search(pattern,str1)
print('m_Obj.group():',m_Obj.group())
```

注意: re. match() 函数只匹配字符串的开始, 如果字符串开始不符合正则表达式, 则匹配失败, 函数返回 None; 而 re. search() 函数匹配整个字符串, 直到找到一个匹配。

(四) 检索和替换

re 模块提供了 re. sub() 函数用于替换字符串中的匹配项。其语法格式如下:

```
re.sub(pattern,repl,string,count=0,flags=0)
```

该函数参数说明如下:

(1) pattern: 表示正则表达式中的模式字符串;

(2) repl: 表示替换的字符串, 也可为一个函数;

(3) string: 表示要被查找/替换的原始字符串;

(4) count: 表示模式匹配后替换的最大次数, 默认为 0, 表示替换所有的匹配。

示例代码 example3. py 如下:

```
# -*- coding:utf-8 -*-
import re
str = "#This is String example##"
#删除字符串中的前后#号
sub_str = re.sub(r'^#*|#*$','',str)
print(sub_str)
#将字符串中的空格替换成"-"
new_sub_str = re.sub('','-',sub_str)
print(new_sub_str)
#删除 tel 字符串中圆括号
tel = '(0731)22768450'
num = re.sub(r'\D','',tel)
print('电话号码是:',num)
```

(五) findall() 函数

findall() 函数可在字符串中找到正则表达式所匹配的所有子串, 并返回一个列表, 如果没有找到匹配的子串, 则返回空列表。其语法格式如下:

```
pattern.findall(string[,pos[,endpos]])
```

该函数参数说明如下：

（1） pattern：表示匹配的正则表达式；

（2） string：表示待匹配的字符串；

（3） pos：可选参数，表示指定字符串的起始位置，默认为0；

（4） endpos：可选参数，表示指定字符串的结束位置，默认为字符串的长度。

注意：} match( ) 函数和 search( ) 函数只匹配一次，findall( ) 函数匹配所有项。

示例代码 example4. py 如下：

```
# -*- coding:utf-8 -*-
import re
#查找字符串中的数字，返回列表
pattern = re.compile(r'\d+')
num1 = pattern.findall('www.163.com,www.51job.com')
print(num1)
num2 = pattern.findall('www.163.com,www.51job.com',0,7)
print(num2)
```

（六） finditer( ) 函数

finditer( ) 函数与 findall( ) 函数类似，可在字符串中找到正则表达式所匹配的所有子串，并把它们作为一个迭代器返回。其语法格式如下：

re. finditer(pattern, string, flags = 0)

该函数参数说明如下：

（1） pattern：表示匹配的正则表达式；

（2） string：表示待匹配的字符串；

（3） flags：标志位，用于控制正则表达式的匹配方式，例如，是否区分大小写、多行匹配等。

示例代码 example5. py 如下：

```
# -*- coding:utf-8 -*-
import re
#查找字符串中的数字，返回一个迭代器
num = re.finditer(r'\d+','abc32sa21hh56j10df')
for i in num:
print(i.group())
```

（七） split( ) 函数

split( ) 函数按照能够匹配的子串将字符串分割后返回列表。其语法格式如下：

re. split(pattern, string[, maxsplit = 0, flags = 0])

该函数参数说明如下：

（1） pattern：表示匹配的正则表达式；

（2） string：表示待匹配的字符串；

（3） maxsplit：表示分隔次数，maxsplit = 1 分隔一次，默认为 0，不限制次数；

（4） flags：标志位，用于控制正则表达式的匹配方式，例如，是否区分大小写、多行匹配等。

示例代码 example6. py 如下：

```
# -*- coding:utf-8 -*-
import re
#删除 str 字符串中的空格
str = "This is String example!"
str_list = str. split(' ')
new_str_list = ''. join(str_list)
print(new_str_list)
#将 str 字符串按空格拆分成列表
str_list = re. split(' ',str)
print(str_list)
```

第四节　pandas 矢量化的字符串函数

在使用 pandas 的 DataFrame 数据框的过程中，如果需要处理一些字符串的特性，例如判断某列是否包含一些关键字或获取某列的字符长度时，通过 Series 的 str 列内置的方法进行处理会很方便。下面将介绍 Series 类的 str 自带的方法。

一、cat( ) 字符串连接

cat( ) 函数可实现元素级的字符串连接操作，并可指定分隔符。其语法格式如下：

Series. str. cat(others = None, sep = None, na_rep = None)

该函数参数说明如下：

（1） others：表示 Series、Index、DataFrame、np. ndarray（一维或二维）和其他类似字符串的列表；

（2） sep：表示连接分隔符，取值 string 或 None，默认为 None；

（3） na_rep：当 na_rep 为 None，序列中的 NaN 值将被忽略，如果指定，将用该字符代替。

二、split( ) 切分字符串

split( ) 函数可根据分隔符或正则表达式对字符串进行拆分。其语法格式如下：

Series. str. split(pat = None, n = -1, expand = False)

该函数参数说明如下：

（1） pat：表示要拆分的字符串或正则表达式，如果未指定，则拆分空格；

（2） n：表示限制输出中的分割数，若为无、0 和 -1 将被解释为返回所有拆分；

（3） expand：将拆分的字符串展开为单独的列，如果为 True，则返回 DataFrame/MultiIndex 扩展维度；如果为 False，则返回包含字符串列表的 Series/Index。

三、get( ) 获取指定位置的字符串

get( ) 函数可获取各元素的第 i 个字符。其语法格式如下：

Series. str. get(i)

其中，参数 i 表示指定位置。示例代码 example1. py 如下：

```
# -*- coding:utf-8 -*-
import numpy as np
import pandas as pd
#1 cat()
s = pd.Series(['a','b',np.nan,'d'])
print(s.str.cat(['A','B','C','D'],sep=','))
print(s.str.cat(['A','B','C','D'],sep=',',na_rep='-'))
#2 split()
s = pd.Series(["thisisgoodtext","butthisisevenbetter"])
print(s.str.split("is",n=1,expand=True))
#3 get()
s = pd.Series(["String",
(1,2,3),
["a","b","c"],
123,-456,
{1:"Hello","2":"World"}])
print(s.str.get(1))
```

除了 cat( )、split( ) 和 get( ) 函数外，Series 类的 str 自带的其他函数，即矢量化的字符串函数见表 11-14，其函数语法格式是 Series. str. 函数名（参数）。

表 11-14　矢量化的字符串函数

函数	说明
contains	返回表示各字符串时含有指定模式的布尔型数组
count	模式出现的次数
endswith	对各个元素执行 x. endswith（pattem）
startswith	对各个元素执行 x. startswith（pattem）
findall	计算各字符串的模式列表
join	根据指定的分隔符，将 Series 中各个元素的字符串连接起来
len	计算字符串长度
lower、upper	lower 函数是将所有字符转换为小写；upper 函数是将所有字符转换为大写
match	根据指定的正则表达式对各个元素执行 re. match
pad	在字符串的左边或右边或两边添加空白符
center	相当于在字符串的两边添加空白符

表示，旨在一目了然地揭示数据中的复杂信息，可视化的典型如纽约地铁图和人脑图，成功的可视化的美丽之处既在于其艺术设计，也在于其通过对细节的优雅展示，能够有效地产生对数据的洞察和新的理解。

第一节 Python Matplotlib 库概述

在数据分析中，数据可视化是很重要的部分。数据可视化不仅可展示数据分析的结果，而且更重要的是可利用数据可视化来进行数据分析。例如，发现数据样本中的异常值，观察数据的分布，寻找数据之间的相关性等。在 Python 中数据可视化工具分为免费和收费两种，其中免费的应用性较好的数据可视化工具有 Matplotlib 和 Seaborn 及交互式的数据可视化工具 Bokeh。其中，Matplotlib 是用于创建图表的绘图工具库，Seaborn 是在 Matplotlib 基础上进行了更高级的 API 封装，从而使作图更加容易。

在大多数情况下，使用 Seaborn 能做出很具有吸引力的图，而使用 Matplotlib 能制作具有更多特色的图，Seaborn 可视为 Matplotlib 的补充。Bokeh 是一个专门针对用 Web 浏览器来呈现图表功能的交互式可视化 Python 库，这正是 Bokeh 与其他可视化工具最核心的区别。

交互式的数据可视化工具 Bokeh 的优势如下：

（1） Bokeh 允许通过简单的指令快速创建复杂的统计图；

（2） Bokeh 提供了各种输出方式，如 HTML、Notebook 文档和服务器的输出；

（3） 可以将 Bokeh 可视化嵌入 Flask 和 Django 程序；

（4） Bokeh 可以转换写在其他库（如 Matplotlib 和 Seaborn）中的可视化；

（5） Bokeh 能灵活地将交互式应用、布局和不同样式的选择用于可视化。

一、Matplotlib 简介

Matplotlib 库是专门用于开发 2D 图表的，是 Python2D 绘图领域使用最广泛的套件。它能让使用者很轻松地将数据图形化，并且提供多样化的输出格式。

使用 Matplotlib 实现数据图形化的优势如下：

（1） 使用起来极其简单；

（2） 以渐进、交互式方式实现数据可视化；

（3） 表达式和文本使用 LaTeX 排版；

（4） 对图像元素控制力更强；

（5） 可输出 PNG、PDF、SVG 和 EPS 等多种格式。

Matplotlib 库最初模仿了 MATLAB 图形命令，但是与 MATLAB 是相互独立的。在其使用方面，Matplotlib 不仅具有简洁性和推断性，而且还继承了 MATLAB 的交互性。也就是说，分析师可逐条输入命令，为数据生成渐趋完整的图形表示。这种模式很适合于用 IPython Notebook 等互动性更强的 Python 工具进行开发，这些工具所提供的数据分析环境可与 Mathematic、IDL 和 MATLAB 相媲美。

Matplotlib 还整合了 LaTeX 用于表示科学表达式和符号的文本格式模型，此外，不容忽视的是，Matplotlib 不是一个单独的应用，而是编程语言 Python 的一个图形库，它可以通过编程来管理组织图表的图形元素，用编程的方法生成图形。由于 Matplotlib 是 Python 的一个库，因此在程序开发中，它也可以使用 Python 的其他库，Matplotlib 通常与 NumPy 和 pandas 等库配合使用。另外，通过访问 https：//matplotlib. org/gallery. html 网页，可查看网页中的上百幅缩略图，打开缩略图后都有源程序。如果需要绘制某种类型的图，只需要浏览该页面，找到相应类型的图，复制对应的源代码即可。

二、IPython 及 pylab 模式

（一）IPython

IPython 是 Python 的一个增强版本，在使用系统命令（Shell Commands）、排错（Debug）能力、命名输入/输出等方面都有所增强。如果在命令行终端给 IPython 加上参数 - pylab（Python0. 12 以后的版本是 -- pylab）之后，就可以像 MATLAB 或者 Mathematica 那样以交互的方式绘图。

（二）pylab 模式

pylab 是 Matplotlib 面向对象绘图库的一个接口。它的语法和 MATLAB 十分相近，即它主要的绘图命令和 MATLAB 对应的命令有相似的参数。Matplotlib 提供的 pylab 的模块中包括了许多 NumPy 和 pyplot 中常用的函数，方便用户快速进行计算和绘图，可以用于 IPython 中的快速交互式使用。

三、Matplotlib 的测试、安装与导入

Matplotlib 与 NumPy 的安装方法相同。在安装 Matplotlib 之前，先要安装 Python。由于 Matplotlib 是 Python 环境中的一个独立模块，在 Python 的默认安装环境下是未安装 Matplotlib 的。

（一）测试 Python 环境中是否安装 Matplotlib

当 Python 安装完成后，在 Windows 操作系统下，按【Windows】+【R】键，进入 cmd 命令窗口，输入“python”命令，按【Enter】键，进入 Python 命令窗口。在 Python 命令窗口中输入“import matplotlib”，可导入 Matplotlib 模块，如果在窗口中出现“Module Not Found Error：No module named 'matplotlib'”的错误提示，则需要安装 Matplotlib 软件包，否则表明已安装了 Matplotlib 软件包。

（二）在 Windows 操作系统下安装 Matplotlib 软件包

访问 https：//www. lfd. uci. edu/ ~ gohlke/pythonlibs/网址，然后，根据计算机上所安装的 Python 版本和操作系统版本来选择下载相应的 Matplotlib 软件包。例如，在 Windows（64 位）操作系统下安装了 Python3. 8，则下载 Matplotlib 软件包为 matplotlib - 3. 0. 0rc2 - cp38 - cp38m - win_amd64. whl。

将下载的软件包复制到 Python 安装目录的 Scripts 文件夹下，例如 Python3. 8 安装目录 D：\ Python，则将下载的软件包复制到 D：\ Python \ Scripts 目录下。

按【Windows】+【R】键，进入 cmd 命令窗口。

在 cmd 命令窗口中输入“pip install D：\ Python \ Scripts \ matplotlib - 3. 0. 0rc2 - cp38 - cp38mwin_amd64. whl”命令，按【Enter】键，进入 Matplotlib 模块进行安装，安装界面如图

（四）添加各类标签和图例

在调用 plot 函数完成绘图后，还需要为图表添加各类标签和图例，pyplot 中添加各类标签和图例的函数，如表 12 – 1 所示。

表 12 – 1　　pyplot 中添加各类标签和图例的函数

函数	说明
plt. xlabel( )	在当前图形中指定 x 轴的名称，可加指定位置、颜色、字体大小等参数
plt. ylabel( )	在当前图形中指定 y 轴的名称，可以指定位置、颜色、字体大小等参数
plt. title( )	在当前图形中指定图表的标题，可以指定标题名称、位置、颜色、字体大小等参数
plt. xlim( )	指定当前图形 x 轴的范围，只能输入一个数值区间，不能使用字符串
plt. ylim( )	指定当前图形 y 轴的范围，只能输入一个数值区间，不能使用字符串
plt. xticks( )	指定 x 轴刻度的数目与取值
plt. yticks( )	指定 y 轴刻度的数目与取值
plt. legend( )	指定当前图形的图例，可以指定图例的大小、位置和标签

（五）保存和显示图表

在完成图表绘制、添加各类标签和图例后，下一步所要完成的任务是将图表保存为图片，并在本机上显示图表。保存和显示图表的函数如表 12 – 2 所示。

表 12 – 2　　保存和显示图表的函数

函数	说明
plt. savefig( )	保存绘制的图表为图片，可以指定图表的分辨率、边缘和颜色等参数
plt. show( )	在本机显示图表

注意：要先将绘制的图表保存为图片，再显示图表。

（六）示例程序代码

【例 12 – 1】 用 Matplotlib 绘制一个正弦函数曲线，要求为所绘制的正弦函数曲线设置名字为“sin(x)”，曲线的颜色为红色，曲线的宽度为 3。另外，再绘制一个余弦函数曲线，要求为所绘制的余弦函数曲线设置名字为“cos(x)”，曲线的颜色为蓝色，曲线为虚线。

其程序代码 test1. py 如下：

```
# -*- coding:utf-8 -*-
import numpy as np
import matplotlib. pyplot as plt
x = np. linspace(0,10,1000)#在[0,10]之间等距取 1000 个数作为 x 的取值
y = np. sin(x)#定义 y 轴坐标
z = np. cos(x)#定义 z 轴坐标
```

```
plt.figure(figsize = (10,6))#创建绘图对象
plt.plot(x,y,label = "$sin(x)$",color = "red",linewidth = 3)
plt.plot(x,z,"b --",label = "$cos(x)$")
#设置各类图例和标签
plt.xlabel("Time(s)")
plt.ylabel("Volt")
plt.title("PyPlot FirstExample")
plt.ylim(-1.2,1.2)
plt.legend()
plt.show()
```

运行程序后，显示的函数曲线如图 12－2 所示。

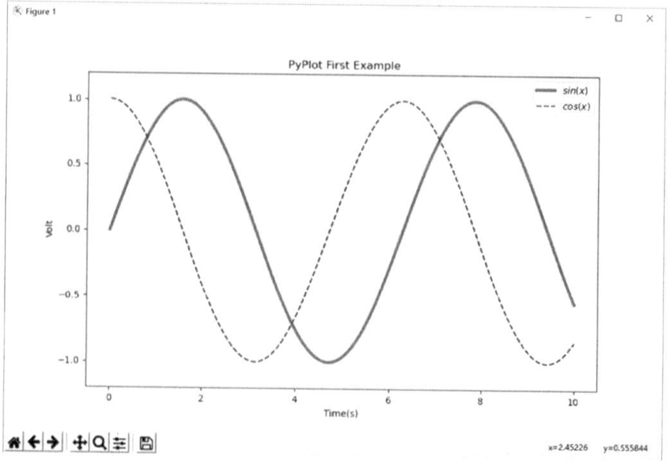

图 12－2 正弦函数和余弦函数

二、创建子图

在 Matplotlib 中，可以将一个绘图对象分为几个绘图区域，在每个绘图区域中可以绘制不同的图像，这种绘图形式称为创建子图。创建子图可以使用 subplot() 函数，该函数的语法格式如下：

subplot(numRows,numCols,plotNum)

函数中的参数说明如下：

（1） numRows：表示将整个绘图区域等分为 numRows 行；

（2） numCols：表示将整个绘图区域等分为 numCols 列；

（3） plotNum：表示当前选中要操作的区域。

subplot() 函数的作用就是将整个绘图区域等分为 numRows（行）× numCols（列）个子区域，然后按照从左到右、从上到下的顺序对每个子区域进行编号，左上的子区域的编号为 1。如果 numRows、numCols 和 plotNum 这 3 个数都小于 10，可以把它们缩写为一个整数，例如 subplot（223）和 subplot（2，2，3）是相同的。subplot() 在 plotNum 指定的区域中创建

图形。如果新创建的图形和先前创建的图形重叠，则先前创建的图形将被删除。

【例 12 -2】创建 3 个子图，分别绘制正弦函数、余弦函数和线性函数。

其程序代码 test2. py 如下：

```
# -*- coding:utf-8 -*-
import numpy as np
import matplotlib. pyplot as plt
x = np. linspace(0,10,1000)
y = np. sin(x)
z = np. cos(x)
k = x
plt. subplot(221)#第一行的左图
plt. plot(x,y,label = " $ sin(x) $ ",color = "red",linewidth = 2)
plt. subplot(222)#第一行的右图
plt. plot(x,z,"b --",label = " $ cos(x) $ ")
plt. subplot(212)#第二整行
plt. plot(x,k,"g --",label = " $ x $ ")
plt. legend()
plt. savefig('image. png',dpi = 100)#dpi 是指保存图像的分辨率,默认值为 80
plt. show()
```

运行程序后，显示的图形如图 12 -3 所示。

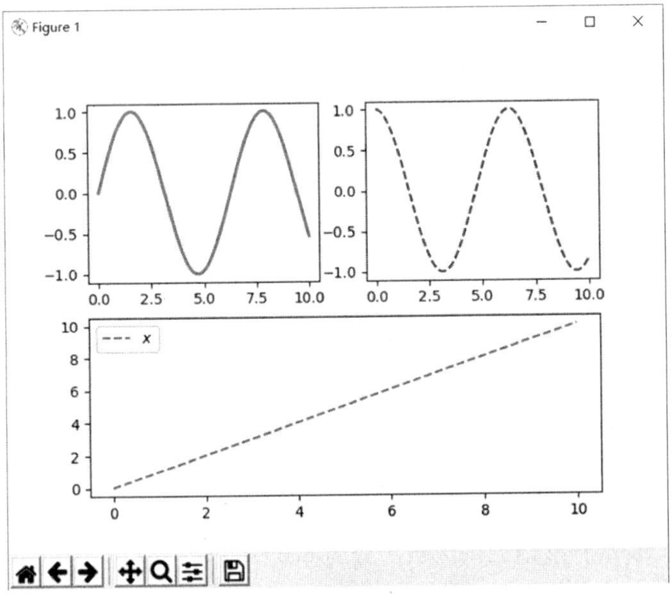

图 12 -3　创建 3 个子图

第三节 Matplotlib 参数配置

在绘制图形时，有许多属性需要配置，如颜色、字体、线型等。在许多情况下直接采用了 Matplotlib 的默认配置。Matplotlib 将默认配置保存在“matplotlibrc”配置文件中，通过修改配置文件，可修改图表的默认样式，这称之为 rc 配置或者 rc 参数。

在 Matplotlib 中可以使用多个“matplotlibrc”配置文件，它们的搜索顺序如下，顺序靠前的配置文件将会被优先采用。

（1）当前路径：程序的当前路径。

（2）用户配置路径：在用户文件夹的“.matplotlib”目录下，可通过环境变量 MATPLOTLIBRC 修改它的位置。

（3）系统配置路径：保存在 Matplotlib 的安装目录下的 mpl-data 中。

通过下面的代码可以获取用户配置路径和系统配置路径。

```
①# -*- coding: utf-8 -*-
②import matplotlib
③print(matplotlib.get_configdir())#获取用户配置路径
④print(matplotlib.matplotlib_fname())#获得系统配置路径
```

“matplotlibrc”配置文件实际上是一个字典。在该字典中，为了对众多的配置进行区分，关键字可以用点分开。

如果需要读取配置文件中的所有参数及其参数值，可在 Matplotlib 模块载入时去调用 rc_params() 函数，并把得到的配置字典保存到 rcParams 变量中，其代码如下：

```
(1) # -*- coding:utf-8 -*-
(2) import matplotlib
(3) #读取配置文件中的所有参数及其参数值
(4) print(matplotlib.rc_params())
```

输出结果部分值：

```
(1) agg.path.chunksize:0
(2) animation.avconv_args:[]
```

设置动态 rc 参数

一、直接修改 rcParams 变量值

当配置字典保存到 rcParams 变量后，Matplotlib 将使用 rcParams 变量中的配置进行绘图。用户可以直接修改该字典中的配置，所做的改变会反映到此后所绘制的图形中。

【例 12-3】绘制一条斜线，并设置所绘制的斜线标记字符（lines.marker）为“v”一角朝下的三角形。

其程序代码 test1.py 如下：

```
# -*- coding:utf-8 -*-
import matplotlib.pyplot as plt
```

```
import matplotlib
#读取配置文件中的所有参数及其参数值
matplotlib.rc_params()
#设置标记符 lines.marker 为"v"一角朝下的三角形
plt.rcParams["lines.marker"] = "v"
plt.plot([1,2,3])
plt.show()
```

二、使用 rc 函数修改参数配置

使用 rc 函数可以修改 “matplotlibrc” 配置文件中的参数，rc 函数的语法格式如下：

matplotlib. rc(group, ** kwargs)

函数中的参数说明如下：

（1） group：为 rc 参数的分组。线条常用的 rc 参数名称、解释与取值见表 12 -3。

表 12 -3　　线条常用的 rc 参数名称、解释与取值

rc 参数名称	解释	取值
lines. linewidth	线条宽度	取 0 ~ 10 之间的数值默认为 1.5
lines. linestyle	线条样式	可取实线 “ - ”、长虚线 “ - - ”、点线 “— · ” 短虚线 “:” 4 种，默认为实线 “—”
lines. marker	线条上点的形状	可取 “. ” “o” “v” “^” 等 20 多种，默认为 None
lines. markersize	点的大小	取 0 ~ 10 之间的数值，默认为 1

（2） kwargs：为字典属性名称/值对。

其中，lines. marker 参数的 20 种取值及其代表的意义见表 12 -4。

表 12 -4　　lines. marker 参数的取值及其代表的意义

lines. marker 参数取值	意义	lines. marker 参数取值	意义
o	圆圈	.	点
D	菱形	S	正方形
h	六边形 1	*	星号
H	六边形 2	d	小菱形
-	水平线	v	一角朝下的三角形
8	八边形	<	一角朝左的三角形
P	五边形	>	一角朝右的三角形
,	像素	^	一角朝上的三角形
+	加号	\	竖线
None	无	X	X

【例 12 –4】 绘制一条斜线，设置所绘制的斜线标记符（lines. marker）为“o”圆圈，线宽为 3，线型为虚线，并设置字符的字体、样式和大小。

其程序代码 test2. py 如下：

```
# -*- coding:utf-8 -*-
import matplotlib.pyplot as plt
import matplotlib
matplotlib.rc("lines",marker="o",linewidth=3,linestyle='--')
font={'family':'monospace',
'style':'italic',
'size':'16'}
matplotlib.rc("font",**font)
plt.title("rc()Example")
plt.plot([1,2,3])
plt.show()
```

修改了配置文件中的参数后，如果想恢复到默认的配置（Matplotlib 载入时从配置文件读入的配置），可以调用 rcdefaults() 函数，函数的语法格式如下：

```
matplotlib.rcdefaults()
```

如果通过文本编辑器修改了配置文件，希望重新载入最新的配置文件，则调用 update() 函数，函数的语法格式如下：

```
matplotlib.rcParams.update(matplotlib.rc_params())
```

第四节　常见统计图形绘制

一、Matplotlib 绘制散点图

散点图（ScatterDiagram）又称为散点分布图，是一种以一个变量为横坐标，以另一个变量为纵坐标，利用坐标点（散点）的分布形态反映变量间的统计关系的图形。散点图将序列显示为一组点，值由点在图表中的位置表示，类别由图表中的不同标记表示。散点图通常用于比较跨类别的聚合数据。

散点图可以提供以下两类关键信息：

（1）变量之间是否存在数值或数量的关联趋势，以及关联趋势是线性还是非线性的；

（2）如果有某一个点或者某几个点偏离大多数点，也就是离群值，通过散点图可以一目了然，从而可以进一步分析这些离群值是否可能在建模分析中对总体产生很大影响。

散点图通过散点的疏密程度和变化趋势表示变量的数量关系，如果有 3 个变量，并且自变量为分类变量，通过对点的形状或者点的颜色进行区分，即可了解这些变量之间的关系。

pyplot 中绘制散点图的函数为 scatter，其语法格式如下：

matplotlib. pyplot. scatter(x, y, s = None, c = None, marker = None, cmap = None, norm = None, vmin = None, vmax = None, alpha = None, linewidths = None, verts = None, edgecolors = None, hold = None, data = None, ** kwargs)

函数中的主要参数说明如下：

（1） x，y：接收 array。表示 x 轴和 y 轴对应的数据，无默认；

（2） s：接收数值或者一维的 array。指定点的大小，若传入一维 array，则表示每个点的大小，默认为 None；

（3） c：接收颜色或者一维的 array。指定点的颜色，若传入一维 array，则表示每个点的颜色，默认为 None；

（4） marker：接收特定 string。表示绘制的点的类型，默认为 None；

（5） alpha：接收 0 ~ 1 的小数。表示点的透明度，默认为 None。

【例 12 -5】使用不同形状的点，绘制 2007—2016 年的全国就业人员、城镇就业人员和乡村就业人员的散点图。其中，全国就业人员（万人）用“o”圆圈形状的点表示，城镇就业人员（万人）用“x”形状的点表示，乡村就业人员（万人）用“v”形状的点表示。

其程序代码 test1. py 如下：

```
# -*- coding:utf-8 -*-
import numpy as np
import matplotlib. pyplot as plt
#导入数据
Emp_data = np. loadtxt('d:\data\Employedpopulation. csv', delimiter = ",",
usecols = (1,2,3,4,5,6,7,8,9,10), dtype = int)
#设置 Matplotlib 正常显示中文和负号
plt. rcParams['font. sans - serif'] = ['SimHei']#用黑体显示中文
plt. rcParams['axes. unicode_minus'] = False#正常显示负号
#创建一个绘图对象，并设置对象的宽度和高度
plt. figure(figsize = (6,4))
#绘制全部就业人员散点图
plt. scatter(Emp_data[0], Emp_data[1], marker = 'o')
#绘制城镇就业人员散点图
plt. scatter(Emp_data[0], Emp_data[2], marker = 'x')
#绘制乡村就业人员散点图
plt. scatter(Emp_data[0], Emp_data[3], marker = 'v')
plt. xlabel('年份')
plt. ylabel('人员(万人)')
plt. ylim((30000,80000))
plt. xlim(2006,2017)
plt. title("2007 -2016 年城镇、乡村和全部就业人员情况散点图")
#添加图例
plt. legend({'全部就业','城镇就业','乡村就业'})
```

```
plt.savefig('d:/data/Employedpopulation_s.png')
plt.show()
```

运行程序后，保存并显示散点图，如图 12－4 所示。

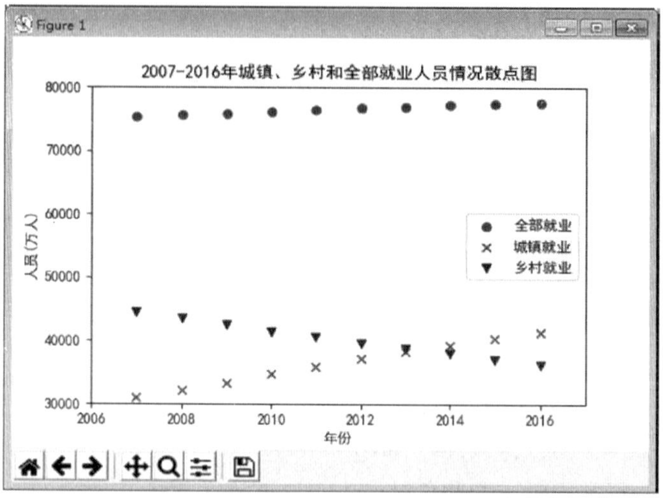

图 12－4 2007—2016 年就业人员情况散点图

从就业人员情况散点图可见，近 10 年来城镇就业人员的数量不断增加，而乡村就业人员的数量不断减少。2013 年以后，城镇就业人员的数量超过乡村就业人员的数量。

二、Matplotlib 绘制折线图

折线图（LineChart）是一种将数据点按照顺序连接起来的图形，可以看作是将散点图按照 x 轴坐标顺序连接起来的图形。折线图的主要功能是查看因变量 y 随着自变量 x 改变的趋势，最适合于显示随时间（根据常用比例设置）而变化的连续数据。同时还可以看出数量的差异和增长趋势的变化。

pyplot 中绘制折线图的函数为 plot，其语法格式如下：

matplotlib.pyplot.plot(* args, ** kwargs)

plot 函数在官方文档的语法中只要求输入不定长参数，实际可以输入的参数说明如下：

（1） x，y：接收 array。表示 x 轴和 y 轴对应的数据，无默认；

（2） color：接收特定 string。指定线条的颜色，默认为 None；

（3） linestyle：接收特定 string。指定线条的类型，默认为“－”；

（4） marker：接收特定 string。表示绘制的点的类型，默认为 None；

（5） alpha：接收 0～1 的小数。表示点的透明度，默认为 None。

其中，color 参数的 8 种常用颜色的缩写见表 12－5。

表 12－5 color 参数常用颜色的缩写

颜色缩写	代表的颜色	颜色缩写	代表的颜色
b	蓝色	m	品红
g	绿色	y	黄色

续表

颜色缩写	代表的颜色	颜色缩写	代表的颜色
r	红色	k	黑色
c	青色	w	白色

【例 12 -6】 使用不同线条样式，绘制 2007—2016 年的全国就业人员、城镇就业人员和乡村就业人员的折线图。其中，全国就业人员（万人）用实线“ - ”表示，城镇就业人员（万人）用长虚线“ -- ”表示，乡村就业人员（万人）用点线“ - · ”表示。

其程序代码 test1. py 如下：

```
# -*- coding:utf-8 -*-
import numpy as np
import matplotlib. pyplot as plt
#导入数据
emp_data = np. loadtxt('d:\data\Employedpopulation. csv',delimiter = ",",
usecols = (1,2,3,4,5,6,7,8,9,10),dtype = int)
#设置 matplotlib 正常显示中文和负号
plt. rcParams['font. sans - serif'] = ['SimHei']#用黑体显示中文
plt. rcParams['axes. unicode_minus'] = False#正常显示负号
#创建一个绘图对象，并设置对象的宽度和高度
plt. figure(figsize = (6,4))
#绘制全部就业人员折线图
plt. plot(Emp_data[0],Emp_data[1])
#绘制城镇就业人员折线图
plt. plot(Emp_data[0],Emp_data[2])
#绘制乡村就业人员折线图
plt. plot(Emp_data[0],Emp_data[3])
plt. xlabel('年份')
plt. ylabel('人员(万人)')
plt. ylim((30000,80000))
plt. xlim(2006,2017)
plt. title("2007 -2016 年城镇、乡村和全部就业人员情况折线图")
plt. title("2007 -2016 年城镇、乡村和全部就业人员情况折线图")
#添加图例
plt. legend({'全部就业','城镇就业','乡村就业'})
plt. savefig('d:/data/Employedpopulation_line. png')
plt. show()
```

运行程序后，保存并显示折线图，如图 12 -5 所示。

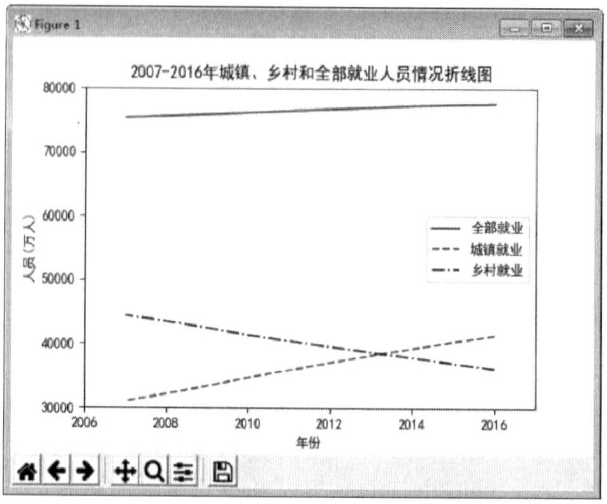

图 12-5 2007—2016 年就业人员情况折线图

三、Matplotlib 绘制直方图

直方图（Histogram）又称为质量分布图，是一种二维统计图表。它用一系列高度不等的纵向条纹或线段表示数据分布的情况，一般用横轴表示数据所属类别，用纵轴表示数量或者占比。用直方图可以比较直观地看出产品质量特征的分布状态，便于判断其总体质量分布情况。

在直方图中可以发现分布表无法发现的数据模式、样本的频率分布和总体的分布。

pyplot 中绘制直方图的函数为 hist，其语法格式如下：

matplotlib. pyplot. hist(x, bins = None, range = None, density = None, weights = None, cumulative = False, bottom = None, histtype = 'bar', align = 'mid', orientation = 'vertical', rwidth = None, log = False, color = None, label = None, stacked = False, normed = None, hold = None, data = None, ** kwargs)

函数中的主要参数说明如下：

（1）x：接收 array。表示 x 轴的数据，无默认；

（2）bins：接收 int、序列或 auto。表示直方图的长条形数目，可选项，默认为 10；

（3）range：接收 tuple。表示箱子的下部和上部范围，忽略较低和较高的异常值。如果未提供，则范围为（x. min( )，x. max( )），可选，默认值为 None；

（4）histtype：取值为 bar、barstacked、step、stepfilled，可选，默认为 bar，表示要绘制的直方图的类型。其中，bar 是传统的条形直方图，如果给出多个数据，则条形直方图并排排列；barstacked 是将多个数据堆叠在一起的条形直方图；step 生成一个默认未填充的线图；stepfilled 生成一个默认填充的线图。

（5）align：取值为 left、mid、right，可选，默认为 mid，用于控制直方图的绘制方式。其中，left 表示直方图位于左边框边缘的中心；mid 表示直方图在 bin 边缘之间居中；right 表示直方图位于右侧边框的中心。

（6）rwidth：接收标量或无，可选，默认值为 None。表示条形的相对宽度作为箱宽的一部分。如果为 None，则自动计算宽度；如果 histtype 是'step'或'stepfilled'，则忽略。

（7）color：接收特定 string 或者包含颜色字符串的 array，表示直方图颜色，默认为 None。

（8） edgecolor：接收特定 string 或者包含颜色字符串的 array，表示长条形边框的颜色。

（9） alpha：接收 0 ~ 1 的小数。表示长条形的透明度，默认为 None。

（10） normed：表示是否将得到的直方图向量归一化，可选项，默认为 0，代表不归一化，显示频数。normed = 1，表示归一化，显示频率。

【例 12 – 7】 绘制一个正态分布数据的直方图。其程序代码 test1. py 如下：

```
# -*- coding:utf-8 -*-
import matplotlib. pyplot as plt
import numpy as np
import matplotlib
#设置 Matplotlib 正常显示中文和负号
matplotlib. rcParams['font. sans - serif'] = ['SimHei']#用黑体显示中文
matplotlib. rcParams['axes. unicode_minus'] = False#正常显示负号
#随机生成 10000 个满足正态分布的数据
data = np. random. randn(10000)
plt. hist(data,bins = 40,normed = 1,color = "red",eedgecolor = "black",
rwidth = 0. 7,alpha = 0. 7)
#显示横轴标签
plt. xlabel("区间")
#显示纵轴标签
plt. ylabel("频数/频率")
#显示图标题
plt. title("频数/频率分布直方图")
plt. show()
```

运行程序后，显示的直方图如图 12 – 6 所示。

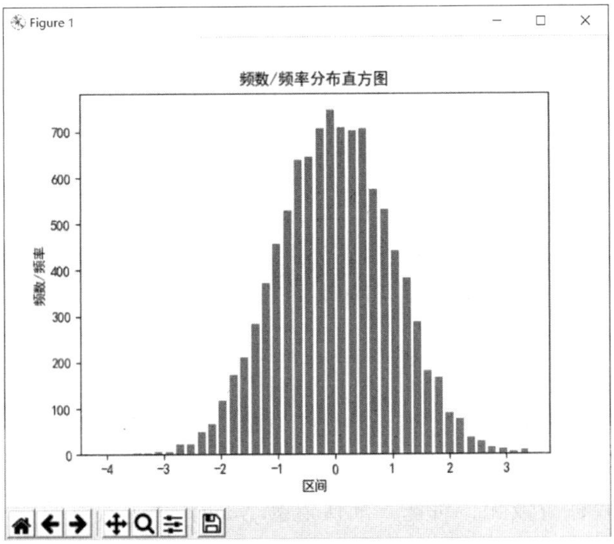

图 12 – 6　正态分布数据的直方图

四、Matplotlib 绘制柱状图

柱状图（BarChart）是一种以长方形的长度为变量的表达图形的统计报告图，是由一系列高度不等的纵向条纹表示数据分布的情况，用来比较两个或两个以上的价值（不同时间或者不同条件），只有一个变量，通常适用于较小的数据集分析。柱状图亦可横向排列，或用多维方式表达。

pyplot 中绘制柱状图的函数为 bar，其语法格式如下：

```
matplotlib.pyplot.bar(x,height, * ,align = 'center', ** kwargs)
matplotlib.pyplot.bar(x,height,width, * ,align = 'center', ** kwargs)
matplotlib.pyplot.bar(x,height,width,bottom, * ,align = 'center', ** kwargs)
```

函数中的主要参数说明如下：

（1）x：接收 array。表示 x 轴的数据，无默认：

（2）height：接收 array。表示 x 轴所代表数据的数量，无默认；

（3）width：接收 0 ~ 1 之间的 float，指定柱状图宽度，默认为 0.8；

（4）bottom：接收 array，可选，柱状图的 y 坐标，默认值为 0；

（5）align：取值为 center 或 edge，可选，默认为 center，表示柱状图对齐 x 坐标；

（6）color：接收特定 string 或者包含颜色字符串的 array，表示柱状图颜色，默认为 None；

（7）edgecolor：接收特定 string 或者包含颜色字符串的 array，表示柱状图的边框颜色。

【例 12-8】 绘制 2007 ~ 2016 年的全国就业人员、城镇就业人员和乡村就业人员的柱状图。其中，全国就业人员（万人）用红色的柱状表示，城镇就业人员（万人）用绿色柱状表示，乡村就业人员（万人）用蓝色柱状表示。

其程序代码 test1.py 如下：

```
# -*- coding:utf-8 -*-
import numpy as np
import matplotlib.pyplot as plt
#导入数据
Emp_data = np.loadtxt('d:\data\Employedpopulation.csv',delimiter = ",",
usecols = (1,2,3,4,5,6,7,8,9,10),dtype = int)

#设置 Matplotlib 正常显示中文和负号
plt.rcParams['font.sans-serif'] = ['SimHei']#用黑体显示中文
plt.rcParams['axes.unicode_minus'] = False#正常显示负号
#创建一个绘图对象，并设置对象的宽度和高度
plt.figure(figsize = (6,4))
#绘制全部就业人员柱状图
plt.bar(Emp_data[0],Emp_data[1],width =0.35,color = 'red',
edgecolor = 'white')
#绘制城镇就业人员柱状图
```

```
plt.bar(Emp_data[0] +0.35,Emp_data[2],width =0.35,color = 'green',
edgecolor = 'white')
#绘制乡村就业人员柱状图
plt.bar(Emp_data[0] +0.7,Emp_data[3],width =0.35,color = 'blue',
edgecolor = 'white')
#给图加 text
X = Emp_data[0];Y1 = Emp_data[1]
for x,y in zip(X,Y1):
plt.text(x +0.3,y +0.05,'% i'% y,ha = 'center')
Y2 = Emp_data[2]
for x,y in zip(X,Y2):
plt.text(x +0.6,y +0.05,'% i'% y,ha = 'center')
Y3 = Emp_data[3]
for x,y in zip(X,Y3):
plt.text(x +0.9,y +0.05,'% i'% y,ha = 'center')
#添加标签
plt.xlabel('年份')
plt.ylabel('人员(万人)')
plt.ylim((30000,80000))
plt.xlim(2006,2017)
plt.title("2007 -2016 年城镇、乡村和全部就业人员情况柱状图")
#添加图例
plt.legend({'全部就业','城镇就业','乡村就业'})
plt.savefig('d:/data/Employedpopulation_bar.png')
plt.show()
```

运行程序后，显示的柱状图如图 12 -7 所示。

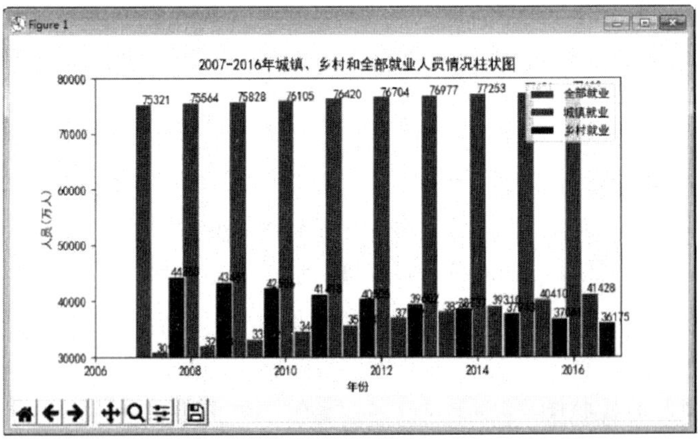

图 12 -7　2007—2016 年就业人员情况柱状图

五、Matplotlib 绘制饼图

饼图（PieGraph）用于显示一个数据系列中各项的大小及其在各项总和中所占的比例。饼图中的数据点显示为整个饼图的百分比。饼图可以比较清楚地反映出部分与部分、部分与整体之间的比例关系。易于显示每组数据相对于总数的大小，且显示方式直观。

pyplot 中绘制饼图的函数为 pie，其语法格式如下：

matplotlib. pyplot. pie(x, explode = None, labels = None, colors = None, autopct = None, pctdistance = 0. 6, shadow = False, labeldistance = 1. 1, startangle = None, radius = None, counterclock = True, wedgeprops = None, textprops = None, center = (0,0), frame = False, rotatelabels = False, hold = None, data = None)

函数中的主要参数说明如下：

（1）x：接收 array。表示用于绘制饼图的数据，无默认；

（2）explode：接收 array。表示指定项距离饼图圆心为 n 个半径，默认为 None；

（3）labels：接收 array。指定每一项的名称，默认为 None；

（4）colors：接收特定 string 或者包含颜色字符串的 array，表示饼图颜色，默认为 None；

（5）autopct：接收特定 string，指定数值的显示方式，默认为 None；

（6）pctdistance：接收 float，指定每一项的比例 autopct 和距离圆心的半径，默认为 0. 6；

（7）labeldistance：接收 float，指定每一项的名称 labels 和距离圆心的半径，默认为 1. 1；

（8）radius：接收 float，表示饼图的半径，默认为 1。

【例 12 –9】绘制 2016 年城镇就业人员和乡村就业人员的饼图。

其程序代码 test1. py 如下：

```
# -*- coding:utf-8 -*-
import numpy as np
import matplotlib.pyplot as plt
#导入 2016 年就业数据
Emp_data = np.loadtxt('d:\data\Employedpopulation.csv',delimiter = ",",
usecols = (1),dtype = int)
#设置 Matplotlib 正常显示中文和负号
plt.rcParams['font.sans-serif'] = ['SimHei']#用黑体显示中文
plt.rcParams['axes.unicode_minus'] = False#正常显示负号
#将 2016 年就业数据赋值给 X
X = [Emp_data[2],Emp_data[3]]
#创建一个绘图对象，将画布设定为正方形，则绘制的饼图是正圆
plt.figure(figsize = (8,8))
label = ['城镇就业','乡村就业']#定义饼图的标签,标签是列表
explode = [0.01,0.01]#设定各项距离圆心的半径
#绘制饼图（数据，半径，数据对应的标签，百分数保留两位小数点）
plt.pie(X,explode = explode,labels = label,autopct = '%1.2f%%')
```

```
#添加标题
plt.title("2016 年城镇和乡村就业人员情况饼图")
#添加图例
plt.legend({'城镇就业','乡村就业'})
plt.savefig('d:/data/Employedpopulation_pie.png')
plt.show()
```

运行程序后，显示的饼图如图 12－8 所示。

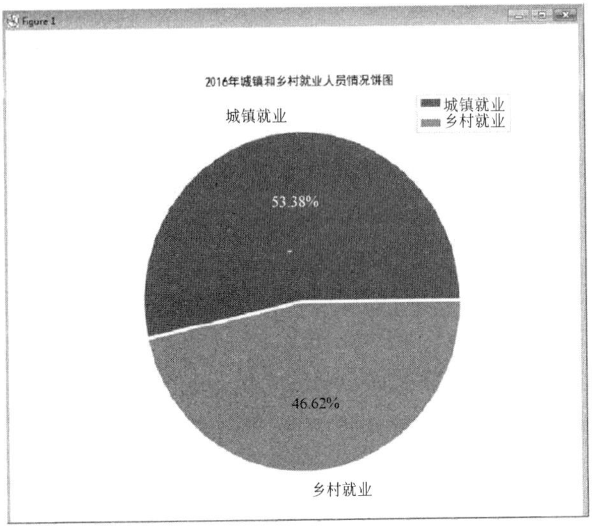

图 12－8　2016 年就业人员情况饼图

六、Matplotlib 绘制箱线图

箱线图（Boxplot）也称为箱形图，其绘制需使用常用的统计量，能提供有关数据位置和分散情况的关键信息，尤其在比较不同特征时，更可表现其分散程度差异。图 12－9 标出了箱线图中每条线表示的含义。

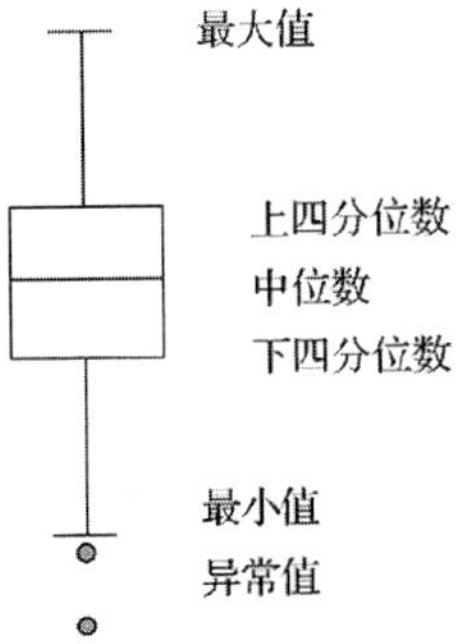

图 12－9　箱线图中每条线表示的含义

箱线图利用数据中的 5 个统计量（最小值、下四分位数、中位数、上四分位数、最大值）来描述数据。它可以粗略地看出数据的对称性、分布的分散程度信息等。特别是可以

用于对几个样本进行比较。

pyplot 中绘制箱线图的函数为 boxplot，其语法格式如下：

matplotlib. pyplot. boxplot(x, notch = None, sym = None, vert = None, whis = None, positions = None, widths = None, patch_artist = None, bootstrap = None, usermedians = None, conf_intervals = None, meanline = None, showmeans = None, showcaps = None, showbox = None, showfliers = None, boxprops = None, labels = None, flierprops = None, medianprops = None, meanprops = None, capprops = None, whiskerprops = None, manage_xticks = True, autorange = False, zorder = None, hold = None, data = None)

函数中的主要参数说明如下：

（1） x：接收 array。表示用于绘制箱线图的数据，无默认。

（2） notch：接收 boolean。表示中间箱体是否有缺口，默认为 None。

（3） sym：接收特定 string。指定异常点形状，默认为 None。

（4） vert：接收 boolean。表示图形是纵向还是横向，默认为 None。

（5） positions：接收 array。表示图形位置，默认为 None。

（6） widths：接收 scalar 或者 array。表示每个箱体的宽度，默认为 None。

（7） labels：接收 array。指定每一个箱线图的标签，默认为 None。

（8） meanline：接收 boolean。表示是否显示均线值，默认为 False。

【例 12－10】 绘制 2007～2016 年的全国就业人员、城镇就业人员和乡村就业人员的箱线图。其程序代码 test1. py 如下：

```
# -*- coding:utf-8 -*-
import matplotlib. pyplot as plt
import numpy as np
#导入 2007—2016 年就业数据
Emp_data = np. loadtxt('d:\data\Employedpopulation. csv', delimiter = ",",
usecols = (1,2,3,4,5,6,7,8,9,10), dtype = int)
#设置 Matplotlib 正常显示中文和负号
plt. rcParams['font. sans - serif'] = ['SimHei']#用黑体显示中文
plt. rcParams['axes. unicode_minus'] = False#正常显示负号
#将 2007～2016 年就业数据赋值给 X
X = [Emp_data[1], Emp_data[2], Emp_data[3]]
#创建一个绘图对象
plt. figure(figsize = (8,6))
label = ['全国就业','城镇就业','乡村就业']#定义箱线的标签，标签是列表
#绘制箱线图
plt. boxplot(X, notch = True, labels = label, meanline = True)
#添加标题
plt. title("2007 -2016 年城镇、乡村和全部就业人员情况箱线图")
#添加图例
plt. legend({'全国就业','城镇就业','乡村就业'})
```

```
plt.savefig('d:/data/Employedpopulation_box.png')
plt.show()
```

运行程序后，显示的箱线图如图 12－10 所示。

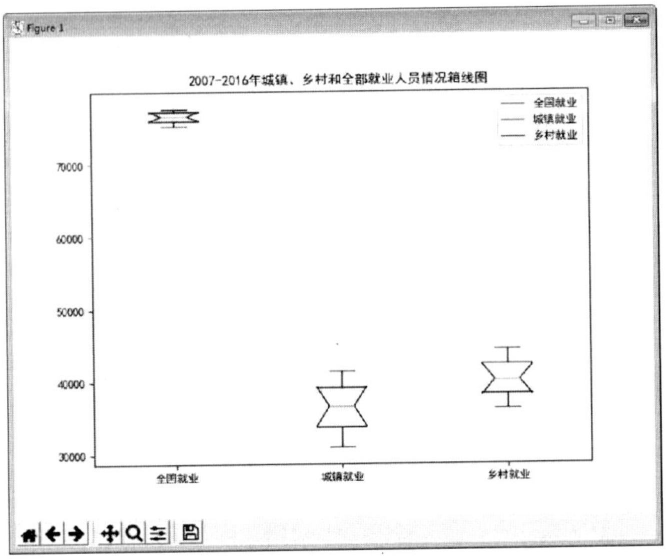

图 12－10　2007—2016 年就业人员情况箱线图

练习题

1. 请简述什么是 Seaborn 库。
2. 按以下要求编写程序：
(1) 创建一个 0～50 的数组 nums，包含 0 和 50；
(2) 通过 subplot() 函数将绘图区域分为 2＊1 的矩阵区域；
(3) 在编号为 1 的区域绘制 nums 数据。
3. 请使用 Bokeh 库绘制二维散点图。
4. 请简述什么是数据可视化。
5. 请按照下面的要求绘制图形：
(1) 导入 numpy 和 matplotlib.pyplot，分别取别名为 np 与 plt；
(2) 创建包含 50 个随机数的数组 arr；
(3) 绘制直方图，它的数据为 arr，共 7 个条柱，条柱的颜色为青色；
(4) 调用 show() 函数展示图形。
6. 请简述什么是 Bokeh 库。
7. 请简述数据可视化的意义。
8. 请使用 distplot() 函数绘制一个包含 50 个随机数的直方图。
9. 请简述直方图与条形图的区别。

第十三章　Python 的 AI 的应用

本章介绍了人工智能技术及其发展，然后介绍了 Python 作为人工智能应用开发语言的优势和特点。接下来，我们以自然语言处理为例，介绍了 jieba 库的安装和应用，通过分析经典名著《西游记》并逐步优化、最终较好地可视化分析结果，展示了 Python 及 jieba 在 NLP 方面的功能和应用。

本章内容

1. Python AI（人工智能）简介
2. Python jieba 库分词
3. Python jieba 分词实例：对《西游记》进行分词
4. Python wordcloud 入门

学习寄语

人工智能技术三要素为算力、算法、大数据，三者缺一不可。为了进行大数据处理，在人工智能技术方案上一般都会采用高性能的处理器辅助 MCU 进行计算，但是随着摩尔定律时间周期拉长，处理器上可集成的器件数量会达到极限。芯片层在人工智能的算力支持中起到了至关重要的作用，因此，在需要通过架构的变化来满足数据量增长的情况下，AI 芯片应势而生。作为人工智能产业的重中之重，AI 芯片已经成了最热门的发展领域，各种 AI 芯片层出不穷。

第一节　Python AI（人工智能）简介

AI 是人工智能的缩写，它是一门新的技术科学。本节就对人工智能简单介绍。

一、人工智能技术简介

人工智能（Artificial Intelligence，AI）是让机器能够像人类一样完成智能化任务的技术。1956 年，美国几位著名的科学家在美国达特茅斯学院召开了一次学术会议，首次提出了“人工智能”的术语和概念，这次会议标志着人工智能正式成为一门学科。在计算机出现之前人们就幻想着一种机器可以实现人类的思维，可以帮助人们解决问题，甚至拥有比人类更高的智力。

随着计算机的发明和普及，计算技术根据其不同的应用领域，发展为众多的分支学科，例如多媒体、计算机辅助设计、数据库、计算机网络通信技术等，这时候，人工智能成为了计算科学的一个研究分支，同时也逐步成为计算科学、生物学、心理学、神经科学等众多学科的一个交叉性的领域。人工智能的研究和发展经历了几次波折，有 20 世纪 50 ~ 70 年代的黄金时期，也经历了随后的近 20 年的低谷和寒冬。直到 20 世纪 90 年代，人类在和机器下国际象棋的时候首次遭受失败，人工智能再次走入人们的视线并得到更多的关注，从而逐渐迎来了其春天。自此开始，人工智能科学开始在和人类“斗智”方面取得一项又一项的突破：

2011 年，IBM 开发的沃森机器人人工智能程序在电视问答节目中战胜人类。

2016 年，AlphaGo 战胜围棋世界冠军李世石。

2017 年，AlphaGo 战胜中国棋手柯洁。

人工智能再一次引发了人们极大的关注，甚至引发人类的焦虑。人们似乎看到了人工智能超越人类智能的可能。人工智能的科学研究也再度掀起热潮，更多人开始研究应用计算机软硬件来模拟人类的某些智能行为，构造具有一定智能的系统，从而替代人类从事相应的体力和脑力劳动。

今天，在我们的生活中，人工智能已经有了形式多样、领域广泛、程度不同的应用，例如语音合成、语音识别、自然语言处理、自动驾驶、图像识别、人脸识别、大数据分析等等。应用场景表现在淘宝上的语音和图片搜索购物、微信的语音文字转换、科大讯飞的翻译笔、iPhone 里的 Siri 应用、电子商务网站上的人工智能客服、还有各种各样具备不同程度的智能功能的机器人，所有这些应用都离不开人工智能技术的支持。人工智能已经成为我们日常生活越来越依赖的技术。

二、Python—人工智能的语言

Python 被人们称为“胶水语言”，可见其应用范围和场景之广。Python 的粉丝更是将其誉为“最美丽的”编程语言。尽管人们对 Python 有很多的溢美之词，但不可否认的是，从云端、客户端，到物联网终端，Python 应用无处不在，同时，Python 也是公认的人工智能应用首选的编程语言。在人工智能领域，Python 编程语言具有一些先天的优势，Python 的第三方库针对各种各样的专业应用领域，例如，用于图像处理的各种 Python Imaging Library 库、VTK 和 Maya3D 等，支持机器学习的 scikit - learn、Py Brain、PyML 等，用于自然语言处理的 NLTK、jieba 等等。因此只要学习和掌握了 Python 语言，要开发人工智能的相关应用方面，就拥有了得天独厚的优势。我们期望人工智能能够具备分析、处理和理解语言文字的能力，从而实现人机之间的互相交互沟通，而实现这种能力的研究领域和技术统称为自然语言处理（Natural Language Processing，NLP）。

自然语言处理是信息时代最重要的技术之一。我们常见的一些产品，比如机器翻译、问答系统、聊天机器人、情感分析等，都是自然语言处理在不同领域的应用。自然语言处理就是指机器理解并解释人类使用文字、语言的方式的能力，而自然语言处理的目标是让计算机在理解语言文字方面能够像人类一样智能。Python 在人工智能的各个分支领域都得到了应用，我们不可能一一展开介绍。下节，本书就选取了 NLP 这个应用方向，通过一个简单的示例，介绍如何使用 Python 来实现 NLP 的中文分词。

在 NLP 的过程中，为了能更好地处理句子，往往需要把句子拆开分成一个一个的词语，这样才能更好地分析句子的特性，这个过程称为分词。分词是 NLP 的基础，分词准确度直接决定了后面的词性标注、句法分析、词向量以及文本分析（这些都是 NLP 的其他步骤）的质量。由于中文句子不像英文那样天然自带分隔，并且存在各种各样的词组，从而使中文分词具有一定的难度。但是，现在已经有很多工具可以帮助我们实现基本的中文分词。而 jieba 就是一个用 Python 实现的中文分词模块，在中文分词领域颇具知名度，支持简、繁体中文，其高级用户还可以加入自定义词典以提高分词的准确率。但用 jieba 进行分词前要进行安装，下面我们就来安装 jieba 库。

第二节　Python jieba 库

一、jieba 库的安装

安装 jieba 库也需要使用 pip 工具。在确认连接互联网的情况下，在命令行输入“pip install jieba”，按下回车键后，就可以执行安装，如图 13－1 所示。

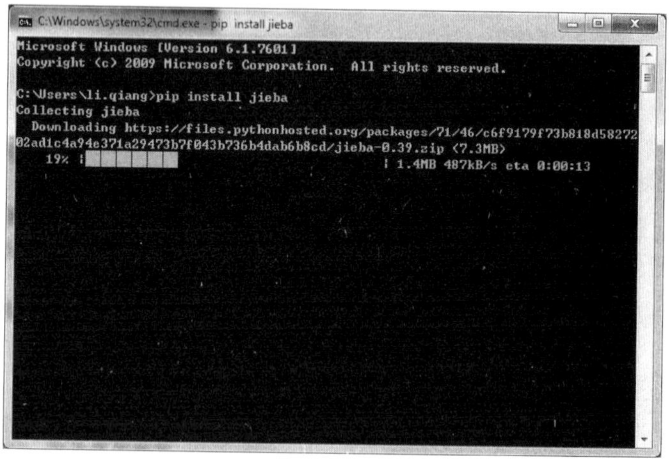

图 13－1　安装图示

然后一直等待，直到安装进度到达了 100%，并且提示 jieba 库安装成功，版本是 0.39，如图 13－2 所示。

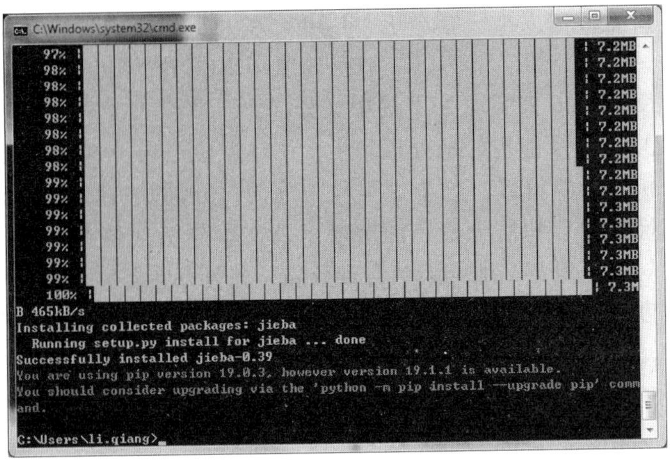

图 13－2　安装进度

二、Python jieba 库分词

jieba 库是一款优秀的 Python 第三方中文分词库，支持三种分词模式：精确模式、全模式和搜索引擎模式。这三种模式的特点如下。

精确模式：试图将语句最精确地切分，不存在冗余数据，适合做文本分析。

全模式：将语句中所有可能是词的词语都切分出来，速度很快，但是存在冗余数据，不能解决歧义。

搜索引擎模式，在精确模式的基础上，对长词再次切分，提高召回率，适合用于搜索引擎分词。

可使用 jieba.lcut() 和 jieba.lcut_for_search() 方法进行分词，这两个方法返回的都是一个 list。jieba.lcut () 接受 3 个参数：需要分词的字符串，是否使用全模式（默认值为 False），以及是否使用 HMM 模型（默认值为 True）。jieba.lcut_for_search() 接受两个参数：需要分词的字符串和是否使用 HMM 模型。

提示：HMM（Hidden Markov Model）模型，又叫作隐马尔科夫模型，是一种基于概率的统计分析模型，读者只需要知道这是一个专有名字即可。

上面的概念可能有些抽象，我们还是通过示例来实际感受一下这 3 种分词模式的效果吧！代码如下：

```
import jieba
segStr = "江州市长江大桥参加了长江大桥通车仪式"
joinChar = "/"
print("精确模式:" + joinChar.join(jieba.lcut(segStr)))
print("全模式:" + joinChar.join(jieba.lcut(segStr,cut_all = True)))
print("未启用 HMM 模式:" + joinChar.join(jieba.lcut(segStr,HMM = False)))
print("搜索引擎模式:" + joinChar.join(jieba.lcut_for_search(segStr)))
```

得到的结果如图 13－3 所示。

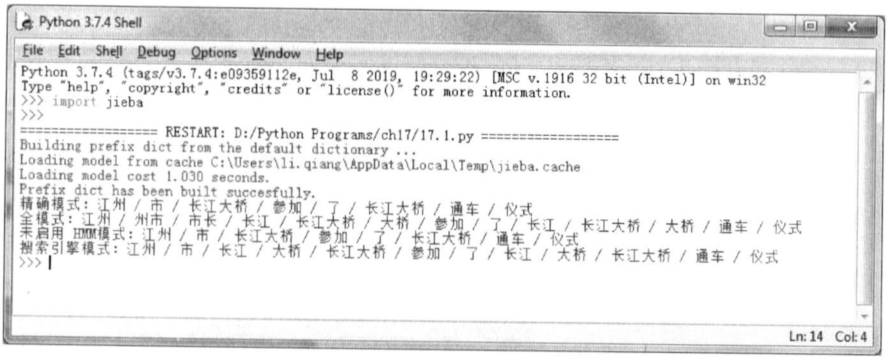

图 13-3 分词技术结果

执行程序前 jieba 会初始化加载默认词库。如果我们想要加载更全面的词库，可以替换默认的初始化词库。jieba 默认词库是位于模块安装路径下的 dict. txt 文件。我们创建了一个变量 segStr，用它来表示要进行分词处理的字符串，字符串的内容是：" 江州市长江大桥参加了长江大桥通车仪式"。我们还创建了一个名为 joinChar 的变量，并且将斜杠作为字符串赋值给整个变量。因为我们要使用字符串的 join( ) 方法，用指定的字符把序列中的元素连接生成一个新的字符串，这里使用斜杠来连接序列中的元素。join( ) 方法用于将序列中的元素以指定的字符连接生成一个新的字符串。join( ) 方法的语法是：str. join(sequence)。参数 sequence 表示要连接的元素序列。例如，我们要使用横杠将一个元组中的所有元素串联成一个字符串。

> > joinChar = " - " > > seq = ("a" , "b" , "c") > > print(joinChar. join(seq))

输出结果为：a - b - c

接下来使用 jieba. lcut( ) 方法进行分词。我们只传递了一个字符串参数给该方法，因为默认没有使用全模式并且使用了 HMM 模型，所以会返回一个精确模式分词的列表。我们采用 join( ) 方法把返回的列表用斜杠连接起来，并且输出到屏幕上，输出内容如下所示：

精确模式：江州/市/长江大桥/参加/了/长江大桥/通车/仪式

可以看到，拆分出来的词语基本上就是我们日常会使用的词组。接下来，我们除了为 jieba. lcut( ) 方法传递了字符串参数，还指定使用全模式分词，这样会返回一个全模式分词的列表，输出内容如下所示：

全模式：江州/州市/市长/长江/长江大桥/大桥/参加/了/长江/长江大桥/大桥/通车/仪式

可以看到，使用全模式分词，“江州市”不仅仅只是可以拆分成“江州市”，还可以拆分成“江州”和“州市”。类似的，“电子游戏”也可以拆分成“电子”“电子游戏”“子游”和“游戏”4 个词组。从结果可以看出，和精确模式相比，全模式会产生不少的歧义。然后我们不使用 HMM 模型，看看效果。

未启用 HMM 模式：江州/市/长江大桥/参加/了/长江大桥/通车/仪式

可以看到，对于这个字符串，使用 HMM 模型和不使用 HMM 模型，分拆的结果差不多，只是对名字的分拆有所不同而已。最后我们使用了搜索引擎模式，也就是使用 jieba. lcut_for_search( ) 方法而不是 jieba. lcut( ) 方法，传递的参数仍然是同一个待拆分的字符串，得到的分词结果如下所示。

搜索引擎模式：江州/市/长江/大桥/长江大桥/参加/了/长江/大桥/长江大桥/通车/仪式

第三节　Python jieba 分词实例

本节，我们将学习如何使用 jieba 模块来实现古典名著《西游记》的分词，并且会将重点人物出场次数以图形化的方式显示出来，并进一步创建一个词云图。

一、读取文件

因为小说《西游记》的内容非常长，我们不太可能会把它放到一个字符串中来操作，所以我们需要它保存在一个文件中。那么我们就需要操作整个文件，把文件中的内容读取出来。我们操作文件的流程是：

打开文件，得到文件句柄并赋值给一个变量；

通过句柄对文件进行操作；

关闭文件。打开文件就要用到 open() 函数。其实，我们在之前介绍了打开文件的方法，如果忘了可以再次查看学过的内容回顾一下。

二、《西游记》的分词

在前面，我们已经介绍了如何使用 jieba 库分词，以及如何打开一个文本文件。接下来，我们要对经典小说《西游记》进行分词，并且把出现频率最高的词语展示出来。首先，把《西游记》保存到一个文本文件中，要注意的是，保存文件的时候，要将编码格式选择为 UTF-8，否则读取文件的时候会报错。此外，我们要把这个文本文件放到和程序代码所在位置相同的文件夹中，这样就不需要指定路径了。我们先来看一下用于分词的程序代码，代码如下。

```
import jieba
def takeSecond(elem):
return elem[1]
def main():
path = "西游记.txt"
file = open(path,"r",encoding = "utf-8")
text = file.read()
file.close()
words = jieba.lcut(text)
counts = {}
for word in words:
    counts[word] = counts.get(word,0) +1
items = list(counts.items())
```

```
items. sort( key = takeSecond, reverse = True)
for i in range(20):
    item = items[ i ]
keyWord = item[0]
count = item[1]
print(" {0: <10} {1: >5} ". format( keyWord, count) )
main( )
```

因为要使用 jieba 的函数，所以这里首先需要导入 jieba 模块。

（一） import jieba

接下来，我们定义了两个函数：main（主体函数）和 takeSecond（用于获取列表的第 2 个元素）。然后，定义了变量 path 来保存相对路径。使用 open( ) 函数以只读方式打开文本文件“西游记 . txt”，指定的编码方式是 UTF－8，并且将文件句柄赋值给变量 file。

随后调用 read( ) 方法读取文件中的内容并保存到变量 text 中。调用 close( ) 方法关闭文件。然后我们使用 jieba. lcut( ) 方法对变量 text 中的内容进行分词，并且把分词的结果列表保存到变量 words 中。我们新建一个叫作 counts 的字典。然后，通过一个循环语句，遍历列表 words 中的每个元素，用变量 word 来表示每个元素。在循环中，把 word 作为字典 counts 的键，把 get( ) 方法返回的值加上 1，作为这个键所对应的值。这表示每次遇到同样的键，都会让它的值加上 1（以统计相同的键的数目）。需要注意，如果在字典中没有找到键所对应的值，那么 get( ) 方法会返回默认值 0。当循环结束后，字典 counts 就包含了西游记中拆分出来的全部词语以及对应的该词语出现的次数。接下来，我们想要按照词的出现次数排序。之前我们介绍字典的时候曾经提到，字典是没有办法排序的，我们需要把字典转换为列表，然后利用列表的 sort( ) 方法来排序。因为我们是使用人物的出现次数来排序的，所以要给 sort( ) 方法传递一个 key 参数，以指定用来进行比较的元素，该元素就是取自于可迭代对象中。

这里调用了自定义的 takeSecond( ) 函数。这个函数接收的参数是一个列表，返回的是这个列表的第 2 个元素。这样，我们就可以指定第 2 个元素进行逆序排序，并且把结果赋值给 items。然后，借助 range( ) 函数生成一个等差数组，展示 items 中前 20 个元素。在每次循环中，我们先把获取的元素赋值给变量 item。然后把 item 的第 1 个列表元素赋值给变量 keyWord，第 2 个元素赋值给变量 count。然后使用 print( ) 方法把格式化后的两个变量输出到屏幕上。这里我们用到了 format( ) 方法，它可以按照需求来格式化字符串。代码的含义是把 keyWord 的值左对齐，宽度是 10；把 count 的值右对齐，宽度是 5。字符串的 format( ) 方法可以用来格式化字符串。format( ) 方法通过字符串中的花括号 {} 来识别要替换的内容，而 format( ) 中的参数是要填入的内容，按照顺序进行匹配。花括号中冒号后后面的“<”符号表示左对齐，“>”符号表示右对齐，数字表示宽度。然后调用 main（）函数。最终得到的词频统计结果如图 13－4 所示。

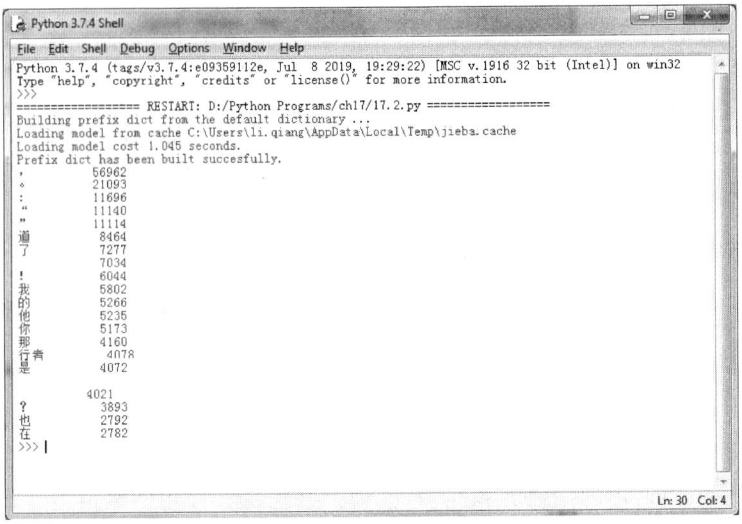

图 13－4　词频统计结果

我们发现一个问题，大部分的词语都是一个字。也就是没有把长度为 1 的词语进行筛选。下面，我们继续优化这个程序。

（二）筛选长度为 1 的词语

因为我们没有对分词的结果进行筛选，所以前 20 个高频词语大多是一个字，而这显然不是我们想要的结果。因为一个字的词语没有太多的含义，而我们需要的是有意义的词语，所以接下来，我们介绍如何将长度为 1 的字的词语过滤掉。为了便于区分，我们将新增的代码突出显示出来，代码如下：

```
import jieba
def takeSecond(elem):
    return elem[1]
def main():
path = "西游记.txt"
file = open(path,'r',encoding = "utf-8")
text = file.read()
file.close()
words = jieba.lcut(text)
counts = {}
for word in words:
    if len(word) == 1:
        continue
    else:
        counts[word] = counts.get(word,0) + 1
        items = list(counts.items())
        items.sort(key = takeSecond,reverse = True)
    for i in range(20):
```

```
item = items[i]
keyWord = item[0]
count = item[1]
print("{0:<10}{1:>5}".format(keyWord,count))
main()
```

我们介绍一下突出显示的新增代码的含义。当通过 for 循环来遍历列表 words 中的每个元素时，在循环体中，增加了一个判断条件。如果表示每个词语的变量 word 的长度等于 1，则直接进入下一次循环；否则，才会统计这个词语出现的次数。运行程序，得到的词频统计结果如图 13－5 所示。

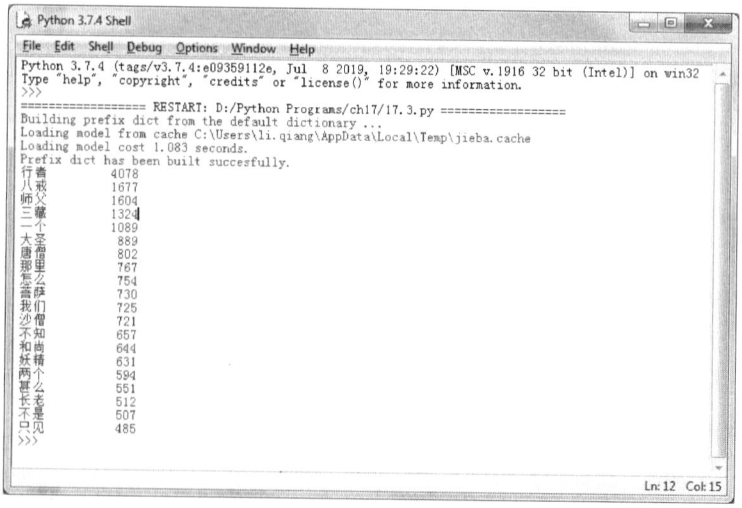

图 13－5　词频统计结果

现在得到的词语已经都是词组了，这个结果要比单个字的词语更有实际意义。但是，显然这样还是不够的，因为诸如“一个”“那里”和“怎么”这样的词组，对于我们理解西游记也没有什么帮助。

（三）去除不需要的词语

前面我们处理过的有些词组对理解西游记没有什么帮助，现在介绍如何去除这类不需要的词语。其实，人名的词语对于分析小说剧情和主人公是最有帮助的，所以我们还要进一步优化程序，将不需要的词语进行过滤。具体代码如下所示，新增代码还是突出显示。

```
import jieba
def takeSecond(elem):
return elem[1]
def main():
    path = "西游记.txt"
    file = open(path,"r",encoding = "utf-8")
    text = file.read()
    file.close()
```

```
    words = jieba. lcut( text)
    counts = { }
    for word in words:
        if len( word) == 1:
            continue
        else:
            counts[ word] = counts. get( word,0) + 1
        file = open( "excludes. txt" ,"r" )
        excludes = file. read( ). split( " ," )
        file. close
        for delWord in excludes:
        try:
            del counts[ delWord]
        except:
            continue
        items = list( counts. items( ) )
        items. sort( key = takeSecond,reverse = True)
        for i in range(20) :
            item = items[ i]
            keyWord = item[ 0]
            count = item[ 1]
        print( " {0: <10} {1: >5} ". format( keyWord,count) )
main( )
```

我们把想要从高频词语结果中去除的词组放到一个叫作 excludes. txt 的文本文件中。可以从上节的运行结果中进行筛选，从而得到这些词。读取这个文件，并且对读取内容调用 split 方法，以“，”（逗号）作为分隔符，将结果赋值给一个叫作 excludes 的列表。现在 excludes 列表中的元素就是我们在上节中想要从高频词语结果中去除的词组。接下来，通过一个新的 for 循环遍历列表 excludes 中的元素，把每个元素赋值给变量 delWord。在循环体中，使用 del 语句，将字典 counts 中的键为 delWord 的键—值对删除。这里需要注意一下，如果字典中不包含所要删除的键，程序会报错。所以我们用到了异常处理的语句，当出现异常后，在 except 语句中使用 continue 语句跳转到下一次循环。运行程序，得到的词频统计结果如图 13 – 6 所示。

现在得到的结果已经把不需要的词组都去掉了。但是，我们发现结果还是有些瑕疵，因为“行者”“大圣”“老孙”和“悟空”都是指的“孙悟空”，而分开统计显然是不妥的。下面，我们会介绍如何将同一个人名进行合并。

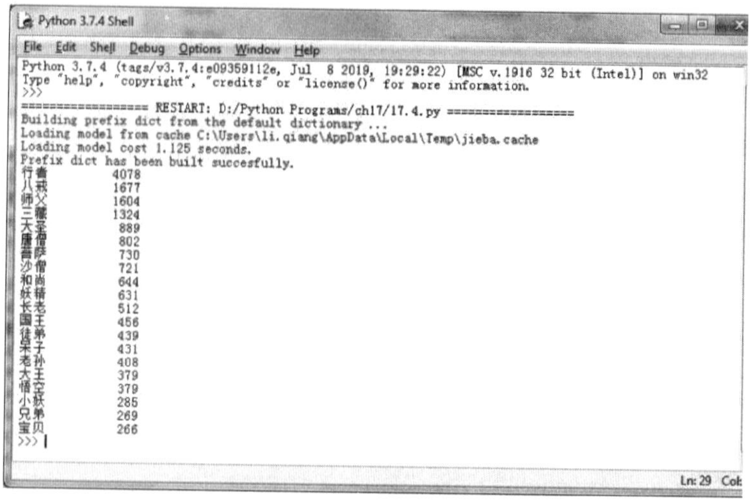

图 13－6　处理结果

（四）合并人名

从前面的词频统计结果可知，输出的结果中存在同一个人的多个称呼的词语。所以我们会进一步优化程序，将同一个人名的不同称呼进行合并。具体代码如下所示，新增代码突出显示出来了。

```
import jieba
def takeSecond(elem):
    return elem[1]
    def main():
    path = "西游记.txt"
    file = open(path,"r",encoding = "utf-8")
    text = file.read()
    file.close()
    words = jieba.lcut(text)
    counts = {}
    for word in words:
    if len(word) == 1:
    continue
    elif word == "大圣" or word == "老孙" or word == "行者" or word == "孙大圣" or word == "孙行者" or word == "猴王" or word == "悟空" or word == "齐天大圣" or word == "猴子":
    rword = "孙悟空"
    elif word == "师父" or word == "三藏" or word == "圣僧":
    rword = "唐僧"
    elif word == "呆子" or word == "八戒" or word == "老猪":
    rword = "猪八戒"
```

```
elif word == "沙和尚":
rword = "沙僧"
elif word == "妖精" or word == "妖魔" or word == "妖道":
rword = "妖怪"
elif word == "佛祖":
rword = "如来"
elif word == "三太子":
rword = "白马"
else:
    rword = word
    counts[rword] = counts.get(rword,0) + 1
    file = open("excludes.txt","r")
    excludes = file.read().split(",")
file.close
for delWord in excludes:
try:
    del counts[delWord]
except:
    continue
items = list(counts.items())
items.sort(key = takeSecond,reverse = True)
for i in range(20):
    item = items[i]
    keyWord = item[0]
    count = item[1]
    print("{0:<10}{1:>5}".format(keyWord,count))
main()
```

来看一下新增代码含义。这里新建了一个变量 rword，用它代替 word 作为字典 counts 的键。我们会将同一个人但是有多个称谓的词语变量 word，重新赋值给变量 rword。然后，将 rword 作为字典 counts 的键，将其出现次数作为值。例如，我们知道“师傅”“三藏”和“圣僧”都是对“唐僧”的尊称，所以我们可以这些词归类为唐僧。其他几个人物也都有重复的称谓，处理方法都是类似的。运行程序，得到的词频统计结果如图 13－7 所示。

现在，我们就可以得到《西游记》里出现最多的词语，其中“孙悟空”出现了 6639 次，是当之无愧的主角，紧随其后的是“唐僧”和“猪八戒”。作为各类反派的统称“妖怪”排名第四。“沙僧”位列第五，属于师徒四人中存在感最低的。这个统计结果和我们平常对《西游记》的认知是完全符合的。从图 13－7 显示，现在得到的这个结果太不直观了，如果你想更直观的看到结果，我们将在下节详细介绍。

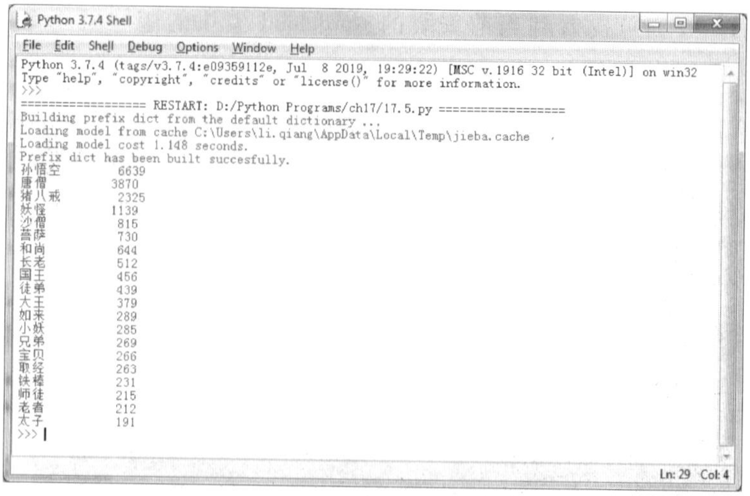

图 13－7 处理结果

第四节 Python wordcloud 入门

我们之前已经得到了《西游记》中的高频词语，但是分词结果太不直观了。接下来，我们介绍如何用词云来展现这些信息。首先，我们要明白什么是词云。词云又叫作文字云，是对文本数据中出现频率较高的“关键词”在视觉上的突出呈现，把关键词的渲染成类似云一样的彩色图片，从而一眼就可以领略文本数据所要表达的主要意思。我们在本节借助的是 wordcloud 这个词云模块。

一、Python wordcloud 安装

首先，我们需要安装 wordcloud 模块。还是使用 pip 工具，在命令行中输入“pip install wordcloud”，回车后开始安装，如图 13－8 所示。

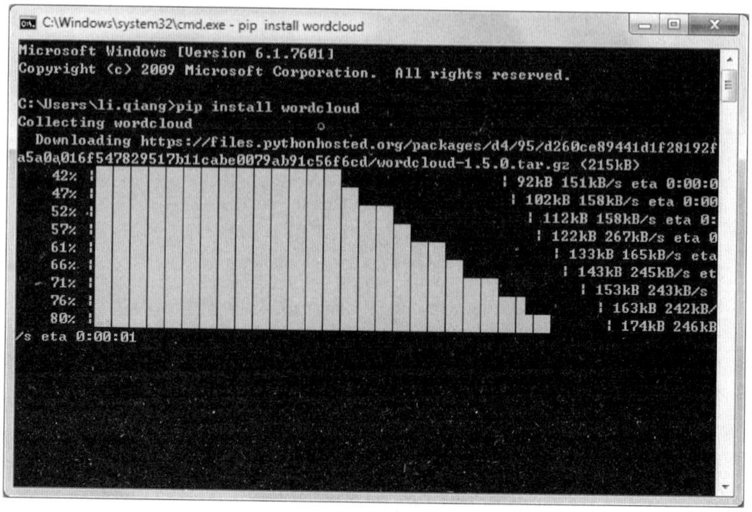

图 13－8 安装图示

安装成功后，我们可以看到当前安装的 wordcloud 模块的版本是 1.5.0，如图 13－9 所示。

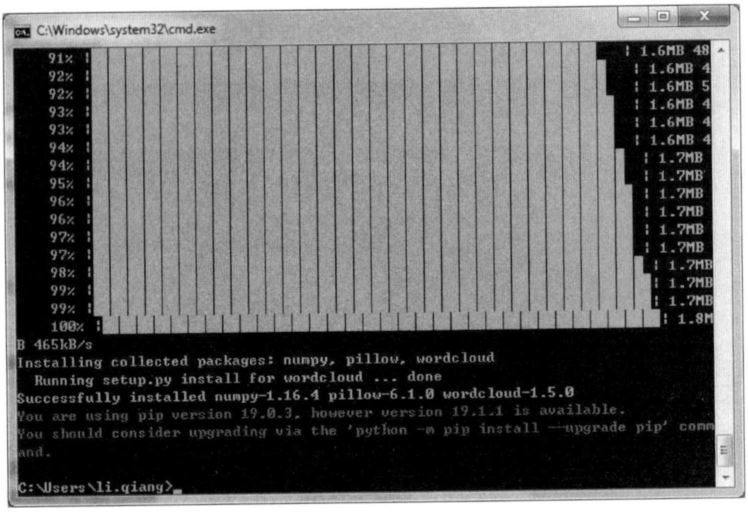

图 13－9　安装进程

因为 wordcloud 模块要用到 matplotlib 模块，如果没有安装过这个模块，调用 wordcloud 就会报错，如图 13－10 所示。

图 13－10　报错信息

所以为了使用 wordcloud，我们还需要安装 matplotlib，安装方式如图 13－11 所示。

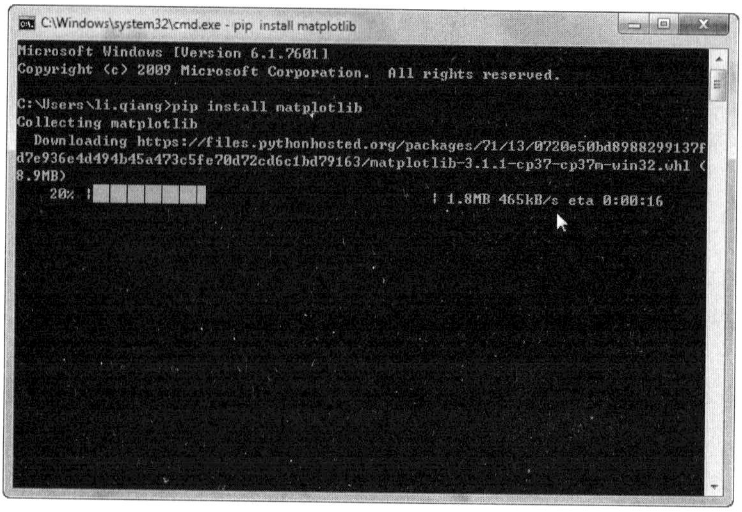

图 13－11 安装图示

二、Python wordcloud 的使用

在使用 wordcloud 时，要导入 wordcloud 模块，使用 wordcloud. WordCloud（）方法来创建一个词云图。我们可以指定词云图的字体、图片大小以及背景色。我们在西游记的分词代码中增加了生成词云图的功能，新增代码突出显示出来。代码如下：

```
import jieba
import wordcloud
def takeSecond(elem):
    return elem[1]
def createWordCloud(text):
    w = wordcloud. WordCloud
    (font_path = "msyh. ttf",width = 1000,height = 500,background_color = "white")
    w. generate(text)
    w. to_file("西游记词云图 . jpg")
    def main():
    path = "西游记 . txt"
    file = open(path,"r",encoding = "utf - 8")
    text = file. read()
    file. close()
    words = jieba. lcut(text)
    counts = {}
    for word in words:
    if len(word) == 1:
    continue
    elif word == "大圣" or word == "老孙" or word == "行者" or word == "孙大圣" or
```

```
word == "孙行者" or word == "猴王" or word == "悟空" or word == "齐天大圣" or word ==
"猴子":
    rword = "孙悟空"
    elif word == "师父" or word == "三藏" or word == "圣僧":
        rword = "唐僧"
    elif word == "呆子" or word == "八戒" or word == "老猪":
        rword = "猪八戒"
    elif word == "沙和尚":
        rword = "沙僧"
    elif word == "妖精" or word == "妖魔" or word == "妖道":
        rword = "妖怪"
    elif word == "佛祖":
        rword = "如来"
    elif word == "三太子":
        rword = "白马"
    else:
        rword = word
    counts[rword] = counts.get(rword,0) + 1
    file = open("excludes.txt","r")
    excludes = file.read().split(",")
    file.close
    for delWord in excludes:
    try:
        del counts[delWord]
    except:
        continue
    items = list(counts.items())
    items.sort(key = takeSecond,reverse = True)
    for i in range(20):
        item = items[i]
        keyWord = item[0]
        count = item[1]
        print("{0:<10}{1:>5}".format(keyWord,count))
        createWordCloud(str(items[0:20]))
    main()
```

正如前面所说的，首先需要导入 wordcloud 模块。然后我们新添加了一个名为 createWordCloud() 的自定义函数，它的参数就是要生成词云图的词组，我们把这个参数叫作 text。在该函数中，首先生成了一个词云对象，指定字体的路径是“msyh.ttf”，图片的宽度是 1000 像素，高度是 500 像素，背景色是白色。然后调用 generate 方法生成词云，传入的参数就是要生成词云图的词组（即 text）。然后，指定词云图输出到的文件。记住，如果词语中有中文，我们一定要设置字体路径，否则出来都是一个一个的方框，而不是文字，如图 13－12 所示。

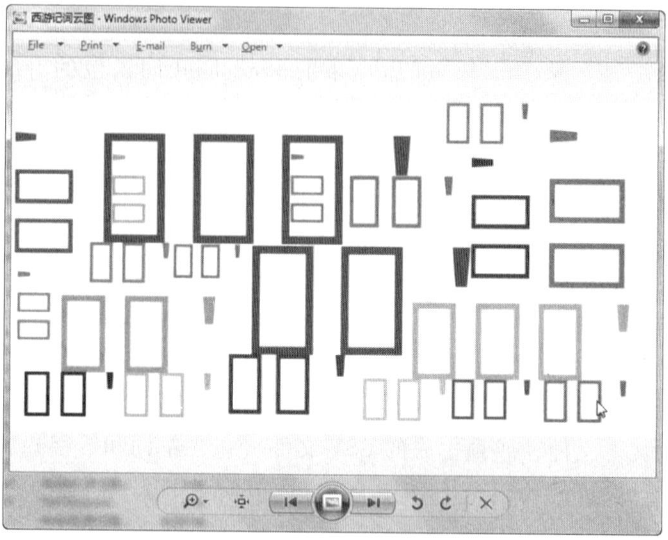

图 13－12　乱码图示

在 main() 函数中，调用了这个新增加的函数，并且将列表 items 中的前 20 个高频词转换为字符串，作为参数传递给这个函数。运行程序，就可以在指定路径下得到我们的词云图，可以看到，越是高频词，字体就会更大更醒目，如图 13－13 所示。

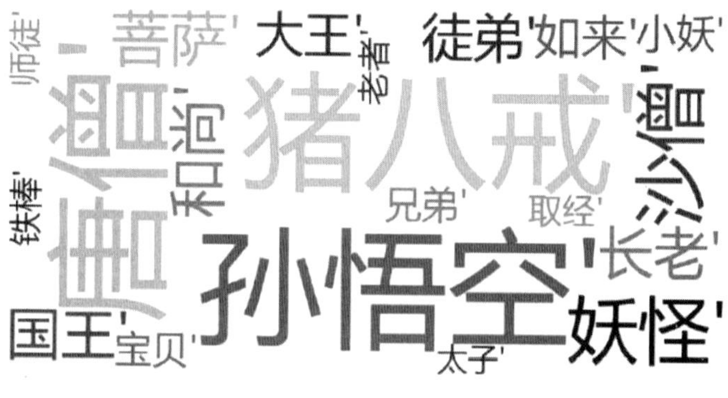

图 13－13　正常中文显示云图

通过这个词云图，我们可以对于《西游记》中的重要人物一目了然，整个小说就是围绕着唐僧师徒四人展开的，他们的核心任务就是“取经”，他们会在取经路上遇到各种“妖怪”以及“小妖”，还好他们有重要的后援“菩萨”和“如来”。到这里，我们对小说《西游记》的分词就结束了。你也可以去找一些自己喜欢的文章，使用 jieba 分词来分析文章中的主要人物和剧情。

第五节　stylecloud：简洁易用的词云库

stylecloud 是数据科学家 Max Woolf 做出来的 wordcloud 词云包的升级版，专门来解救一帮美术水平不高，但又对词云效果有些追求的读者。你可以通过 pip 安装 stylecloud 直接安装这个库，这里面最专业的 2 个方案就是配色方案和蒙版图片方案。stylecloud 基于 wordcloud 库，使用方法更简单一些，stylecloud 的对于处理英文词云有个酷炫的功能，可以实现两行代码实现词云，一行导入 stylecloud，另外一行直接调用。

stylecloud 具备以下特点：

（1）为词云提供（任意大小）的图标形状（通过 Font Awesome 5.11.2 获得）；

（2）支持高级调色板（通过 palettable 实现）；

（3）为上述调色板提供直接梯度；

（4）支持读取文本文件，或预生成的 CSV 文件（包含单词和数字）；

（5）提供命令行接口。

一、stylecloud 的安装

安装：pip install stylecloud

举例：数据：csv 为词频统计结果，两个字段，分别为 word 和 freq。

我们准备了两个 csv：data/高考.csv、data/股市.csv，执行以下语句，显示分别如图 13－14、图 13－15 所示。

执行语句：

```
import pandas as pd
df1 = pd.read_csv('data/高考.csv')
df1.head()
```

	word	freq
0	高考	2198
1	未来	1549
2	决定	1443
3	一个	806
4	可以	644

图 13－14　高考数据

```
df2 = pd.read_csv('data/股市.csv')
df2.head()
```

	word	freq
0	牛市	1993
1	图片	649
2	市场	530
3	A股	527
4	股市	520

图 13－15　股市数据

二、stylecloud 生成图形

（一）程序源码

```
import stylecloud
stopwords  =  open( 'data/stopwords. txt', encoding = 'utf - 8'). read( ). split( '\n')
stylecloud. gen_stylecloud( file_path = 'data/高考 . csv',
                            font_path = 'data/SourceHanSansCN - Regular. otf',
                            output_name = 'output/高考 1. png',
                            size = 500,
                            custom_stopwords = stopwords)
```

执行以上语句后，显示如图 13－16 所示。

图 13－16　高考云图

（二）程序源码

```
import stylecloud
stopwords  =  open( 'data/stopwords. txt', encoding = 'utf - 8'). read( ). split( '\n')
stylecloud. gen_stylecloud( file_path = 'data/股市 . csv',
                            font_path = 'data/SourceHanSansCN - Regular. otf',
                            output_name = 'output/股市 1. png',
```

```
size = 500,
custom_stopwords = stopwords)
```

执行以上语句后，显示如图 13 - 17 所示。

图 13 - 17　股市云图

三、stylecloud 参数介绍

file_path：CSV 的文件路径，需要注意的是 csv 文件格式为两列（word，freq）

size：词云图尺寸［默认值：512］

custom_stopwords：自定义停用词列表

output_name：输出的词云图路径

font_path：字体路径

icon_name：图标名（fas fa - iconname）只需要改 iconname，［默认值：fas fa - flag］

palette：调色板（通过 palettable 实现）［默认值：cartocolors. qualitative. Bold_6］

background_color：词云图背景色［默认值：white］

max_font_size：词云图最大字号［默认值：200］

random_state：控制单词和颜色的随机状态，如不设置，每次运行的效果会发生变化

四、图形设置

icon_name 参数的模板【fas fa - iconname】只需要改动 iconname 即可。

iconname 并不是随便起的，必须能在 https：//fontawesome. com/license/free 搜到才可以。

比如以高考为例，我会在搜索框搜索跟教育相关的关键词

University、education 等

截图中找到最能体现文本主题的图标 user - graduate

所以 icon_name = 'fas fa - user - graduate'

（一）程序源码

```
import stylecloud
stopwords  =  open( 'data/stopwords. txt',  encoding = 'utf - 8'). read( ). split( '\n')
stylecloud. gen_stylecloud( file_path = 'data/高考 . csv',
                            font_path = 'data/SourceHanSansCN - Regular. otf',
                            output_name = 'output/高考 2. png',
                            icon_name = 'fas fa - user - graduate',
                            size = 500,
                            custom_stopwords = stopwords)
```

运行结果如图 13 - 18 所示。

图 13 - 18　高考云图新样式

（二）程序源码

```
import stylecloud
stopwords  =  open( 'data/stopwords. txt',  encoding = 'utf - 8'). read( ). split( '\n')
stylecloud. gen_stylecloud( file_path = 'data/股市 . csv',
                            font_path = 'data/SourceHanSansCN - Regular. otf',
                            output_name = 'output/股市 2. png',
                            icon_name = 'fas fa - question - circle',
                            size = 500,
                            custom_stopwords = stopwords)
```

以上程序运行如图 13 - 19 所示。

图 13 - 19　股市云图新样式

练习题

1. 什么是停用词?
2. 请简述基于情感词典进行情感极性分析的实现流程。
3. 么是词干提取?
4. 什么是文本情感分析?
5. 什么是分词?
6. 情感极性分析有哪些常用方法?
7. 请简述文本预处理的一般流程。
8. 什么是词形还原?
9. 已知有一句中文为“Python 是一种面向对象的高级程序设计语言。”，请使用 jieba 库的精确模式进行分词操作。
10. 什么是词性标注?
11. jieba 库支持哪些分词模式?
12. 词干提取和词形还原代表的意义有哪些不同?
13. 请使用 NLTK 对“I like playing basketball.”进行分词操作。